“十三五”国家重点出版物出版规划项目
材料科学研究与工程技术系列

砷钼基功能配合物

ARSENOMOLYBDATES FUNCTIONAL COMPLEX

赵志凤　著

哈爾濱工業大學出版社
HARBIN INSTITUTE OF TECHNOLOGY PRESS

内 容 简 介

本书共5章，按照砷钼基功能配合物的结构类型，分别介绍{As_2Mo_6}型功能配合物、{As_6Mo_6}型功能配合物、{As_2Mo_{18}}型功能配合物和{$As_3Mo_8V_4$}型功能配合物。比较系统地介绍了每种砷钼基功能配合物的结构特点和制备方法，总结了合成规律，并介绍了四类砷钼基功能配合物的荧光、光催化、电化学以及电催化等性质。

本书可供相关领域科研人员使用。

图书在版编目(CIP)数据

砷钼基功能配合物/赵志凤著.—哈尔滨：哈尔滨工业大学出版社，2020.8

ISBN 978-7-5603-8624-9

Ⅰ.①砷… Ⅱ.①赵… Ⅲ.①配位-聚合物-研究 Ⅳ.①O742 ②O63

中国版本图书馆CIP数据核字(2020)第017129号

材料科学与工程
图书工作室

策划编辑 许雅莹 李 鹏
责任编辑 张 颖 杨 硕
封面设计 高永利
出版发行 哈尔滨工业大学出版社
社 址 哈尔滨市南岗区复华四道街10号 邮编 150006
传 真 0451-86414749
网 址 http://hitpress.hit.edu.cn
印 刷 哈尔滨圣铂印刷有限公司
开 本 660 mm×980 mm 1/16 印张 14 字数 257 千字
版 次 2020年8月第1版 2020年8月第1次印刷
书 号 ISBN 978-7-5603-8624-9
定 价 48.00元

前　　言

多金属氧酸盐，简称多酸，是一类多核配合物。多酸化学迄今已有200多年的发展历史。国内以东北师范大学王恩波教授为代表的多个课题组在这方面做出了非常出色的研究工作，并出版了一系列关于多酸化学的著作。本书是著者科研成果的总结，既有对多酸化学的基础介绍，又有对砷钼基多酸功能配合物的研究心得及评述，对于从事多酸化学研究尤其是从事砷钼基多酸功能配合物的研究人员一部兼具工具书和综述性质的、有参考价值的著作。

本书共分为5章，按照砷钼基功能配合物的结构类型，分别介绍$\{As_2Mo_6\}$型功能配合物、$\{As_6Mo_6\}$型功能配合物、$\{As_2Mo_{18}\}$型功能配合物和$\{As_3Mo_8V_4\}$型功能配合物。比较系统地介绍了每种砷钼基功能配合物的结构特点和制备方法，总结了合成规律，并介绍了四类砷钼基功能配合物的荧光、光催化、电化学以及电催化等性质。本书所有内容均通过具体实例和图片直观地加以描述，力求做到结构描述清楚、合成方法介绍具体、规律总结可信、性质选取有代表性。整体内容具有系统性、新颖性和实用性。

本书由赵志凤副教授负责撰写，苏占华副教授给予了协助，课题组的赵文奇、丛博文、马秀娟、王美佳等多位硕士研究生参与了文献调研和部分翻译工作。

本书的出版得到了广东石油化工学院人才引进项目经费资助,在此一并表示感谢。

尽管著者十分努力,但由于水平有限,不足之处在所难免,敬请读者批评指正。

著　者

2019 年 12 月

目　　录

第1章　绪　　论

1.1　多金属氧酸盐化学简介

多金属氧酸盐(Polyoxometalates,POMs),简称“多酸”,又称为金属-氧簇(Metal-oxygen Clusters),是一类多核配合物,现已成为无机化学领域的一个重要组成部分,自1826年J. Berzerius成功制备第一例杂多酸盐$(NH_4)_3PMo_{12}O_{40} \cdot H_2O$后,其发展至今已有近两百年的历史。多酸化学逐渐成为越来越多的化学工作者所关注的对象,归其原因是由于多金属盐酸盐具有迷人的网络拓扑结构和自身优异的分子功能特性,例如高的氧化还原活性、负电荷性和酸性等,这使得其在光电化学、催化、纳米材料制备、生物医药的抗癌活性、化学动力学、理论计算化学等方面具有潜在的应用。此外,在最近的相关文献报道中,以多金属氧酸盐为基础制备的复合材料在高密度数据的应用存储方向上有很大的潜在研究前景,这为多酸化学的发展又提出了新的研究方向。

多金属氧酸盐由同多酸和杂多酸两大部分组成,由同种含氧酸根离子缩合成的同多阴离子,对应得到的酸为同多酸;由不同种含氧酸根离子缩合形成的杂多阴离子,其对应得到的酸为杂多酸。在杂多酸中,配原子多为Mo、W、V、Nb、Ta,其中Mo和W占绝大比例;可作为杂原子的元素有近70种,包括全部的第一系列过渡元素,还有部分第二、第三系列过渡元素,以及B、Al、Ga、Si、Ge、Te、I、Sn、P、As、Sb、Bi、Se等主族元素,同时,每种杂原子通常又能够以不同的价态存在于同一种或不同种化合物中,由此构成的多酸化合物的种类极其繁多。众多的元素种类决定了其结构的多样性。其中,六种典型的多金属氧酸盐结构如图1-1所示,分别为1∶12构型的Keggin结构、1∶6构型的Anderson结构、2∶18构型的Wells-Dawson结构、1∶9构型的Waugh结构、1∶12B型的Silverton结构和同多酸Lindquist结构。

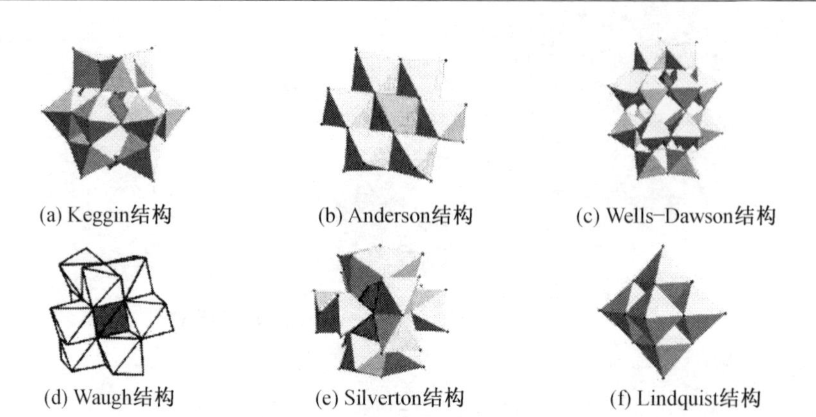

图 1-1 六种典型的多金属氧酸盐结构

1.2 砷钼基多金属氧酸盐化合物的研究进展

含有钼元素的多金属氧酸盐是多酸化合物的重要研究领域之一。钼酸盐按照多酸种类可分为同多钼酸盐和杂多钼酸盐，而相对于同多钼酸盐，杂多钼酸盐的研究相对较少。砷钼酸盐是含钼多金属氧酸盐的一个重要分支，但是与其他多钼酸盐相比，砷钼酸盐的报道相对较少。砷钼酸盐离子在水溶液中不稳定，在水溶液中随着 pH 以及离子强度的改变而发生构型的改变，正是这个原因使得砷钼酸盐的结构种类繁多，常见的砷钼酸盐离子主要有 $\alpha-[AsMo_{12}O_{40}]^{3-}$、$\alpha-[As_2Mo_{18}O_{62}]^{6-}$、$[Mo_6(As_3O_3)_2Mo_6O_{18}]^{4-}$、$[As_2Mo_6O_{26}]^{6-}$、$[As_4Mo_{12}O_{52}H_4]^{4-}$、$[AsMo_{10}O_{37}H_5]^{4-}$ 和 $[As_3Mo_3O_{15}]^{3-}$ 等，此外还有一些取代型帽式砷钼酸盐。由于合成砷钼多金属氧酸盐化合物常用原料主要为毒性很大的 As_2O_3 或者有机砷，因而有关砷钼多金属氧酸盐的报道相对较少。然而，其独特的结构特点和优异的性能依然吸引研究者们不断努力，以期实现其结构修饰和性能优化，具有很高的研究价值和发展前景。

1.2.1 $\{As_2Mo_6\}$ 型砷钼酸盐的研究进展

$\{As_2Mo_6\}$ 型多金属氧酸盐是砷钼系多酸的一个经典代表，但截至目前，有关该类化合物的报道依旧很少。

2003 年，Eric Burkholder 等在 *Inorg. Chem.* 上报道了用水热合成法制备出的六种以 $\{As_2Mo_6\}$ 为多酸阴离子建筑块的多酸化合物，分子式分别为

$\{Cu(phen)(H_2O)_2\}_2Mo_6O_{18}(O_3AsOH)_2$

$[\{Cu(2,2'\text{-}bpy)(H_2O)\}_2Mo_6O_{18}(O_3AsC_6H_5)_2]\cdot 2H_2O$

$[\{Cu(phen)(H_2O)\}_2\{Mo_6O_{18}(O_3AsC_6H_5)_2\}]\cdot 4H_2O$

$[\{Cu_2(tpyprz)(H_2O)_2\}Mo_6O_{18}(O_3AsOH)_2]\cdot 2H_2O$

$[\{Cu(terpy)\}_2Mo_6O_{18}(O_3AsC_6H_5)_2]\cdot H_2O$

$[\{Cu_2(tpyprz)\}Mo_6O_{18}(O_3AsC_6H_5)_2]\cdot 2H_2O$

这六种化合物的一维结构如图 1-2 ~ 1-4 所示。其中,在前三种化合物中,有机配体 phen、2,2′-bpy 以及水分子均与过渡金属离子 Cu^{2+} 配位,同时,Cu^{2+} 和 $\{As_2Mo_6\}$ 阴离子中的 MoO_6 八面体中的 O 原子桥连,由此分别构成了三种化合物的一维链状结构;后三种化合物中,Cu^{2+}、水分子以及有机配体形成的配离子均桥连相邻的 $\{As_2Mo_6\}$ 阴离子,使得配离子和 $\{As_2Mo_6\}$ 多酸阴离子共置于同一平面中,进而构成了这三种化合物的二维平面结构。而在这六种化合物当中,由于引入的配体均为螯合型配体,因此,当 Cu^{2+} 和有机配体、水分子以及 $\{As_2Mo_6\}$ 阴离子中的 O 原子配位时,所有的 Cu^{2+} 采取的都是"4+2"扭曲几何构型,均具有 d^9 姜-泰勒型阳离子的特征。

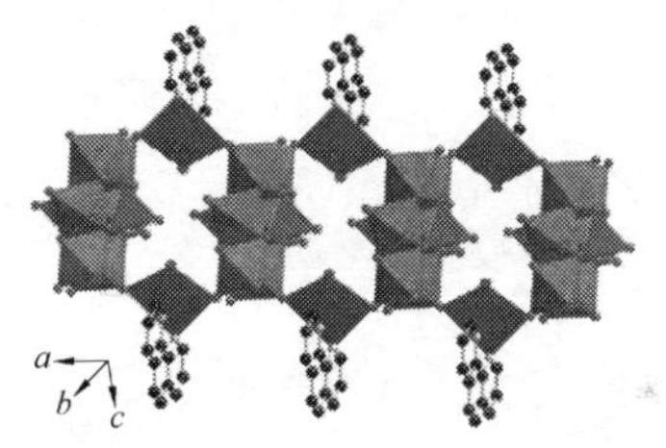

图 1-2　化合物 $\{Cu(phen)(H_2O)_2\}_2Mo_6O_{18}(O_3AsOH)_2$ 的一维结构

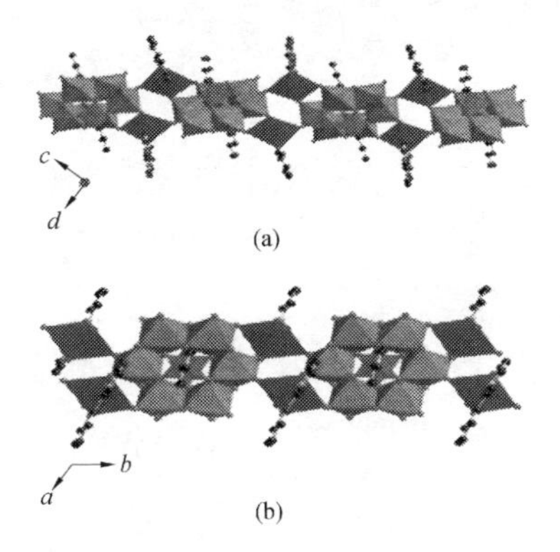

图 1-3　化合物 $[\{Cu(phen)(H_2O)\}_2\{Mo_6O_{18}(O_3AsC_6H_5)_2\}]\cdot 4H_2O$ 和 $[\{Cu(2,2'\text{-}bpy)(H_2O)\}_2Mo_6O_{18}(O_3AsC_6H_5)_2]\cdot 2H_2O$ 的一维结构

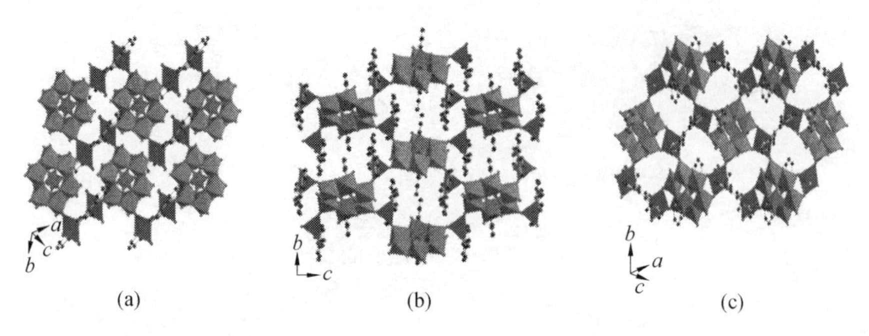

图 1-4　化合物$[\{Cu_2(tpyprz)(H_2O)_2\}Mo_6O_{18}(O_3AsOH)_2]\cdot 2H_2O$、
$[\{Cu(terpy)\}_2Mo_6O_{18}(O_3AsC_6H_5)_2]\cdot H_2O$ 和
$[\{Cu_2(tpyprz)\}Mo_6O_{18}(O_3AsC_6H_5)_2]\cdot 2H_2O$ 的一维结构

2007 年,孙传云等在 *Inorg. Chem.* 上报道了一种$\{As_2Mo_6\}$型的化合物:$(H_24,4'\text{-bipy})[Cu^{I}(4,4'\text{-bipy})]_2[H_2As_2^{V}Mo_6O_{26}]\cdot H_2O$ (4,4′-bipy=4,4′-Bipyridine)。在该化合物中,有机配体(4,4′-bipy)和 Cu^+相连,构成了一条$[Cu^{I}(4,4'\text{-bipy})]^+$配离子链,过渡金属离子 Cu^+并未和被质子化的多酸阴离子$[H_2As_2^{V}Mo_6O_{26}]^{4-}$中的氧原子实连,而是通过静电作用置于两条平行的$[Cu^{I}(4,4'\text{-bipy})]^+$配离子链的中间,从而形成此化合物的一维结构(图 1-5)。每条一维链之间通过氢键以及超分子作用构成了此化合物的三维结构,如图 1-6 所示。

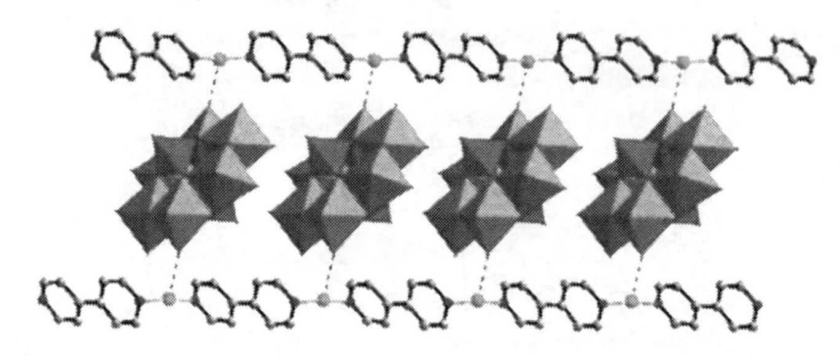

图 1-5　$(H_24,4'\text{-bipy})[Cu^{I}(4,4'\text{-bipy})]_2[H_2As_2^{V}Mo_6O_{26}]\cdot H_2O$ 的一维结构

2012 年,牛景杨等在 *Cryst. Eng. Comm* 上报道了一种$\{As_2Mo_6\}$型多金属氧酸盐化合物:$[Cu_4(en)_4O_2(H_2O)_2][H_2As_2Mo_6O_{26}]$。该化合物由一个 A-$[H_2As_2^{V}Mo_6O_{26}]^{4-}$结构单元与一个由过渡金属 Cu 和乙二胺形成的“鱼形”簇$[Cu_4(en)_4O_2(H_2O)_2]^{4+}$构成。在该化合物中,“鱼形”铜簇中的 Cu 原子均为五配位,两个 Cu^{2+}均与 A-$[H_2As_2^{V}Mo_6O_{26}]^{4-}$中$\{AsO_4\}$簇的顶端氧原

子相连，从而形成该化合物的一维链状结构，并通过超分子作用形成三维结构。该化合物的一维和三维结构如图 1-7 和图 1-8 所示。

图 1-6 $(H_2 4,4'\text{-bipy})[Cu^I(4,4'\text{-bipy})]_2[H_2As_2^VMo_6O_{26}]\cdot H_2O$ 的三维结构

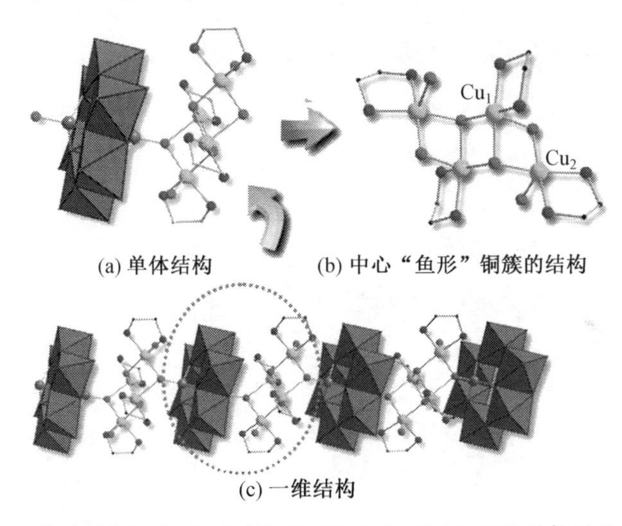

(a) 单体结构　(b) 中心“鱼形”铜簇的结构

(c) 一维结构

图 1-7 化合物 $[Cu_4(en)_4O_2(H_2O)_2][H_2As_2Mo_6O_{26}]$ 的单体结构、中心“鱼形”铜簇的结构和一维结构

2013 年，刘博等在 *Inorg. Chem.* 报道了用有机砷 $PhAsO_3H_2$ 为原料合成的四种 $\{As_2Mo_6\}$ 型的化合物，它们的分子式分别为

$$[Cu_2^I(cis\text{-}L1)_2][Cu_2^I(trans\text{-}L1)_2Mo_6O_{18}(O_3AsPh)_2]\ (1)$$

$$[Cu_4^I(L2)_4Mo_6O_{18}\text{-}(O_3AsPh)_2]\ (2)$$

$$[Cu_4^I(L3)_4Mo_6O_{18}(O_3AsPh)_2]\ (3)$$

$$[Cu_4^I(L4)_2Mo_6O_{18}(O_3AsPh)_2]\ (4)$$

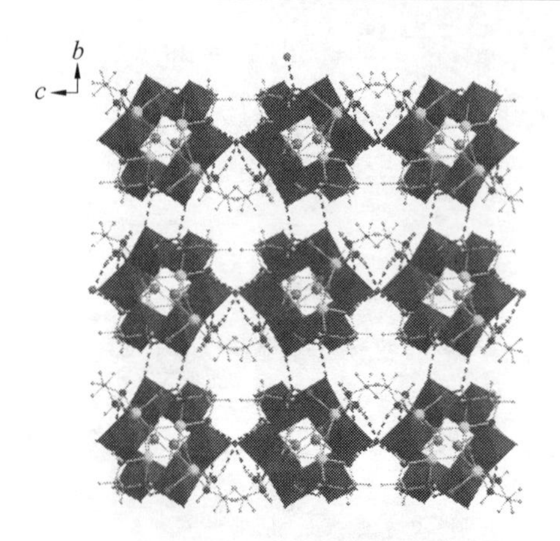

图 1-8　化合物$[Cu_4(en)_4O_2(H_2O)_2][H_2As_2Mo_6O_{26}]$
通过氢键作用形成的 3D 超分子结构

分子式中：L1 = 1,3-bis(1,2,4-triazol-1-yl) propane；L2 = 1,4-bis(1,2,4-triazol-1-yl) butane；L3 = 1,5-bis(1,2,4-triazol-1-yl) pentane；L4 = 1,6-bis(1,2,4-triazol-1-yl) hexane。

四种化合物均以$[Mo_6O_{18}(O_3AsPh)_2]^{4-}$为基础建筑单元，通过运用四种碳链不断增长的柔性配体制备出结构形状各异的化合物。在化合物 1 中，As_2Mo_6簇作为一个双齿配体与 S 形$[Cu^{I}_2(cis\text{-}L1)_2]^{2+}$相连形成二维层结构，$[Cu^{I}_2(trans\text{-}L1)_2]^{2+}$配离子链穿插于层与层之间，配离子链和二维层之间通过分子间作用力以及静电作用形成了化合物 1 的 3D 结构；化合物 2 中，Cu1 和其对称性相关的部分通过 $L2^a$ 和 $L2^b$ 配体桥连形成内消旋链状结构，Cu2 和其对称性相关部分被 $L2^c$ 和 $L2^d$ 配体桥连形成一个楼梯形状的链状结构，同时 As_2Mo_6簇作为一个四齿配体与四条相邻的—L2—Cu—L2—链连接，最终与$(8^3)_2(8^2 \cdot 12^4)$的拓扑结构网连接成化合物 2 的三维三节点(3,4)—连接自穿透框架；化合物 3 中，每个 As_2Mo_6多酸阴离子与来自于四个平行螺旋链中的四个 Cu(I)阳离子形成二维结构；在化合物 4 中，配体 L4 为四齿配体，且每个 L4 配体桥连 Cu1 和 Cu2 阳离子形成二维波浪层，且相连的层通过与 As_2Mo_6多酸阴离子相连形成 3D 结构。四种化合物的结构如图 1-9 ~ 1-15所示。

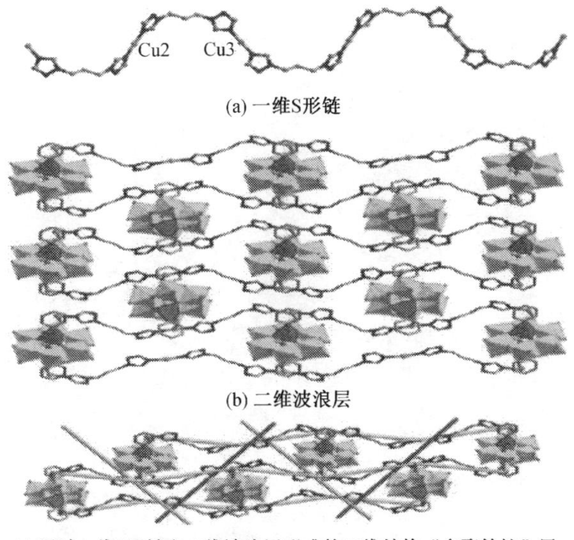

图 1-9　化合物 1 不同维数结构

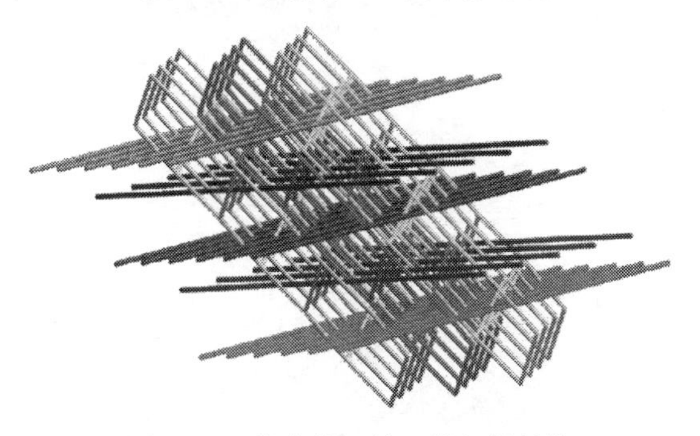

图 1-10　化合物 1 的三维拓扑结构

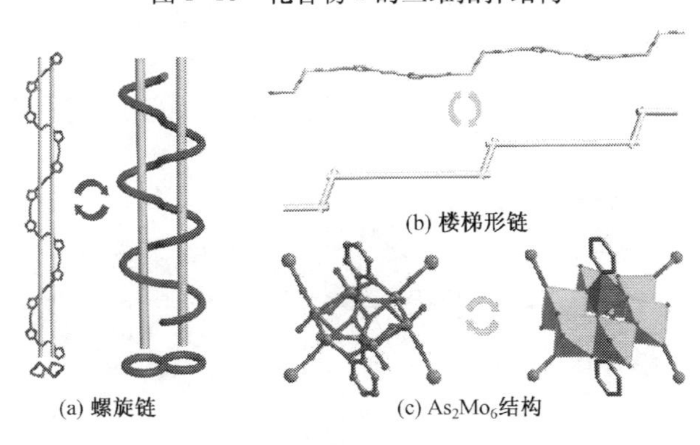

图 1-11　化合物 2 的三种建筑单元

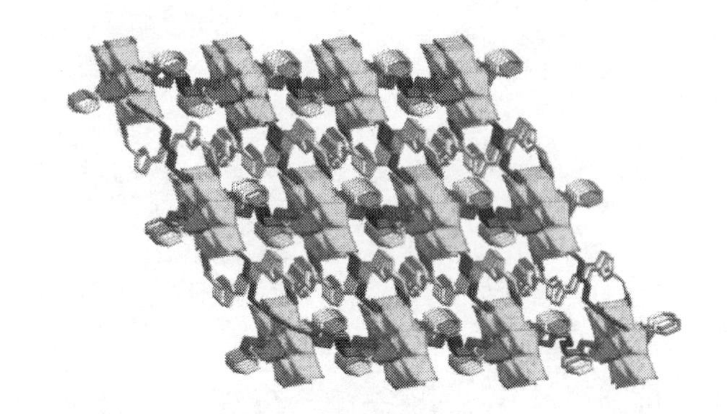

图 1–12 化合物 2 的三维结构示意

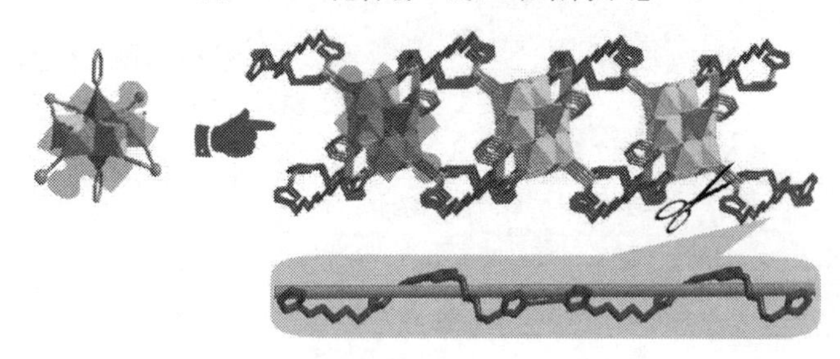

图 1–13 化合物 3 的二维双层结构

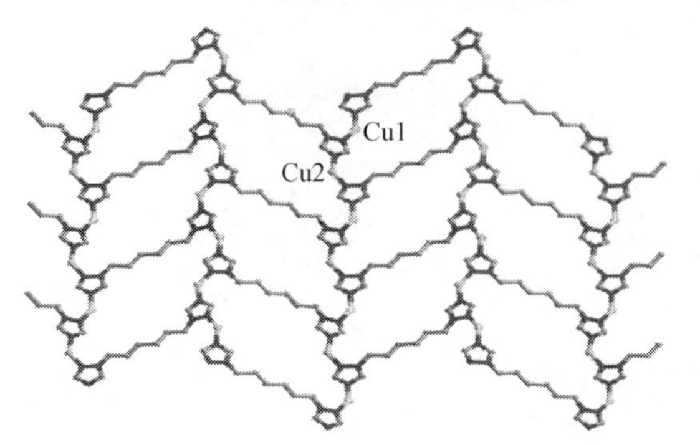

图 1–14 化合物 4 的二维波浪结构示意图

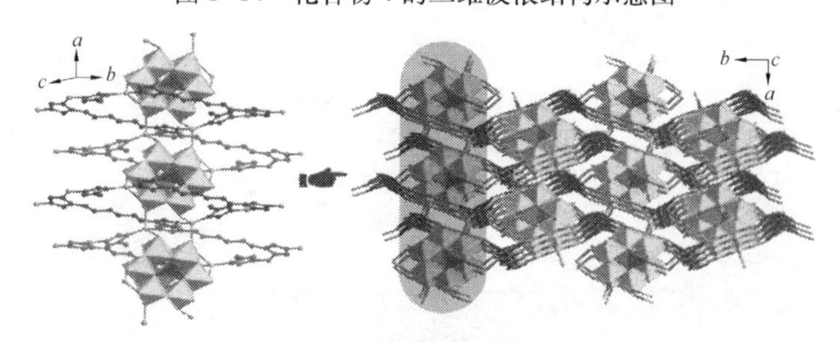

图 1–15 化合物 4 通过无穷链和平行层形成的三维框架结构

1.2.2 $\{As_6Mo_6\}$型砷钼酸盐的研究进展

1999 年,王恩波等报道了第一例由$\{As_6Mo_6\}$型多酸阴离子构成的砷钼化合物:$(C_5H_5NH)_2(H_3O)_2[(CuO_6)Mo_6O_{18}(As_3O_3)_2]$,该化合物通过简单的一步水热合成法合成,有机配体吡啶游离在多酸阴离子外部,多酸阴离子是类似于 Anderson 型多阴离子,两个$\{As_3O_3\}$三聚体以帽的形式扣在 Anderson 多阴离子两侧(图 1-16),该化合物的出现为后期$\{MAs_6Mo_6\}$型砷钼化合物的研究奠定了良好的基础。

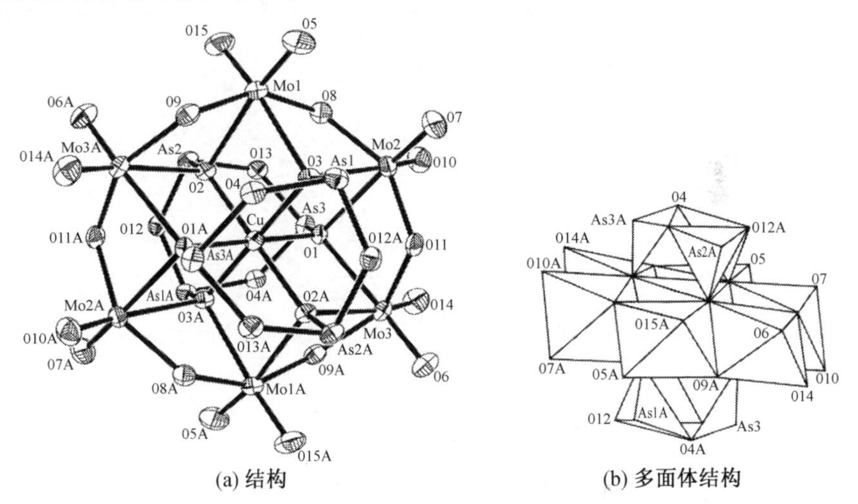

(a) 结构 (b) 多面体结构

图 1-16 多阴离子$[(CuO_6)Mo_6O_{18}(As_3O_3)_2]^{4-}$的结构示意图和多面体结构

1999 年,薛岗林课题组利用溶液合成法,同样采用有机配体咪唑构建了一例三维结构:$(As_6CuMo_6O_{30})\{[Cu(imi)_4]_3[As_6CuMo_6O_{30}]\}_2 \cdot 6H_2O$,在该化合物中,每个 Cu 原子和 4 个咪唑分子相配位形成了金属配合物$\{Cu(imi)_4\}$,多酸作为六齿连接点与金属配合物相连接,通过 Cu—O 键构成了三维结构,如图 1-17 所示。

2007 年,孙传云等报道了 4 种以 Zn 为多金属氧酸盐阴离子为中心的化合物,其分子式分别为

$$(4,4'\text{-bipy})[Zn(4,4'\text{-bipy})_2(H_2O)_2]_2[(ZnO_6)(As_3^{III}O_3)_2Mo_6O_{18}] \cdot 7H_2O \quad (1)$$

$$[Zn(phen)_2(H_2O)]_2[(ZnO_6)(As_3^{III}O_3)_2Mo_6O_{18}] \cdot 4H_2O \quad (2)$$

$$[Zn(2,2'\text{-bipy})_2(H_2O)]_2[(ZnO_6)(As_3^{III}O_3)_2Mo_6O_{18}] \cdot 4H_2O \quad (3)$$

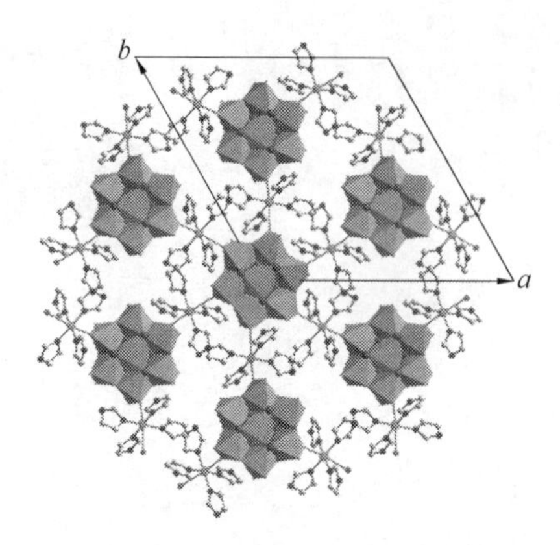

图1-17　化合物$(As_6CuMo_6O_{30})\{[Cu(imi)_4]_3[As_6CuMo_6O_{30}]\}_2\cdot 6H_2O$的球棍-多面体结构

$[Zn(H4,4'\text{-}bipy)_2(H_2O)_4][(ZnO_6)(As_3^{III}O_3)_2Mo_6O_{18}]\cdot 8H_2O$　(4)

如图1-18所示,在化合物1中,(4,4′-bipy)和Zn以及水形成了二维网状的$[Zn(4,4'\text{-}bipy)_2(H_2O)_2]^{2+}$配离子,而多阴离子$[(ZnO_6)(As_3^{III}O_3)_2Mo_6O_{18}]^{4-}$则位于相邻的网状层结构之间;化合物2和化合物3是同构的,且二者均为零维结构;在化合物4中,$[Zn(H4,4'\text{-}bipy)_2(H_2O)_4]^{4+}$配离子和多阴离子$[(ZnO_6)(As_3^{III}O_3)_2Mo_6O_{18}]^{4-}$之间通过静电吸引和氢键作用构成了其三维超分子结构。化合物2、3和4的结构如图1-19、图1-20和图1-21所示。

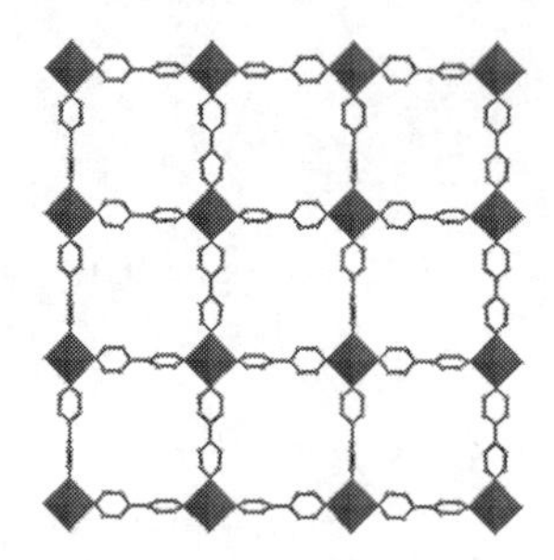

图1-18　化合物$(4,4'\text{-}bipy)[Zn(4,4'\text{-}bipy)_2(H_2O)_2]_2[(ZnO_6)(As_3^{III}O_3)_2Mo_6O_{18}]\cdot 7H_2O$的多面体结构

2010年,牛景杨课题组合成了一例新型的具有$\{MAs_6Mo_6\}$型多阴离子的二维砷钼化合物,其分子式为$[Cu(en)_2]_2[(CuO_6)Mo_6O_{18}(As_3O_3)_2]$(en=ethylenediamine)。在该化合物中两个有机配体乙二胺和一个Cu离子配位形成金属配合物$\{Cu(en)_2\}$,进而与多酸阴离子上的端氧原子相连接,如图1-22所示。多酸阴离子作为四齿连接器与金属配合物配位,形成了二

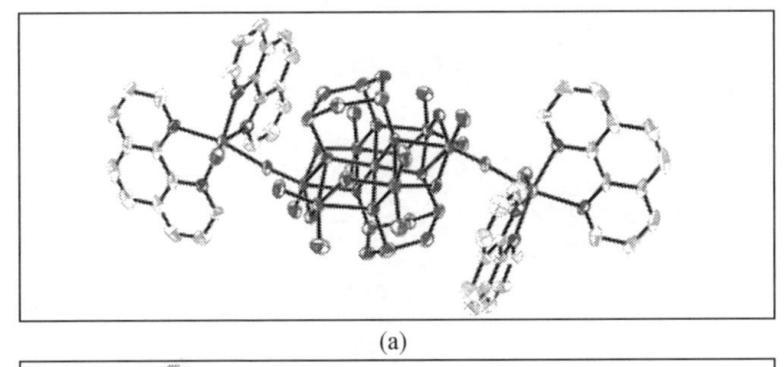

(a)

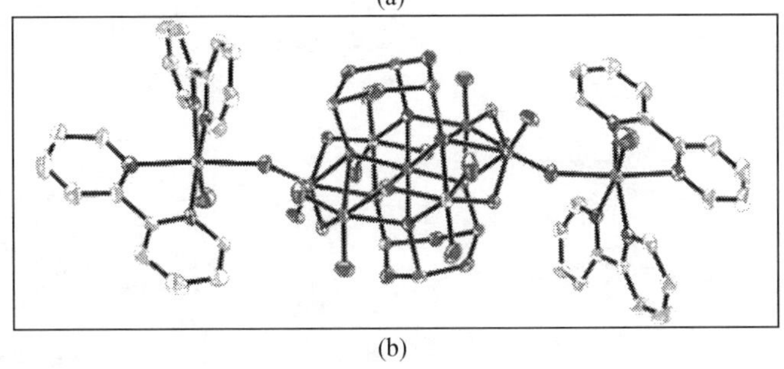

(b)

图 1-19 化合物$[Zn(phen)_2(H_2O)]_2[(ZnO_6)(As_3^{Ⅲ}O_3)_2Mo_6O_{18}]\cdot 4H_2O$(a)和$[Zn(2,2'\text{-}bipy)_2(H_2O)]_2[(ZnO_6)(As_3^{Ⅲ}O_3)_2Mo_6O_{18}]\cdot 4H_2O$(b)的球棍结构

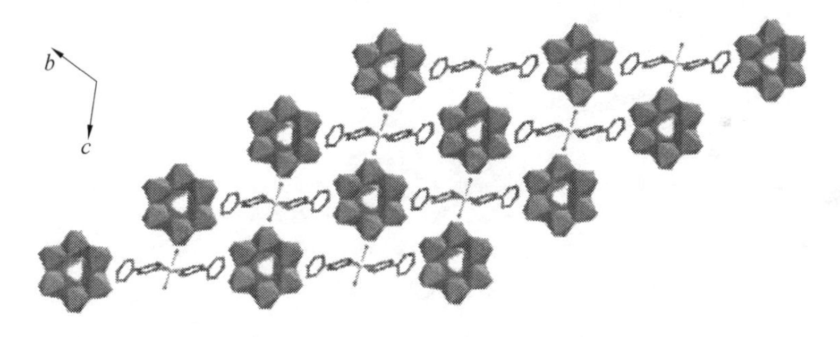

图 1-20 化合物$[Zn(H4,4'\text{-}bipy)_2(H_2O)_4][(ZnO_6)(As_3^{Ⅲ}O_3)_2Mo_6O_{18}]\cdot 8H_2O$的球棍结构

维层状结构。每一个层内展现的空腔尺寸大小为 8.6 Å×16.8 Å(1 Å=0.1 nm),每一个二维层形成了开放的(4,4)拓扑框架,如图 1-23 所示。

2012 年,牛景杨课题组通过控制温度得到了一系列具有非经典结构的砷钼基多酸化合物,其中含有一例$\{As_6Mo_6\}$型砷钼化合物$(H_2en)[Cu(en)_2][(CuO_6)Mo_6O_{18}(As_3^{Ⅲ}O_3)_2]\cdot 10H_2O$,有机配体同样为乙二胺,过渡金属 Cu 与两个乙二胺分子相连接形成金属配合物,进而与多阴离子上的端氧原子连接,如图 1-24 所示。与之前报道不同的是,该化合物

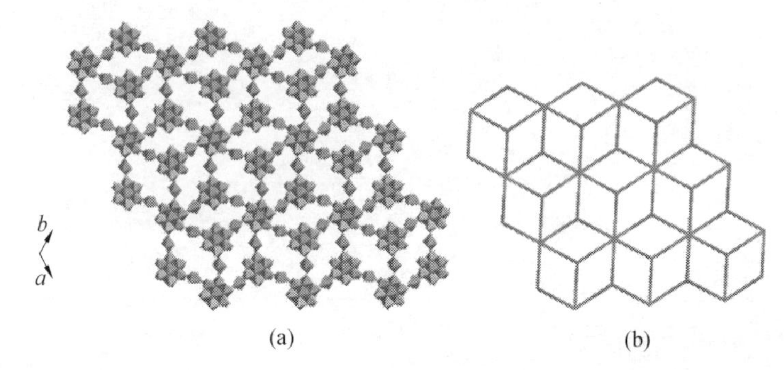

图1-21 化合物$(As_6CuMo_6O_{30})\{[Cu(imi)_4]_3[As_6CuMo_6O_{30}]\}_2 \cdot 6H_2O$的结构

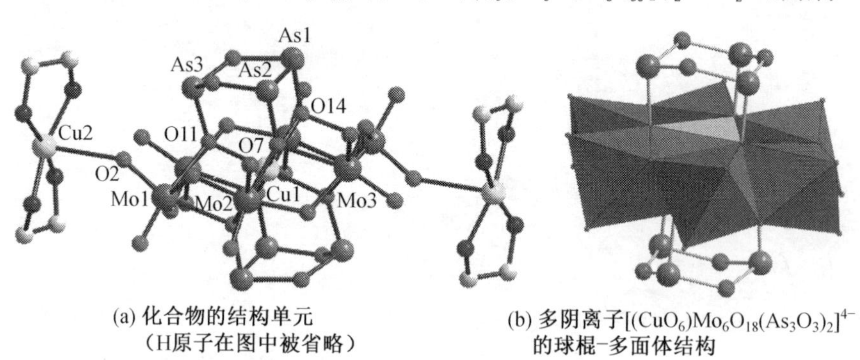

图1-22 化合物的结构单元(H原子在图中被省略)和多阴离子$[(CuO_6)Mo_6O_{18}(As_3O_3)_2]^{4-}$的球棍-多面体结构

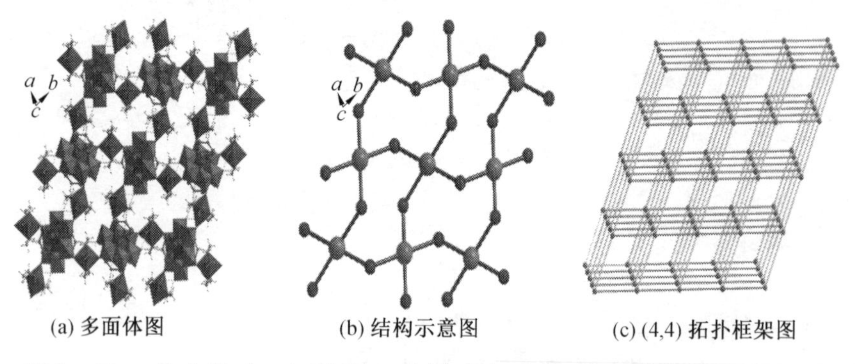

图1-23 化合物在*ab*面的二维层自组装结构示意图、Anderson型$[(CuO_6)Mo_6O_{18}(As_3O_3)_2]^{4-}$多阴离子和$\{Cu(en)_2\}^{2+}$阳离子连接的结构以及在*ab*面化合物的2维(4,4)拓扑框架

的合成方案通过温度改变由早前报道的二维平面层状结构变为一维无限的链状结构。

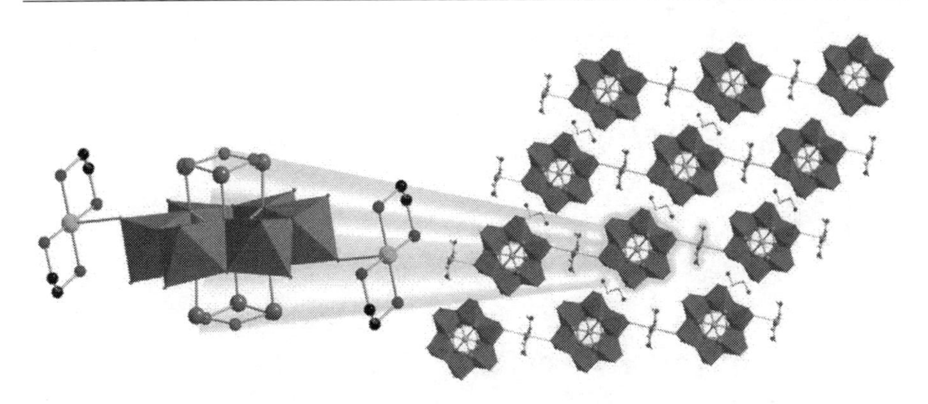

图 1-24　化合物结构的球棍-多面体结构

2014 年,赵俊伟课题组报道了一例由氨基酸类配体构建的{MAs_6Mo_6}型化合物:$[Cu(arg)_2]_2[(CuO_6)(As_3O_3)_2Mo_6O_{18}]\cdot 4H_2O$ (arg = L-arginine)。在该化合物中存在一个$[(CuO_6)Mo_6O_{18}(As_3O_3)_2]^{4-}$多阴离子、两个{$Cu(arg)_2$}阳离子和四个晶格水分子。每个 Cu 原子和两个 L-精氨酸配体配位形成金属配合物{$Cu(arg)_2$},多酸阴离子作为双齿连接器和金属配合物相连,构成了一条无限延展的一维链状结构,如图 1-25 所示。此外,该化合物对亚硝酸盐和溴酸盐展现了良好的电催化活性。

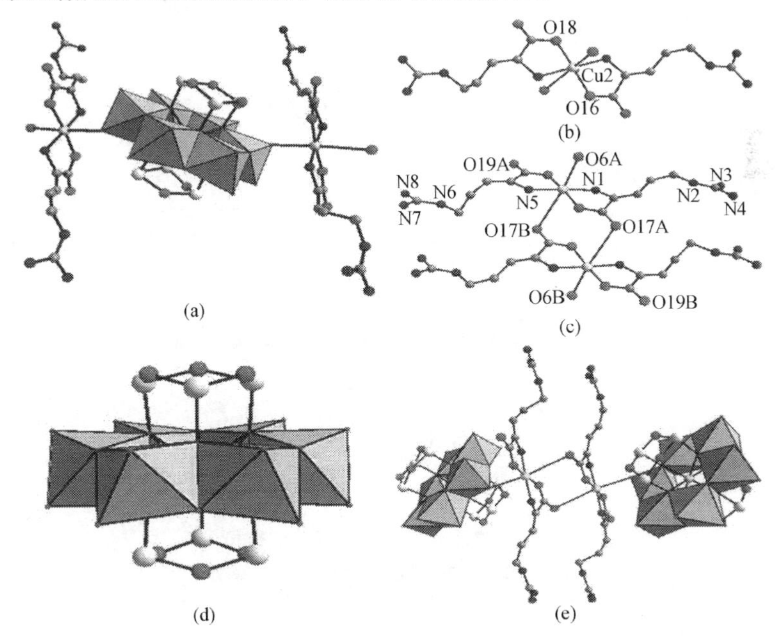

图 1-25　化合物$[Cu(arg)_2]_2[(CuO_6)(As_3O_3)_2Mo_6O_{18}]\cdot 4H_2O$ 的球棍-多面体结构

2017 年，于海辉等合成了三例基于{MAs_6Mo_6}型多阴离子的化合物，其分子式为

$$K_2[H_2(As_3O_3)_2(Mo_6O_{18})(NiO_6)] \cdot H_2O \ (1)$$

$$K_2[H_2(As_3O_3)_2(Mo_6O_{18})(CoO_6)] \cdot H_2O \ (2)$$

$$[Zn(H4,4'\text{-}bpy)_2(H_2O)_4][(As_3O_3)_2(Mo_6O_{18})(ZnO_6)] \cdot 4H_2O \ (3)$$

三个化合物的过渡金属分别为 Ni、Co、Zn，化合物 1 和 2 是同构的，且是第一例基于{MAs_6Mo_6}多阴离子的钾簇，属于纯无机物。K 离子以六配位的形式存在，具有 C_{3v}对称性，呈现出独特的风车状排布形式。每个 K 离子与来自 3 个不同的多阴离子的 6 个端氧相连形成严重扭曲的八面体构型，如图 1-26 所示。每个多阴离子提供所有的 12 个端氧原子以共价键的形式与邻近的 6 个 K 离子相连接，也就是说将多阴离子作为十二连接器，进而构筑了该化合物的三维空间网络结构，晶格水分子嵌在三维孔道中，如图 1-27 所示。

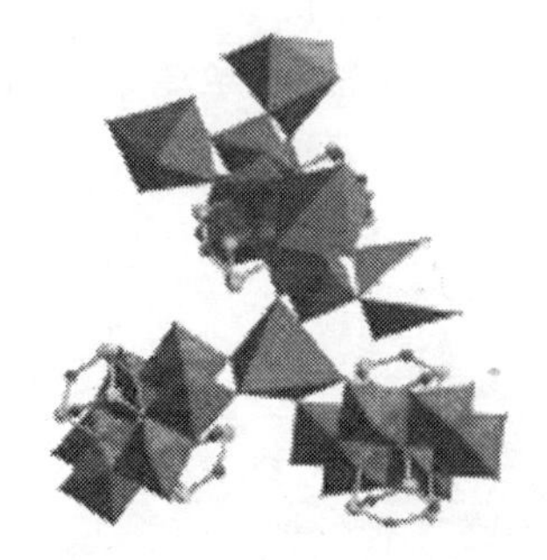

图 1-26　K 离子和多酸阴离子的风车状组装结构

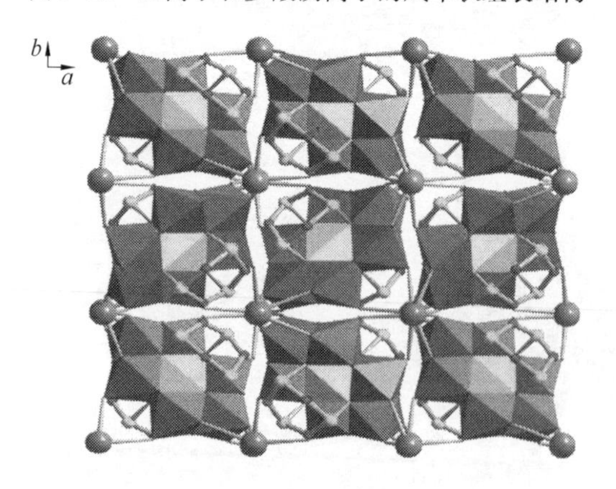

图 1-27　化合物 1 和 2 的结构堆积排列

1.2.3　$\{As_2Mo_{18}\}$型砷钼酸盐的研究进展

1990 年，王恩波课题组报道了 α－Dawson 的砷钼酸盐 $H_6[As_2Mo_{18}O_{62}]\cdot 25H_2O$的合成，它是由两个 A－型$\{\alpha-AsMo_9O_{34}\}$单元结合成一个对称性为 D_{3h}的簇，Dawson 结构中的上下两个三金属簇称为“极位”，中间的 12 个八面体称为“赤道位”。2007 年，许林等报道了 Dawson 型的以 As_2Mo_{18}为构筑块的$[Himi]_6[As_2Mo_{18}O_{62}]\cdot 11H_2O$ 超分子化合物。

2004 年，Zubieta 课题组利用 As_2O_5为砷源，MoO_3与 $Cu(CH_3COO)_2\cdot H_2O$ 通过简单的一步水热合成法，合成了一例 Wells－Dawson 构型的砷钼化合物，其分子式为$[\{Cu_2(2,4'\text{-}Hbpy)_4\}Mo_{18}As_2O_{62}]\cdot 2H_2O$（2,4′－bpy＝2,4′－bipyridine）。在该化合物中每个 Cu 原子和两个联吡啶配体配位形成了金属配合物$\{Cu(2,4'\text{-}Hbpy)_2\}$，两个金属配合物构筑了双核亚结构单元$\{Cu_2(2,4'\text{-}Hbpy)_4\}^{6+}$，进而与多阴离子上赤道位上的$\{MoO_6\}$八面体上的端氧原子连接，由此构成了一条无限延展的一维链状结构，如图 1－28 所示。

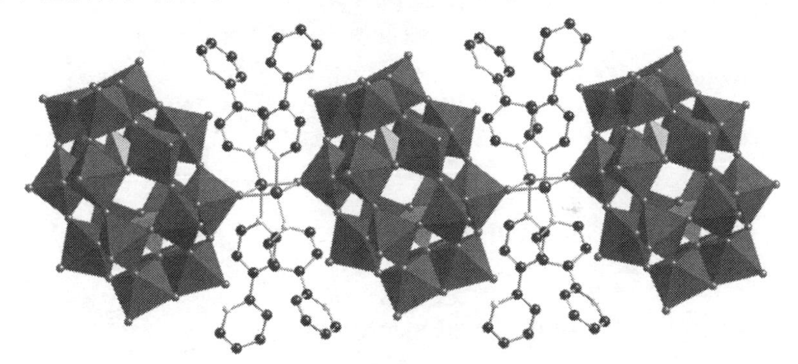

图 1－28　化合物$[\{Cu_2(2,4'\text{-}Hbpy)_4\}Mo_{18}As_2O_{62}]$的一维结构

2009 年，一种新的 Dawson 型砷钼酸盐杂化结构在 *Acta. Cryst.* 上被报道，其分子式为$(H_2bpy)_3[As_2Mo_{18}O_{62}]$（bpy＝4, 4′－bipyridine），是典型的联吡啶分子和经典的 Dawson 多金属氧酸盐阴离子通过氢键作用形成的二维超分子结构，该化合物的单体椭球一维结构如图 1－29 所示。

2010 年，张修堂等报道了一例 Wells－Dawson 构型的砷钼酸盐，其分子式为$[Cu(C_8H_7N_3)_2(H_2O)]_3[As_2Mo_{18}O_{62}]$，过渡金属 Cu 采取五配位的四方锥构型与两个有机配体相连接，形成的金属配合物游离在多阴离子外部，构成了超分子结构，如图 1－30 所示。此外，通过氢键作用，形成了如图 1－31 所示的堆积结构。

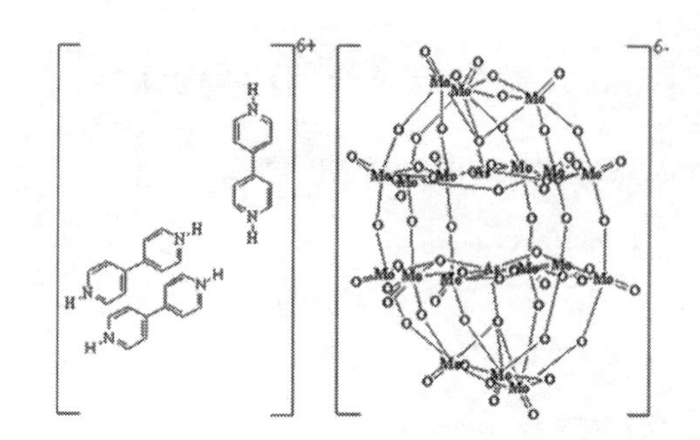

图 1-29 $(H_2bpy)_3[As_2Mo_{18}O_{62}]$的单体椭球一维结构

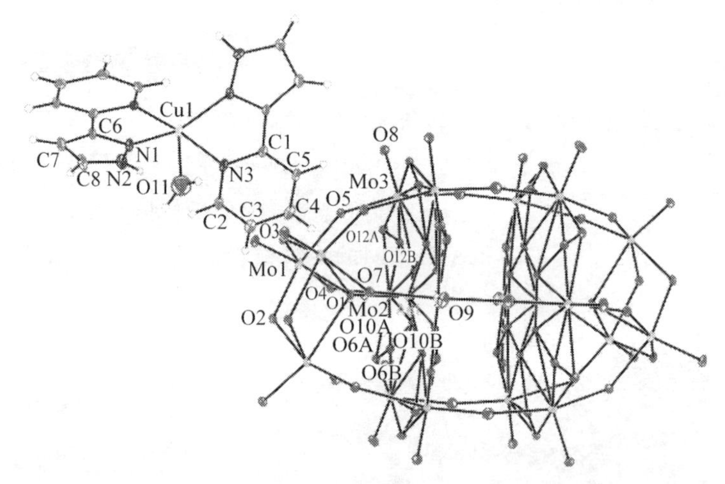

图 1-30 化合物$[Cu(C_8H_7N_3)_2(H_2O)]_3[As_2Mo_{18}O_{62}]$的超分子结构

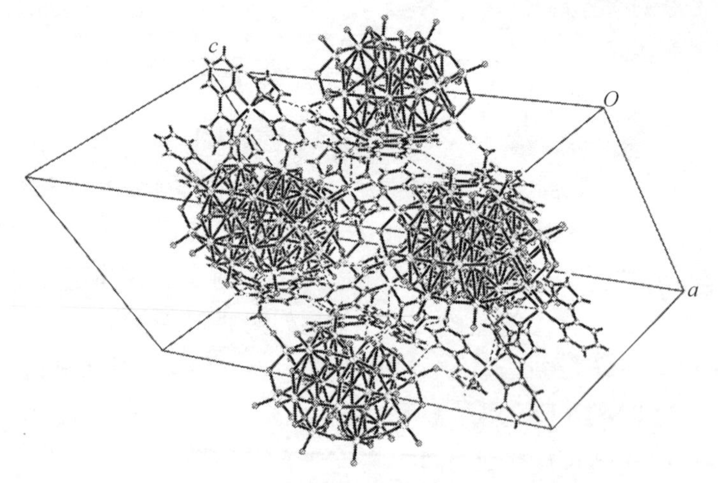

图 1-31 化合物$[Cu(C_8H_7N_3)_2(H_2O)]_3[As_2Mo_{18}O_{62}]$通过氢键作用形成的堆积结构

2014 年，于凯等报道了一系列帽式 Wells-Dawson 构型的砷钼化合物，其分子式为

$$[Cu(2,2'\text{-}bpy)_2][\{Cu(2,2'\text{-}bpy)\}_3\{As_2^{V}Mo_2^{V}Mo_{16}^{VI}O_{62}\}]\cdot 4H_2O \ (1)$$

$$[H_2(4,4'\text{-}bpy)]_{2.5}[As^{III}(As_2^{V}Mo_2^{V}Mo_{16}^{VI}O_{62})]\cdot 5H_2O \ (2)$$

$$(pyr)(imi)(Himi)_3[As_2^{III}(As_2^{V}Mo_3^{V}Mo_{15}^{VI}O_{62})]\cdot 3H_2O \ (3)$$

$$[As_3^{III}(As_2^{V}Mo_3^{V}Mo_{15}^{VI}O_{62})]\cdot 4H_2O \ (4)$$

$$(H_2btp)_3[As_2^{V}Mo_{18}^{VI}O_{62}]\cdot 6H_2O \ (5)$$

分子式中：bpy = bipyridine， pyr = pyrazine， imi = imidazole， btp = 1,5-bis(triazol)pentane。

于凯等详细讨论了五例化合物在不同 pH 和不同有机配体下的合成条件以及 As^{III} 帽的位置特点，对化合物的结构及其配位环境进行了系统性描述。同时对它们进行了荧光性质分析、电化学分析、电催化性质分析、磁性分析，如图 1-32 所示。

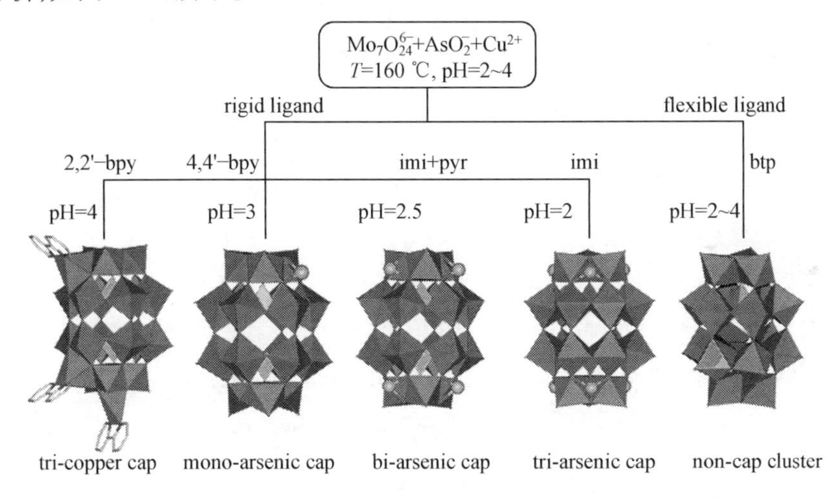

图 1-32　帽式 Wells-Dawson 构型砷钼酸盐与不同 pH 和有机配体的关系

2015 年，于凯等合成了一例基于 Wells-Dawson 构型的砷钼化合物，分子式为 $(H_2bimyb)_3(As_2Mo_{18}O_{62})$ [bimyb = 1,4-Bis(imidazol-1-ylmethyl)benze]。该化合物中，存在两个晶体学独立的半刚性含氮有机配体 bimyb，分别以四配位和五配位的方式存在，多阴离子与 14 个半刚性的含氮有机配体 bimyb 通过氢键和超分子作用相连接。在这种连接方式下，14 个 bimyb 分子和周围的 22 个 $\{As_2Mo_{18}\}$ 簇相连接形成了紧密堆积的超分子网络框架。在氢键的作用下，将多阴离子簇、有机配体 bimyb 的连接方式进行简化，得到了

如图 1-33 所示的三维拓扑结构。

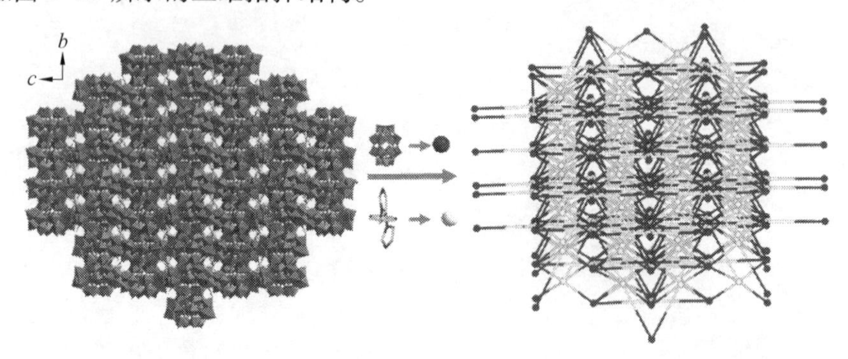

图 1-33 化合物$(H_2bimyb)_3(As_2Mo_{18}O_{62})$的三维超分子紧密堆积结构及其$(14^{91})(5^{10})(4^6)$拓扑结构

2017 年,于凯等报道了两例基于 Wells-Dawson 构型的砷钼化合物,其分子式为

$$(imi)_2[\{Cu^I(imi)_2\}_2\{Na(imi)_2\}\{As^{III}As_2^VMo_{18}O_{62}\}]\cdot 2H_2O \quad (1)$$

$$\{Cu_{0.5}^I(trz)\}_6[\{Cu_{0.5}^I(trz)_2\}_6[As_2Mo_{18}O_{62})] \quad (2)$$

分子式中 imi=iminazole, trz=1,2,3-triazole。

于凯等详细讨论了不同的钼源和有机配体对 Wells-Dawson 构型的砷钼酸盐结构的影响,如图 1-34 所示。两例化合物中的 Cu 均为一价氧化态,化合物 1 由单 As 帽的阴离子簇$\{As^{III}As_2^VMo_{18}O_{62}\}$、两个$\{Cu^I(imi)_2\}$金属配合物、一个$\{Na(imi)_2\}$桥、两个咪唑分子和两个晶格水分子构成。两个邻近的$\{Na(imi)_2\}$桥与 4 个$\{Cu^I(imi)_2\}$金属配合物与多阴离子上的端氧原子连接构成了一维无限的阶梯型链。在化合物 2 中,经典的$\{As_2Mo_{18}\}$簇和 6 个$\{Cu_{0.5}^I(trz)_2\}$片段相连接构成了隔位交错的三维网络框架。

此后,沈继红课题组报道了一例 2,6 连接的 Wells-Dawson 构型砷钼化合物,其分子式为$\{Ag(diz)_2\}_3[\{Ag(diz)_2\}_3(As_2Mo_{18}O_{62})]\cdot H_2O$ (diz=1,2-diazole)。该化合物中多阴离子上赤道位置的 6 个端氧原子和 6 个$\{Ag(diz)_2\}$金属配合物连接,6 个 Dawson 簇位于不同的平面通过赤道到赤道相互连接(图 1-35),进而构筑了一例三维的网络框架,其拓扑符号为$\{8^{12}\cdot 12^3\}\{8\}_3$,如图 1-36 所示。该化合物对有机染料偶氮荧光桃红具有明显的光降解活性,此外对胃癌细胞(SGC-7901)的增殖有抑制作用。

最近,于凯等又报道了一例带双 As 帽的 Wells-Dawson 型砷钼化合物,其分子式为$\{pyr\}\{Hbib\}_2\{As_2^{III}(OH)_2As_2^VMo_{18}O_{62}\}$ (pyr = pyrrole, bib =

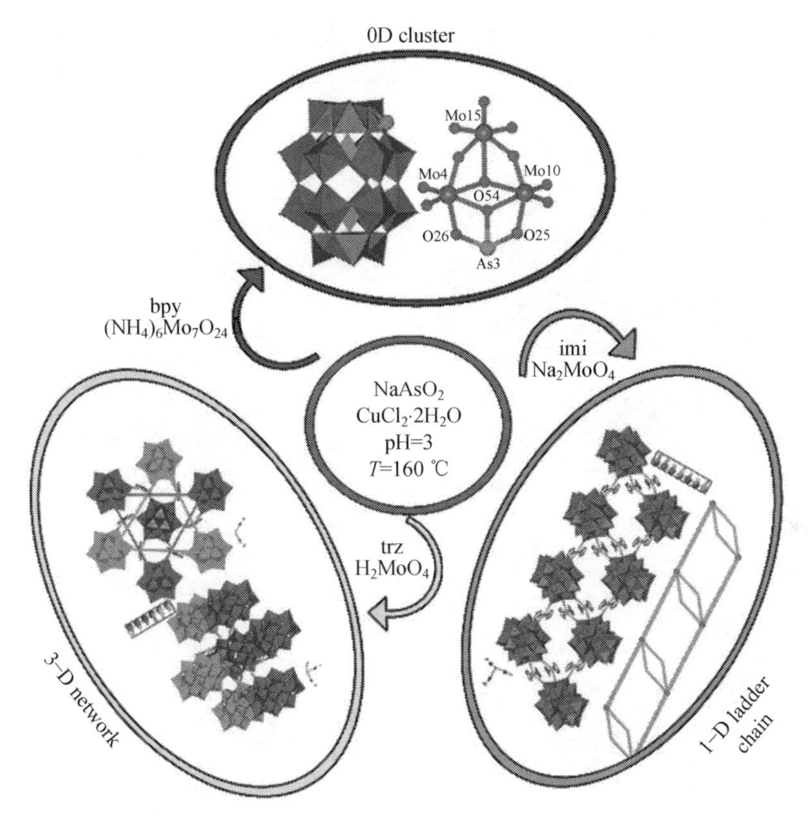

图 1-34　Wells-Dawson 构型砷钼酸盐的结构与不同钼源和有机配体的关系

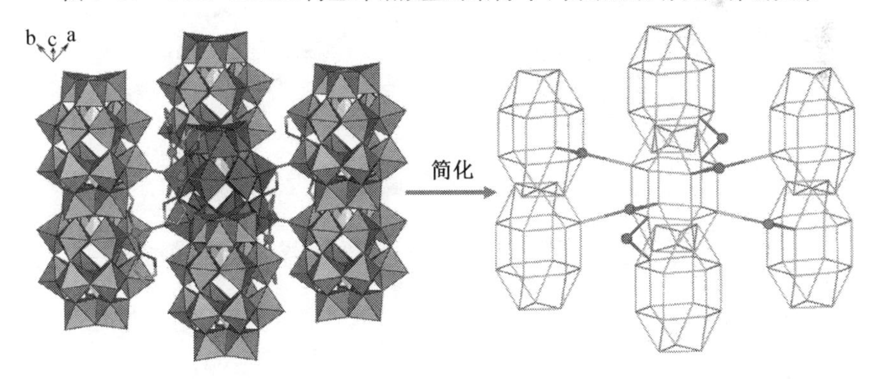

图 1-35　化合物$\{Ag(diz)_2\}_3[\{Ag(diz)_2\}_3(As_2Mo_{18}O_{62})] \cdot H_2O$ 的六连接二维层状结构

1, 4-bis(1-imidazoly)benzene)。与此前报道不同的是,在该化合物中存在两种 As 帽,其中一种是以三配位锥体的形式构成$\{AsO_3\}$单元,另外一种采取四配位的四面体构型构成$\{AsO_3(OH)\}$单元,如图 1-37 所示。两个含氮有机配体游离在多阴离子外部,通过氢键作用形成了三维超分子化合物,如

图1-38所示。该化合物对难降解的有机染料偶氮荧光桃红具有良好的光降解活性。此外,通过Wells-Dawson簇和As^{III}帽的协同作用,该化合物对肝癌细胞(HepG-2)的增殖有明显的抑制作用。

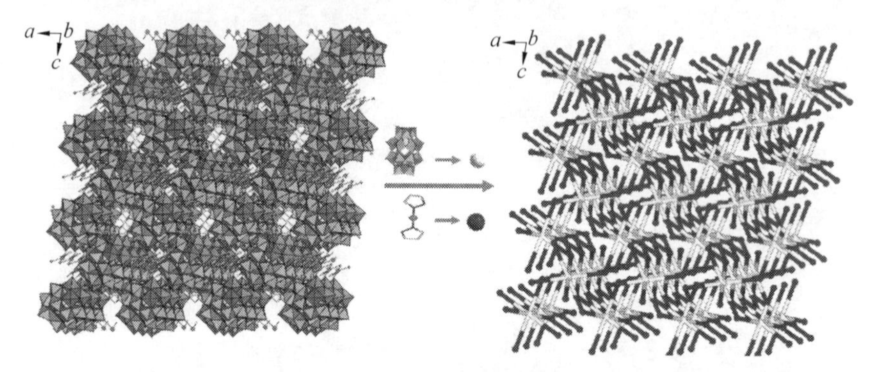

图1-36　化合物$\{Ag(diz)_2\}_3[\{Ag(diz)_2\}_3(As_2Mo_{18}O_{62})]\cdot H_2O$的三维堆积结构和2,6连接拓扑结构$\{8^{12}\cdot 12^3\}\{8\}_3$

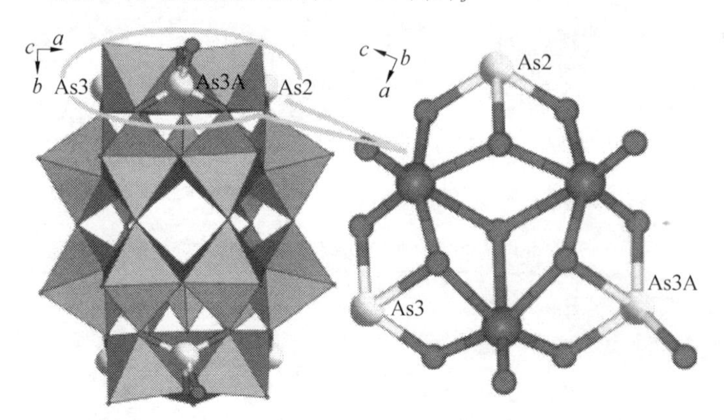

图1-37　As帽的多阴离子和As原子的配位环境

1.2.4　其他砷钼基多金属氧酸盐化合物的研究进展

A. Müller课题组于1996年报道了3个包含$\{AsMo_9O_{33}\}$片段的夹心型砷钼酸盐。

1993年,Maeda等又得到了单缺位α-Keggin型杂多阴离子$[AsMo_{11}O_{39}]^{6-}$。1997年,S. Wang报道了$[AsMo_8O_{30}H_2]^{5-}$和$[AsMo_8O_{30}]^{7-}$的结构(图1-39)。$[AsMo_8O_{30}H_2]^{5-}$阴离子是由两个晶体学上独立的$\{Mo_4O_{15}H\}$单元通过一个As原子连接而成,$\{Mo_4O_{15}H\}$单元中的4个钼原子是共平面的,而$[AsMo_8O_{30}]^{7-}$阴离子由两个晶体学上独立的$\{Mo_4O_{15}\}$单元通过一个As原

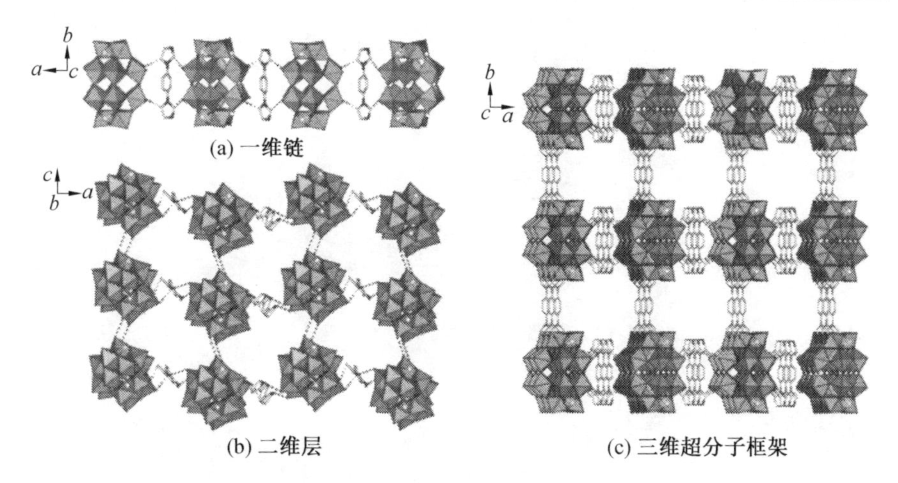

图 1-38　化合物通过多阴离子簇和有机配体 bib 的超分子作用构成的一维链、二维层和三维超分子框架

子连接而成，$\{Mo_4O_{15}\}$ 单元中的 4 个钼原子接近共平面。1999 年，王恩波课题组报道了一系列双帽 Anderson 结构 $[(MO_6)Mo_6O_{18}(As_3O_3)_2]^{4-}$ 构筑块的衍生物（M = Mo，Co，Cu）。2007 年，该课题组报道了一系列基于非传统构筑块 $[(ZnO_6)(As_3O_3)Mo_6O_{18}]^{4-}$ 的有机-无机杂化的多金属砷钼酸盐（图 1-40），这些工作扩展了合成多金属砷钼酸盐的范围。

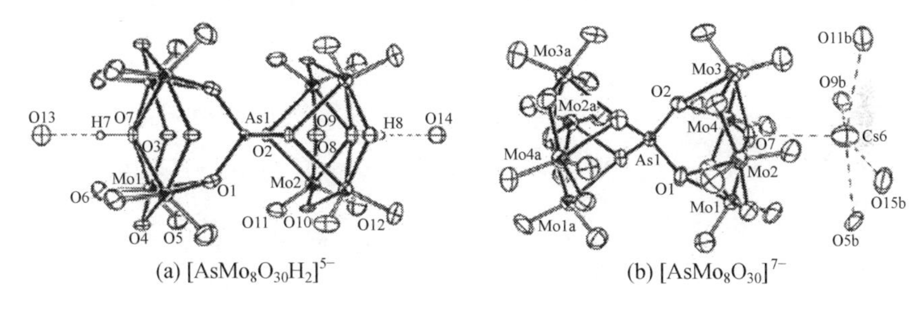

图 1-39　$[AsMo_8O_{30}H_2]^{5-}$ 和 $[AsMo_8O_{30}]^{7-}$ 阴离子的结构

2007 年，许林等采用常温方法合成了具有磁性的以三缺位 $[As^VMo_9O_{33}]^{7-}$ 为构筑块的二核 Mn 夹心砷钼化合物（图 1-41），该化合物由两个不同寻常的 $[As^VMo_9O_{33}]^{7-}$ 的构筑块通过 $\{Mn_2O_{10}\}$ 基团连接，该 $[As^VMo_9O_{33}]^{7-}$ 单元是从（B-β-XMo_9O_{33}）单元一侧移去 1 个 $\{MoO_6\}$ 八面体到另一侧，这个 $\{MoO_6\}$ 八面体正好覆盖了两个三金属簇 $\{Mo_3O_{13}\}$ 形成的孔洞。

薛刚林课题组于 2008 年和 2009 年，合成了五例新的以 $\{As^{III}Mo_7O_{27}\}$ 为

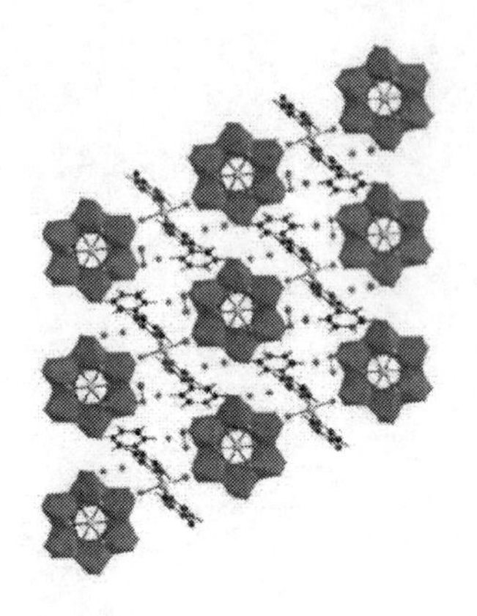

图 1-40　有机-无机杂化砷钼酸盐结构

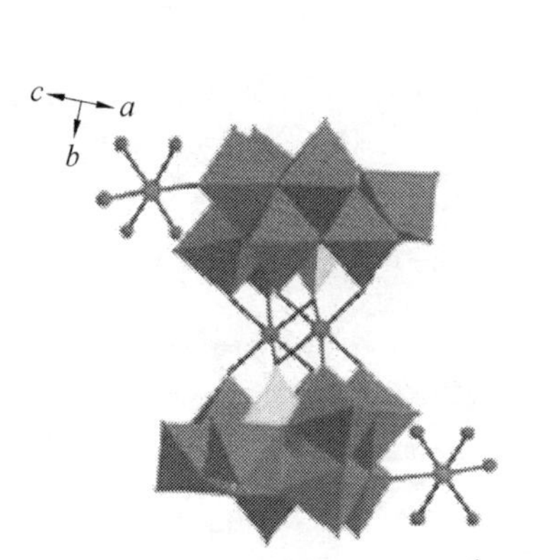

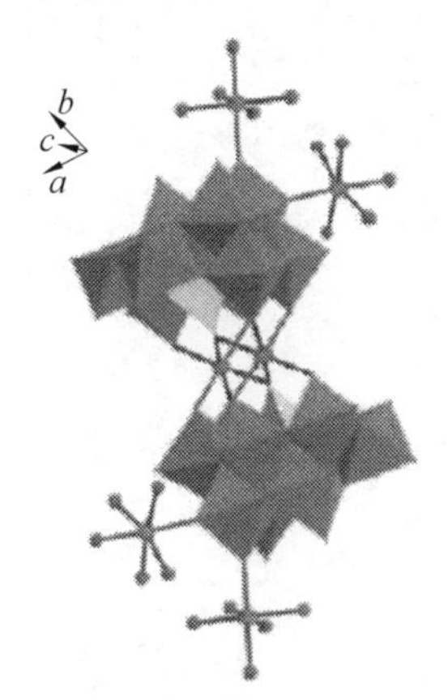

图 1-41　$[\{Mn(H_2O)_5\}_2(MnAs^{V}Mo_9O_{33})_2]^{6-}$和$[Mn(H_2O)_4(Mn\ As^{V}Mo_9O_{33})_2]^{8n-}$的结构

基本构筑单元的夹心型化合物$[M_2(As^{III}Mo_7O_{27})_2]^{12-}$(MM′=Cu Cu, Fe Fe, Fe Cr, Cr Cr),这些化合物均表现出良好的反铁磁性相互作用,如图 1-42 所示。$\{As^{III}Mo_7O_{27}\}$ 建筑块此前未有报道,它是由 Keggin 型的$\{B-\alpha-As^{III}Mo_9O_{33}\}$片段衍生出来的,如图 1-43 所示。2009 年,该课题组又报道了一系列基于不同构筑块的有机-无机杂化的砷钼酸盐$[Cu(enMe)_2]_3[As_3Mo_3O_{15}]_3\cdot 2H_2O$(图 1-44)和$(NH_4)_{10}\{Cu(H_2O)_4\}[AsMo_6O_{21}(OAc)_3]_2\cdot 12H_2O$(图 1-45);2012 年又制备出 Fe^{3+}取代的双夹心型砷钼酸盐化合物$[As_2Fe_5Mo_{21}O_{82}]^{17-}$和$[As_2Fe_6Mo_{20}O_{80}(H_2O)_2]^{16-}$,如图 1-46 和图 1-47 所示。该化合物是由中心的 $FeMo_7O_{28}$或 $Fe_2Mo_6O_{26}(H_2O)_2$

建筑块和两个[$As^{Ⅲ}Mo_7O_{27}$]建筑块通过两个共边的二金属簇(Fe_2O_{10})连接而成。此结构具有 C_{2v}对称性,磁性研究表明,化合物中的五金属簇(Fe_5)存在铁磁性相互作用。

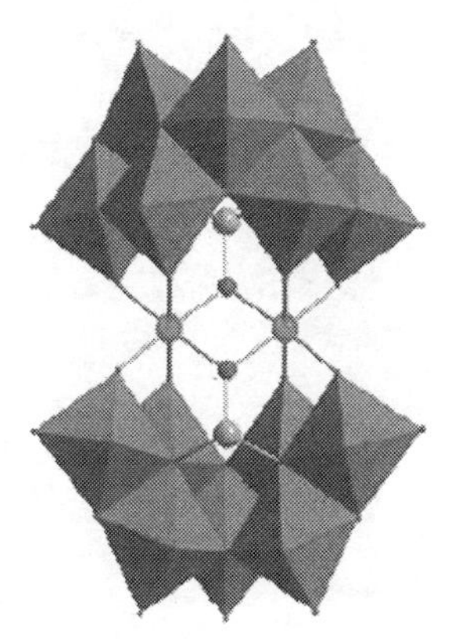

图 1-42　[$M_2(As^{Ⅲ}Mo_7O_{27})_2$]$^{12-}$阴离子的多面体结构

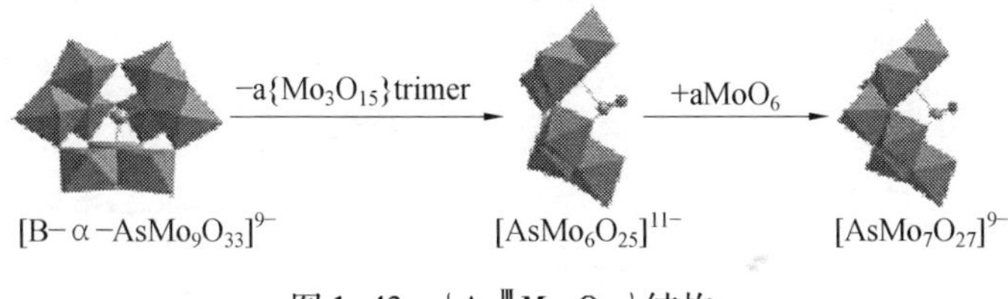

图 1-43　{$As^{Ⅲ}Mo_7O_{27}$}结构

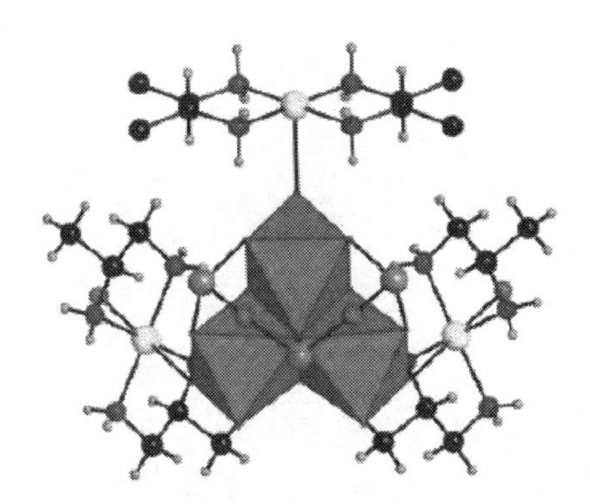

图 1-44　[$Cu(enMe)_2$]$_3$[$As_3Mo_3O_{15}$]$_3$ · $2H_2O$ 结构

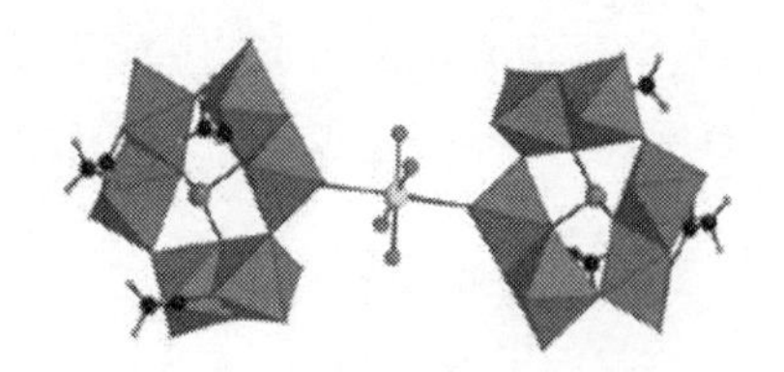

图1-45 $(NH_4)_{10}\{Cu(H_2O)_4\}[AsMo_6O_{21}(OAc)_3]_2 \cdot 12H_2O$ 结构

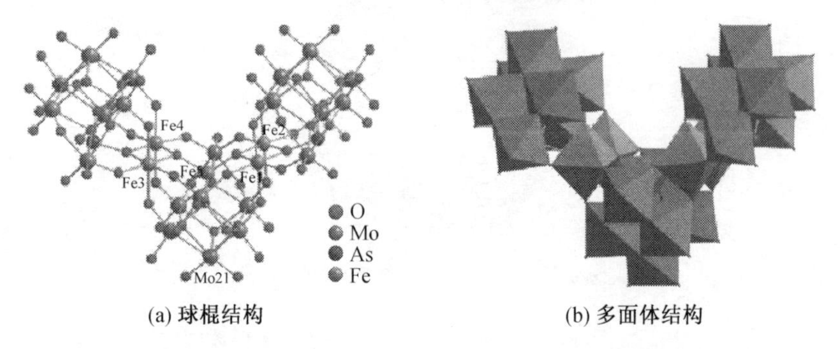

(a) 球棍结构　　(b) 多面体结构

图1-46 $[As_2Fe_5Mo_{21}O_{82}]^{17-}$的多面体结构和球棍结构

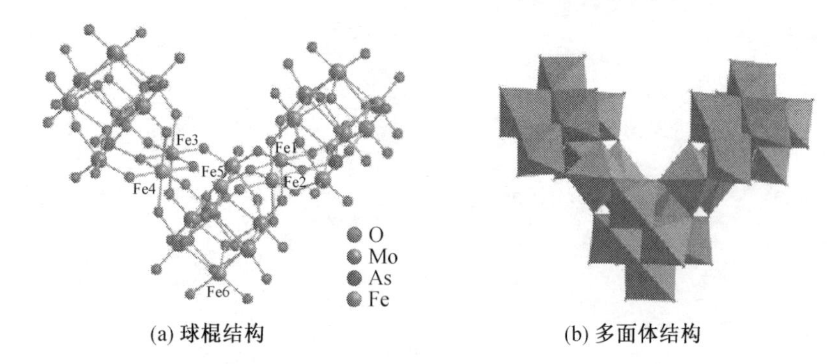

(a) 球棍结构　　(b) 多面体结构

图1-47 $[As_2Fe_6Mo_{20}O_{80}(H_2O)_2]^{16-}$的多面体结构和球棍结构

2009年，S. Chunyan等在*J. Am. Chem. Soc*上报道了一种用$[AsMo_{12}O_{40}]^{3-}$多金属氧酸盐阴离子和有机芳香三羧酸合成的一例三维大孔的配合物，其分子式为$[Cu_2(BTC)_{\frac{4}{3}}(H_2O)_2]_6[AsMo_{12}O_{40}] \cdot (C_4H_{12}N)_2$（BTC＝均苯三甲酸）。在这个化合物中，每个$[AsMo_{12}O_{40}]^{3-}$多阴离子作为模板填充在以Cu2和BTC构成的开放孔道中（图1-48），该孔道的特点是含有A和B两种类型，而Keggin型的多阴离子则填充在A孔道中，B孔道中填充了水分子。

2009年，张羽男报道了一例呈链状结构的砷钼多酸化合物$[As(phen)]_2[As_2Mo_2O_{14}]$，在这个化合物中，全新的多阴离子$[As_2Mo_2O_{14}]^{6-}$被引入化合物的结构中，$MoO_6$八面体和$AsO_4$四面体之间通过桥氧原子围成一个四元环进而形成[$As_2Mo_2O_{14}$]$^{6-}$阴离子单元,配离子是由$As^{3+}$和 phen 构成的配离子[As(phen)]$^{3+}$,而由 As 作为配位原子和有机配体配位的化合物到目前为止并不多见。[$As_2Mo_2O_{14}$]$^{6-}$阴离子和配离子[As(phen)]$^{3+}$之间通过桥氧原子相连,从而形成了此化合物的一维链状结构,如图 1-49 所示。

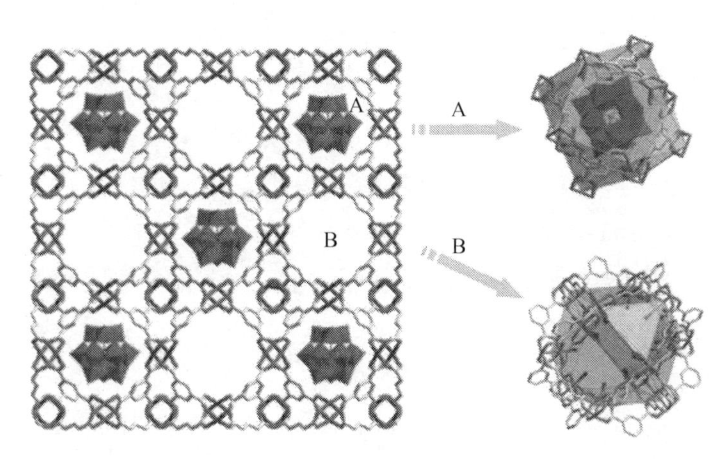

图 1-48 化合物[$Cu_2(BTC)_{\frac{4}{3}}(H_2O)_2$]$_6$[$AsMo_{12}O_{40}$]·$(C_4H_{12}N)_2$的多面体结构

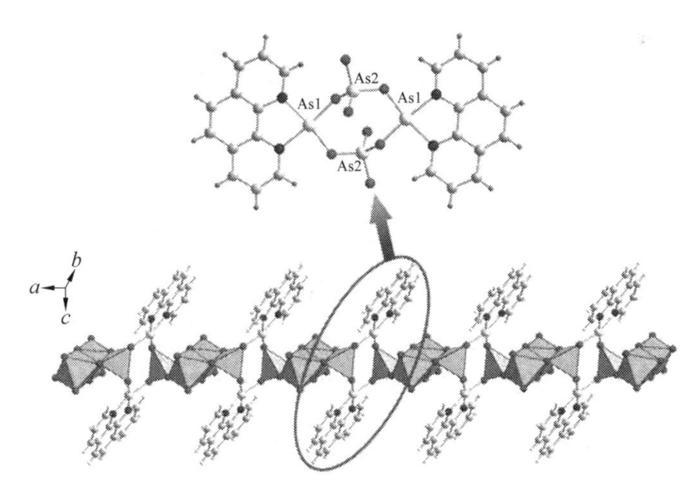

图 1-49 [As(phen)]$_2$[$As_2Mo_2O_{14}$]的一维链状结构

第2章 $\{As_2Mo_6\}$型功能配合物

2.1 概　　述

$\{As_2Mo_6\}$型多金属氧酸盐是砷钼系列多金属氧酸盐的一个重要分支。过渡金属阳离子与有机配体配位，并通过$\{As_2Mo_6\}$多酸阴离子的桥连作用，构成了一系列无机-有机杂化化合物，而这类化合物至今很少见文献报道。$\{As_2Mo_6\}$型多金属氧酸盐结构新颖，并且具有良好的磁学性能、电化学性能和催化性能，因而受到人们的广泛关注。

本章利用水热合成法，以$\{As_2Mo_6\}$阴离子为建筑单元，选择不同的有机配体和过渡金属 Cu^{2+} 和 Co^{2+}，通过调节反应体系的 pH，合成 9 种具有$\{As_2Mo_6\}$阴离子的化合物，并对其电化学性质、电催化性质以及光催化性质进行了研究。

2.2 $\{As_2Mo_6\}$型功能配合物的合成

2016 年，作者课题组丛博文、赵文奇等合成了 9 种新型化合物，其分子式如下：

$[H_3pt]_2[As_2Mo_6O_{26}]$ (1)

$[\{Cu(4,4'\text{-bipy})_{1.5}(H_2O)_2\}_2\{H_2As_2Mo_6O_{26}\}]$ (2)

$[\{Cu(biim)_2\}_2\{HAs_2Mo_6O_{26}\}\{Cu(biim)Cl\}]\cdot H_2O$ (3)

$(H_2bib)[\{Cu(H_2O)_2(bib)\}\{H_2As_2Mo_6O_{26}\}]\cdot 2H_2O$ (4)

$[\{(Hbix)Cu(bix)_{0.5}\}_2\{As_2Mo_6O_{26}\}]\cdot 2H_2O$ (5)

$[\{Cu(bmb)_{1.5}(H_2O)\}_2\{H_2As_2Mo_6O_{26}\}]\cdot 2H_2O$ (6)

$[\{Cu_2(bth)_4\}\{H_2As_2Mo_6O_{26}\}]\cdot H_2O$ (7)

$\{Co(btb)(H_2O)_2\}_2\{H_2As_2Mo_6O_{26}\}\cdot 2H_2O$ (8)

$\{Cu(diz)_4(H_2O)_2\}[\{Cu(diz)_2(H_2O)_2\}_2\{As_2Mo_6O_{26}\}]\cdot 2H_2O$ (9)

2.2.1 化合物1的合成

室温条件下,将 H_2MoO_4(0.605 9 g,3.455 mmol)、$NaAsO_2$(0.156 9 g,1.208 mmol)、pt (0.401 1 g,1.293 mmol)与 18 mL 的蒸馏水混合,并用 3 mol/L的 HNO_3 调节溶液的 pH 至 4.0 后,将混合液转移至反应釜中,并在 140 ℃的烘箱中加热晶化 120 h,待缓慢冷却至室温后,有浅黄色块状晶体生成,室温过滤干燥后,产率为 10%(以 Mo 计)。化合物 1 的元素分析结果表明,该化合物的分子式为 $C_{40}H_{40}As_2Mo_6N_8O_{26}$($M_r$=1 774.28)。经计算①,理论值(%):C,20.08;H,2.27;N,6.32。试验值(%):C,20.04;H,2.25;N,6.35。

2.2.2 化合物2的合成

室温条件下,将 $Cu(NO_3)_2 \cdot 3H_2O$ (0.102 3 g,0.54 mmol)、H_2MoO_4 (0.603 4 g,3.44 mmol)、$NaAsO_2$(0.151 1 g,1.18 mmol)、bipy (0.201 5 g,1.16 mmol)与 20 mL 的蒸馏水混合,并用 1 mol/L 的 HCl 调节溶液的 pH 至 4.5 后,将混合液转移至反应釜中,并在 140 ℃的烘箱中加热晶化 144 h,待缓慢冷却至室温后,有蓝色块状晶体生成,室温过滤干燥后,产率为 32%(以 Mo 计)。化合物 2 的元素分析结果表明,该化合物的分子式为 $C_{15}H_{14}AsCuMo_3N_3O_{15}$($M_r$=902.57)。经计算,理论值(%):C,19.96;H,1.56;N,4.66。试验值(%):C,19.89;H,1.60;N,4.62。

2.2.3 化合物3的合成

室温条件下,将 $Cu(NO_3)_2 \cdot 3H_2O$ (0.205 2 g,1.094 mmol)、H_2MoO_4 (0.608 7 g,3.47 mmol)、$NaAsO_2$(0.160 1 g,1.232 mmol)、biim (0.204 8 g,1.53 mmol)与 20 mL 的蒸馏水混合,并用 1 mol/L 的 HCl 调节溶液的 pH 至 4.5 后,将混合液转移至反应釜中,并在 140 ℃的烘箱中加热晶化 144 h,待缓慢冷却至室温后,有墨绿色块状晶体生成,室温过滤干燥后,产率为 28%(以 Mo 计)。化合物 3 的元素分析结果表明,该化合物的分子式为 $C_{30}H_{30}As_2ClCu_3Mo_6N_{20}O_{27}$($M_r$=2 056.30)。经计算,理论值(%):C,17.52;

① 理论值和试验值中,C、H、N 的数值指 C、H、N 元素占总的相对分子质量的百分比。

H,1.57;N,13.63。试验值(%):C,17.50;H,1.52;N,13.67。

2.2.4 化合物 4 的合成

室温条件下,将 $Cu(NO_3)_2 \cdot 3H_2O$ (0.405 2 g,1.677 mmol)、H_2MoO_4 (0.602 2 g,3.43 mmol)、$NaAsO_2$(0.151 2 g,1.16 mmol)、bib (0.120 3 g,0.07 mmol)与 20 mL 的蒸馏水混合,并用 1 mol/L 的 HCl 调节溶液的 pH 至 5.5 后,将混合液转移至反应釜中,并在 140 ℃的烘箱中加热晶化 144 h,待缓慢冷却至室温后,有蓝色块状晶体生成,室温过滤干燥后,产率为 26%(以 Mo 计)。化合物 4 的元素分析结果表明,该化合物的分子式为 $C_{24}H_{30}As_2CuMo_6N_8O_{30}$ (M_r=1 699.59)。经计算,理论值(%):C, 16.97; H, 1.78; N, 6.60。试验值(%):C, 17.01; H, 1.75; N,6.56。

2.2.5 化合物 5 的合成

室温条件下,将 $Cu(NO_3)_2 \cdot 3H_2O$ (0.412 0 g,2.20 mmol)、H_2MoO_4 (0.604 3 g,3.44 mmol)、$NaAsO_2$(0.153 9 g,1.16 mmol)、bix (0.158 5 g,0.665 2 mmol)与 20 mL 的蒸馏水混合,并用 1 mol/L 的 $NH_3 \cdot H_2O$ 调节溶液的 pH 至 6.0 后,将混合液转移至反应釜中,并在 140 ℃的烘箱中加热晶化 144 h,待缓慢冷却至室温后,有蓝色块状晶体生成,室温过滤干燥后,产率为 31%(以 Mo 计)。化合物 5 的元素分析结果表明,该化合物的分子式为 $C_{42}H_{48}As_2CuMo_6N_{12}O_{28}$($M_r$=1 957.94)。经计算,理论值(%):C, 25.79; H, 2.37; N, 8.60。试验值(%):C, 25.76; H, 2.35; N,8.48。

2.2.6 化合物 6 的合成

室温条件下,将 $Cu(NO_3)_2 \cdot 3H_2O$ (0.105 7 g,0.44 mmol)、H_2MoO_4 (0.604 3 g,3.44 mmol)、$NaAsO_2$(0.153 9 g,1.18 mmol)、bmb (0.204 6 g,0.66 mmol)与 20 mL 的蒸馏水混合,并用 1 mol/L 的 $NH_3 \cdot H_2O$ 调节溶液的 pH 至 5.8 后,将混合液转移至反应釜中,并在 140 ℃的烘箱中加热晶化 144 h,待缓慢冷却至室温后,有绿色块状晶体生成,室温过滤干燥后,产率为 28%(以 Mo 计)。化合物 6 的元素分析结果表明,该化合物的分子式为 $C_{30}H_{25}AsCuMo_3N_6O_{15}$($M_r$=1 135.85)。经计算,理论值(%):C, 31.69; H, 2.30; N, 7.39。试验值(%):C, 31.72; H, 2.35; N, 7.48。

2.2.7 化合物7的合成

室温条件下,将 $Cu(NO_3)_2 \cdot 3H_2O$ (0.582 7 g,3.12 mmol)、H_2MoO_4 (0.610 7 g,3.48 mmol)、$NaAsO_2$(0.152 2 g,1.17 mmol)、bth (0.204 6 g, 1.06 mmol)与20 mL的蒸馏水混合,并用1 mol/L的 $NH_3 \cdot H_2O$ 调节溶液的pH至6.8后,将混合液转移至反应釜中,并在140 ℃的烘箱中加热晶化144 h,待缓慢冷却至室温后,有粉色块状晶体生成,室温过滤干燥后,产率为25%(以Mo计)。化合物7的元素分析结果表明,该化合物的分子式为 $C_{40}H_{66}As_2Cu_2Mo_6N_{24}O_{27}$($M_r$=2 167.73)。经计算,理论值(%):C, 22.16; H, 3.07; N, 15.53。试验值(%):C, 22.20; H, 3.02; N, 15.48。

2.2.8 化合物8的合成

室温条件下,将 $Co(NO_3)_2 \cdot 6H_2O$ (0.480 0 g,1.65 mmol)、H_2MoO_4 (0.521 7 g, 3.22 mmol)、$NaAsO_2$(0.152 2 g,1.17 mmol)、btb (0.204 6 g, 1.06 mmol)与20 mL的蒸馏水混合,并用1 mol/L的 $NH_3 \cdot H_2O$ 调节溶液的pH至5.8后,将混合液转移至反应釜中,并在140 ℃的烘箱中加热晶化144 h,待缓慢冷却至室温后,有粉红色块状晶体生成,室温过滤干燥后,产率为24%(以Mo计)。化合物8的元素分析结果表明,该化合物的分子式为 $C_{16}H_{28}As_2Co_2Mo_6N_{12}O_{32}$($M_r$=1 751.9)。经计算,理论值(%):C, 10.97; H, 1.61; N, 9.60。试验值(%):C, 10.89; H, 1.70; N, 9.51。

2.2.9 化合物9的合成

室温条件下,将 $CuCl_2 \cdot 2H_2O$ (0.421 1 g, 2.47 mmol)、H_2MoO_4 (0.610 7 g,3.48 mmol)、$NaAsO_2$(0.155 5 g, 1.197 mmol)、1,2-diazole (0.213 8 g, 3.14 mmol)与20 mL的蒸馏水混合,并用1 mol/L的HCl调节溶液的pH至4.6后,将混合液转移至反应釜中,并在140 ℃的烘箱中加热晶化96 h,待缓慢冷却至室温后,有深蓝色块状晶体生成,室温过滤干燥后,产率为43%(以Mo计)。化合物9的元素分析结果表明,该化合物的分子式为 $C_{24}H_{48}As_2Cu_3Mo_6N_{16}O_{34}$($M_r$ = 2 020.91)。经计算,理论值(%):C, 14.26; H, 2.39; N, 11.08。试验值(%):C, 14.25; H, 2.42; N, 11.01。

2.3 $\{As_2Mo_6\}$型功能配合物的晶体结构

选取化合物1~9的大小合适的晶体粘在毛细玻璃丝上用于数据采集，用Bruker AXS Ⅱ SMART CCD X-射线衍射仪收集晶体衍射数据，利用SHELXTL-97程序解析晶体结构，用最小二乘法精修数据，理论加氢的方法得到化合物中的所有氢原子的位置。化合物1~9的晶体学数据见表2-1~2-3。

表2.1 化合物1的晶体学数据

项目	化合物1
分子式	$C_{40}H_{40}As_2Mo_6N_8O_{26}$
相对分子质量	1 774.28
晶系	三斜晶系
空间群	P-1
a/Å	10.860 5(5)
b/Å	10.964 9(5)
c/Å	11.843 4(5)
α/ (°)	73.68
β/ (°)	70
γ/ (°)	72.370 0(10)
Z	1
体积/Å^3	1 238.03(10)
d_{calcd}/(mg · cm^{-3})	2.364
μ(Mo Kα)/mm^{-1}	2.901
GOF on F^2	1.022
final R indices $I>2\sigma(I)$	$R_1=0.021\ 6$　　$wR_2=0.059\ 2$

注：$R_1=\sum \| F_o|-|F_c\| / \sum |F_o|$, $wR_2=\{Rw[(F_o)^2-(F_c)^2]^2/Rw[(F_o)_2]_2\}^{1/2}$；1 Å=0.1 nm。

1976年，PoPe课题组第一次制得了具有$[H_xAs_2Mo_6O_{24}]^{(6-x)-}$多酸阴离子的化合物，其多酸阴离子结构与α-$[Mo_8O_{26}]^{4-}$构型相似（图2-1）。$[As_2Mo_6O_{24}]^{6-}$是由6个两两共用一边的$MoO_6$八面体形成的一个六元环，六元环上下各加一个$AsO_4$四面体的“帽”形成的多聚阴离子，每个$AsO_4$除端氧

表 2-2 化合物 2～5 的晶体学数据

项目	化合物 2	化合物 3	化合物 4	化合物 5
分子式	$C_{15}H_{14}AsCuMo_3N_3O_{15}$	$C_{30}H_{30}As_2ClCu_3Mo_6N_{20}O_{27}$	$C_{24}H_{30}As_2CuMo_6N_8O_{30}$	$C_{42}H_{48}As_2CuMo_6N_{12}O_{28}$
相对分子质量	902.57	2 056.30	1 699.59	1 957.94
晶系	三斜晶系	三斜晶系	三斜晶系	三斜晶系
空间群	P-1	P-1	P-1	P-1
a/Å	10.253(2)	11.054 4(9)	10.449(2)	10.865 2(5)
b/Å	10.694(3)	11.989 7(10)	10.526(2)	11.969 0(6)
c/Å	11.380(3)	12.635 3(10)	10.759(2)	13.175 1(6)
α/(°)	85.068(2)	109.081 0(1)	78.550(2)	115.459(1)
β/(°)	67.518(2)	103.561 0(1)	75.968(2)	100.719(1)
γ/(°)	72.370 0(10)	109.228 0(1)	72.670(2)	99.261(1)
Z	2	1	1	1
体积/Å^3	1 148.6(5)	1 380.2(2)	1 085.7(4)	1 462.36(12)
d_{calcd}/(mg·cm^{-3})	2.610	2.472	2.599	2.223
μ(Mo Kα)/mm^{-1}	4.027	3.789	3.781	2.823
GOF on F^2	1.085	1.075	1.117	1.163
final R indices	R_1 = 0.052 0	R_1 = 0.028 0	R_1 = 0.039 3	R_1 = 0.033 5
$I > 2\sigma(I)$	wR_2 = 0.160 2	wR_2 = 0.065 9	wR_2 = 0.102 0	wR_2 = 0.084 4

注：$R_1 = \sum || F_o | - | F_c || / \sum | F_o |$，$wR_2 = \{Rw[(F_o)^2 - (F_c)^2]^2 / Rw[(F_o)_2]_2\}^{1/2}$

表 2-3 化合物 6～9 的晶体学数据

项目	化合物 6	化合物 7	化合物 8	化合物 9
分子式	$C_{30}H_{25}AsCuMo_3N_6O_{15}$	$C_{40}H_{66}As_2Cu_2Mo_6N_{24}O_{27}$	$C_{16}H_{28}As_2Co_2Mo_6N_{12}O_{32}$	$C_{24}H_{48}As_2Cu_3Mo_6N_{16}O_{34}$
相对分子质量	1 135.85	2 167.73	1 751.9	2 020.91
晶系	单斜晶系	三斜晶系	单斜晶系	单斜晶系
空间群	P2(1)/c	P-1	P2(1)/n	C2/c
a /Å	8.898 9(10)	12.559 9(15)	11.734(6)	28.806 7(14)
b /Å	16.355 2(19)	12.748 1(15)	10.009(5)	10.101 8(5)
c /Å	24.297(3)	13.367 0(16)	19.416(10)	19.620 9(9)
α /(°)	90	99.749(1)	90	90
β /(°)	94.832(1)	105.537(1)	106.113(8)	99.006(4)
γ /(°)	90	111.878(1)	90	90
Z	4	1	4	4
体积/$Å^3$	3 523.7(7)	1 824.8(4)	2 190.7(19)	5 639.3(5)
d_{calcd}/(mg·cm^{-3})	2.141	1.971	2.599	2.380
μ(Mo Kα)/mm^{-1}	2.652	2.556	3.781	3.667
GOF on F^2	1.044	1.069	1.117	1.029
final R indices	R_1 = 0.039 1	R_1 = 0.038 5	R_1 = 0.050 3	R_1 = 0.028 7
$I > 2\sigma(I)$	wR_2 = 0.094 6	wR_2 = 0.107 5	wR_2 = 0.143 4	wR_2 = 0.006 61

注：$R_1 = \sum ||F_o| - |F_c|| / \sum |F_o|$，$wR_2 = \{Rw[(F_o)^2 - (F_c)^2]^2 / Rw[(F_o)_2]_2\}^{1/2}$

外,其余三个氧均与六元环上的共边氧相连。通过价键计算确认了在化合物1~9中,所有的Mo呈+Ⅵ氧化态,As呈+Ⅴ氧化态。化合物1~9中都含有相同的多金属氧酸盐阴离子$[H_xAs_2Mo_6O_{24}]^{(6-x)-}$。

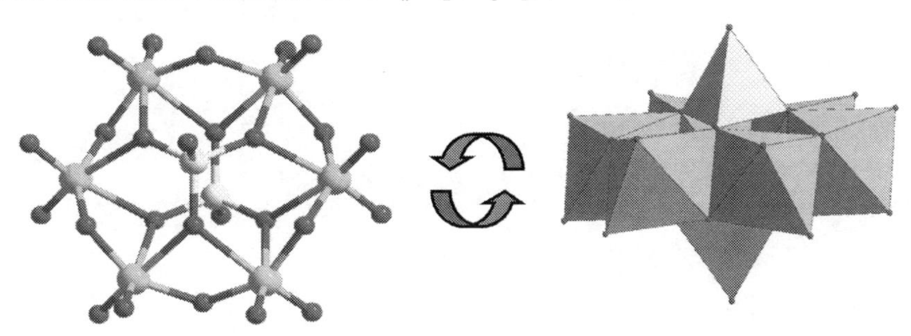

图2-1 $[As_2Mo_6O_{24}]^{6-}$阴离子簇的多面体结构图

2.3.1 化合物1的晶体结构

X射线单晶衍射分析结果表明,化合物1的结构单元由一个砷钼酸盐单元$[As_2Mo_6O_{26}]^{6-}$阴离子,以及两个被质子化的pt形成的$[H_3pt]^{3+}$阳离子构成,如图2-2所示。

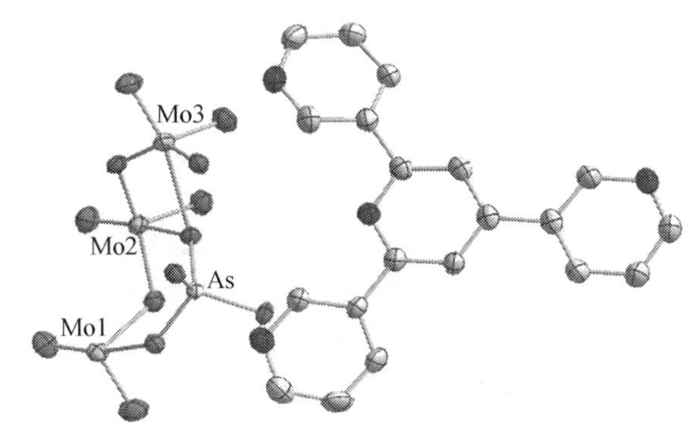

图2-2 化合物1的椭球分子结构图

化合物1的结构中,有机配体pt被质子化,形成$[H_3pt]^{3+}$阳离子。在每个$[As_2Mo_6O_{26}]^{6-}$阴离子周围都飘着8个pt配体,pt配体和$[As_2Mo_6O_{26}]^{6-}$阴离子之间由氢键相互作用构成了化合物1的三维超分子结构,如图2-3所示,氢键稳定了晶体的结构框架。表2-4为该化合物的相关氢键信息。

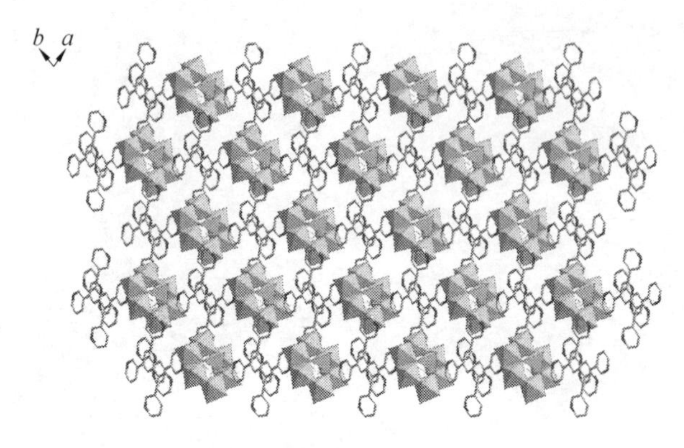

图 2-3 化合物 1 的三维结构图

表 2-4 化合物 1 的氢键

D—H···A	d(D···H)/nm	d(H···A)/nm	d(D···A)/nm	∠(DHA)/(°)
C(1)—H(1)···O(4)#1	0.93	2.57	3.412(4)	150
C(1)—H(1)···O(11)#1	0.93	2.50	3.203(5)	132
C(13)—H(13)···O(7)#2	0.93	2.33	3.136(4)	145
C(14)—H(14)···O(7)#3	0.93	2.40	3.272(5)	157
C(15)—H(15)···O(10)	0.93	2.52	3.213(4)	132
C(17)—H(17)···O(9)#4	0.93	2.42	3.142(4)	134
C(17)—H(17)···O(12)#4	0.93	2.56	3.168(4)	123
C(18)—H(18)···O(1)#5	0.93	2.41	3.208(5)	144
C(20)—H(20)···O(10)	0.93	2.48	3.325(4)	151

注:用于生成等效原子的对称变换，#1 表示 $1-x,1-y,-z$；#2 表示 $x,1+y,-1+z$；#3 表示 $2-x,1-y,1-z$；#4 表示 $-1+x,y,z$；#5 表示 $1-x,-y,1-z$。

2.3.2 化合物 2 的晶体结构

化合物 2 的非对称单元由一半$[H_2As_2Mo_6O_{26}]^{4-}$多阴离子、一个铜原子、两个配位水分子和一个半 bipy 有机配体组成。铜原子与 bipy 有机配体的两个 N 原子以及三个 O 原子配位，如图 2-4(a) 所示。Cu—N 键长为 1.981(6) ~ 1.992(6) Å，Cu—O 键长为 1.968(5) ~ 2.302(6) Å。值得注意的是，每个$[H_2As_2Mo_6O_{26}]^{4-}$多阴离子与$\{Cu_2(H_2O)_4(4,4'\text{-bipy})_3\}$配合物通过 O_t 连接形成 1D 链状结构，如图 2-4(b)所示。

2.3.3 化合物 3 的晶体结构

化合物 3 的非对称结构由半个$[HAs_2Mo_6O_{26}]^{5-}$多阴离子、两个晶体学独立的铜原子、三个 biim 有机配体、一个 Cl 离子和一个自由水分子组成，如图 2-4(c)所示。Cu 有两种不同的配位环境，Cu1 与两个 biim 有机配体的四个 N 原子以及 MoO_6八面体的一个端氧配位。Cu2 是“菱形”的四配位结构，与一个 biim 有机配体的两个 N 原子、AsO_4四面体的一个端氧配位以及 Cl 离子配位。Cu—N 键长为 1.910(7) ~2.018(3) Å，Cu—O 键长为 1.858(2)—2.292(2) Å，Cu2—Cl1 键长为 1.968(3) Å。$\{Cu(biim)_2\}$配合物和多阴离子形成了双支撑的一维链状结构，如图 2-4(d)所示。

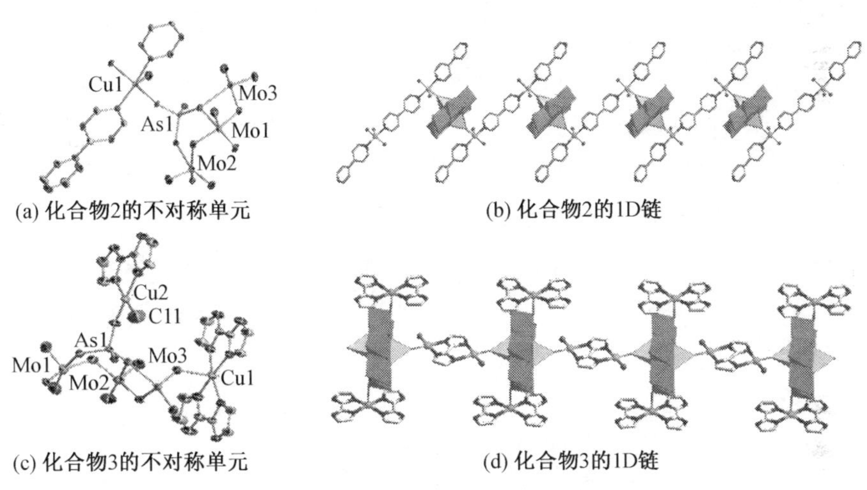

(a) 化合物2的不对称单元

(b) 化合物2的1D链

(c) 化合物3的不对称单元

(d) 化合物3的1D链

图 2-4 化合物 2 和化合物 3 的结构图

2.3.4 化合物 4 的晶体结构

化合物 4 的非对称结构由一半$[H_2As_2Mo_6O_{26}]^{4-}$多阴离子、一个铜原子、两个晶体学独立的半个 bib 有机配体、一个配位水分子和一个自由水分子组成，如图 2-5(a)所示。Cu1 原子六配位分别与两个配位水分子、bib 有机配体的两个 N 原子以及两个 MoO_6八面体的两个端氧配位。Cu1—N1 键长为 1.984(4) Å，Cu—O 键长为 2.031(4) ~2.386(3) Å。值得注意的是，两个$[H_2As_2Mo_6O_{26}]^{4-}$多阴离子与四个 Cu 原子形成了一个 13.176 Å×23.443 Å 的六元环。质子化的有机配体和晶格水分子位于六元环内部。$\{Cu(H_2O)_2(bib)\}$配合物和多阴离子形成了二维层状结构，如图 2-5(b)所示。

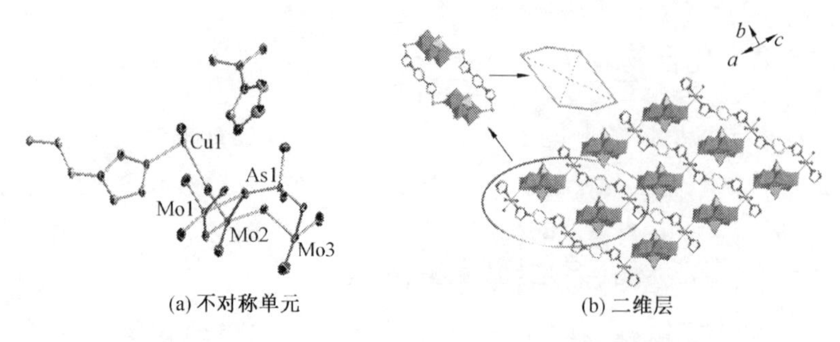

(a) 不对称单元 (b) 二维层

图2-5 化合物4的不对称单元和二维层状结构

2.3.5 化合物5的晶体结构

化合物5的非对称结构由一半$[As_2Mo_6O_{26}]^{6-}$多阴离子、一个铜原子、半个bix有机配体和一个自由水分子组成，如图2-6(a)所示。Cu原子六配位，分别与四个bix有机配体的四个N原子以及两个MoO_6八面体的两个端氧配位。Cu—N键长为2.004(3)～2.016(3)Å，Cu—O键长为2.576 Å。值得注意的是，两个$[H_2As_2Mo_6O_{26}]^{4-}$多阴离子与四个Cu原子形成了一个13.457 Å×21.274 Å的六元环。晶格水分子位于六元环内部。$\{(Hbix)Cu(bix)_{0.5}\}_2$配合物和多阴离子形成了二维层状结构，如图2-6(b)所示。

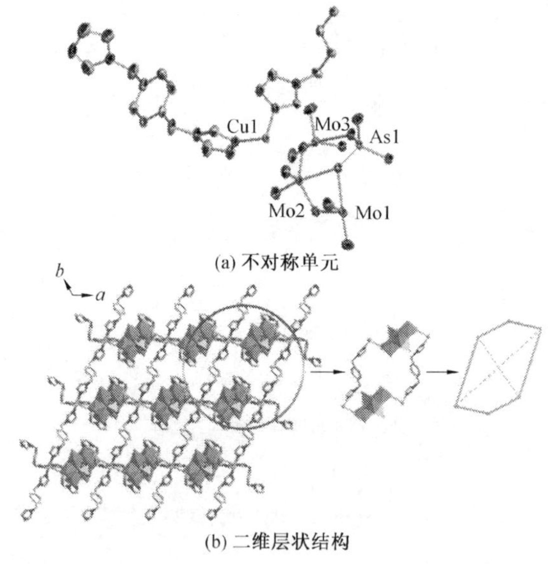

(a) 不对称单元

(b) 二维层状结构

图2-6 化合物5的不对称单元和二维层状结构

2.3.6 化合物6的晶体结构

化合物6的非对称结构由一半$[As_2Mo_6O_{26}]^{4-}$多阴离子、一个铜原子、一个半bmb有机配体、一个配位水分子和一个自由水分子组成，如图2-7(a)所示。Cu1原子五配位，分别与bmb有机配体的两个N原子、一个配位水分子，以及MoO_6八面体和AsO_4的两个端氧配位。Cu—N键长为1.988(3)~2.022(3)Å，Cu—O键长为1.953(3)~2.236(3)Å。值得注意的是，两个$[H_2As_2Mo_6O_{26}]^{4-}$多阴离子与四个Cu原子形成了一个11.086 Å×19.604 Å的六元环，如图2-7(b)所示。

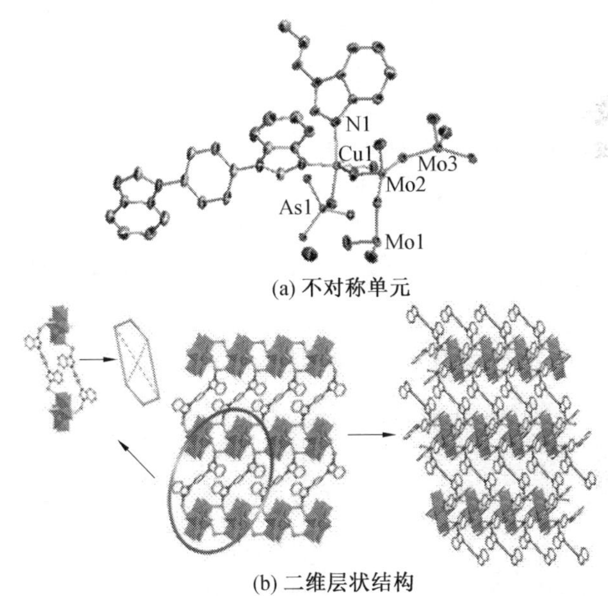

(a) 不对称单元

(b) 二维层状结构

图2-7 化合物6的不对称单元和二维层状结构

2.3.7 化合物7的晶体结构

化合物7的非对称结构由一半$[H_2As_2Mo_6O_{26}]^{4-}$多阴离子、两个晶体学独立的铜原子、bth有机配体和一个自由水分子组成，如图2-8(a)所示。Cu原子六配位分别与四个bth有机配体的四个N原子以及两个MoO_6八面体的两个端氧配位。有机配体有三种不同的配位模式："Z"型、"链"型以及"J"型。Cu—N键长为2.005(3)~2.038(3)Å，Cu—O键长为2.387(3)~2.457(3)Å。值得注意的是，$[H_2As_2Mo_6O_{26}]^{4-}$多阴离子与$\{Cu(bth)_4\}$形成了一个三维结构。$[H_xAs_2Mo_6O_{26}]^{(6-x)-}$簇、Cu1 和 Cu2 原子分别作为 4-、6-、6-节点形成，三维的拓扑结构$\{4^2 \cdot 6^{11} \cdot 8^2\}\{4^2 \cdot 6^4\}\{4^4 \cdot 6^9 \cdot 7 \cdot 8\}$，如图 2-8(b)所示。

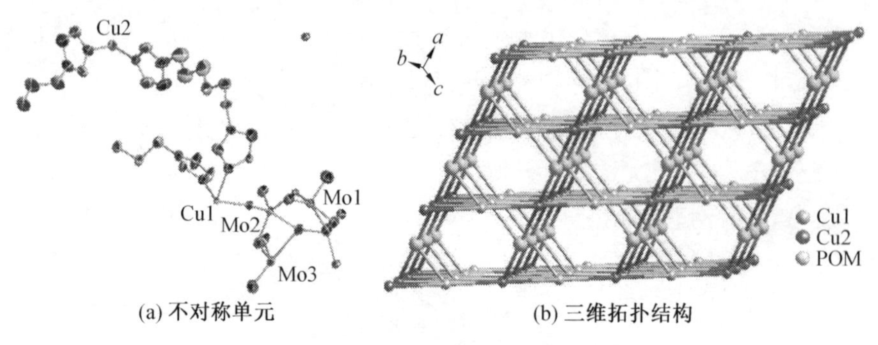

(a) 不对称单元　　(b) 三维拓扑结构

图 2-8　化合物 7 的不对称单元和三维拓扑结构

2.3.8　化合物 8 的晶体结构

化合物 8 的非对称结构由半个$[H_2As_2Mo_6O_{26}]^{4-}$、一个 Co 离子、两个 0.5btb 配体、两个配位水分子和一个游离水分子组成（图 2-9）。由$[H_2As_2Mo_6O_{26}]^{4-}$多氧阴离子中两个 AsO_4 四面体扣在 Mo_6O_6 环的相对面覆盖，Mo_6O_6 环由共边模彼此连接的六个 MoO_6 八面体构成。簇中存在三种氧原子：O_t（端氧原子）、$O_{\mu2}$（双桥氧原子）和 $O_{\mu3}$（三桥氧原子）。Mo—O_t 键长为 1.684(4) ~ 1.704(4) Å，Mo—$O_{\mu2}$ 键长为 1.877(4) ~ 1.919(4) Å，Mo—$O_{\mu3}$ 键长为 2.324(3) ~ 2.393(3) Å，As—O 键长为 1.681(4) ~ 1.700(3) Å。{Co-btb}络合物和水分子中，Co 离子采用六配位模式，与 btb 配体的两个 N 原子，两个配位水分子以及多阴离子的两个端氧原子配位。Co—N 键长为

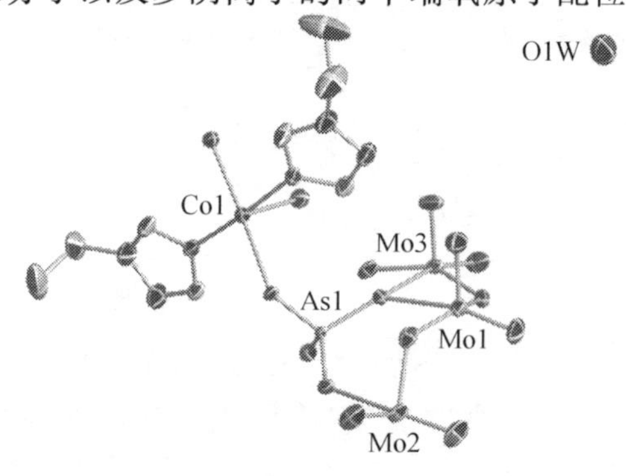

图 2-9　化合物 8 的椭球结构

2.056～2.067 Å,Co—O 键长为 2.103～2.311 Å。Co 离子与两个 btb 配体形成一维“S”链,两个一维“S”链通过端氧形成二维层状结构(图 2-10(a))。二维层状结构含有 10.009 Å× 25.320 Å 菱形空穴,多氧阴离子嵌在菱形空穴中(图 2-10(b)),相邻的{Co-btb}配合物通过多阴离子形成二维互穿结构,如图 2-10(c)所示。二维层与水分子之间通过弱相互作用进一步扩展了三维拓扑结构 $\{4^6\cdot6^2\cdot8^{16}\cdot12^4\}\{4^9\cdot6^6\}^2\{4\}^2$,如图2-11 所示。

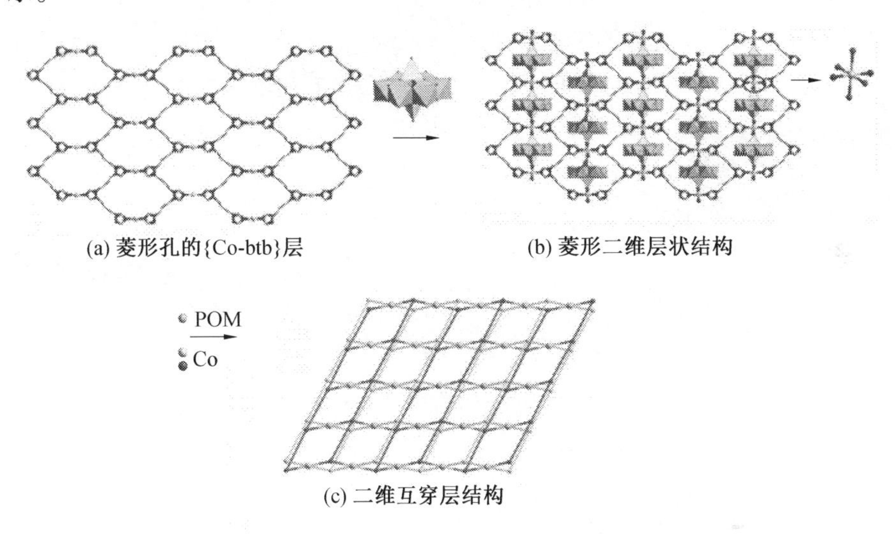

(a) 菱形孔的{Co-btb}层　(b) 菱形二维层状结构

(c) 二维互穿层结构

图 2-10　化合物 8 的二维层状结构

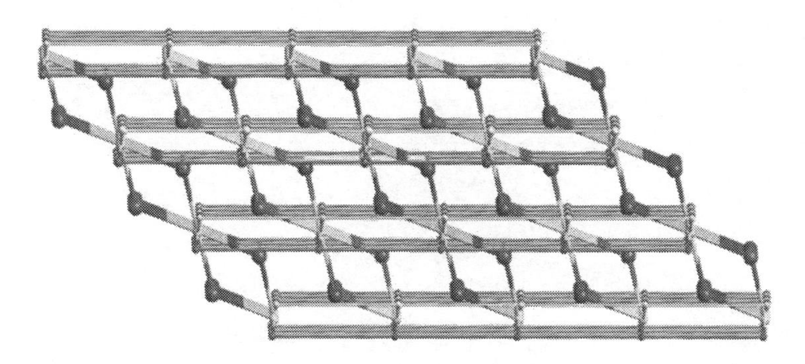

图 2-11　化合物 8 的三维拓扑结构

2.3.9 化合物 9 的晶体结构

化合物 9 的不对称单元由半个$[As_2Mo_6O_{26}]^{6-}$多氧阴离子、两个晶体学独立的 Cu 离子(Cu1 和 Cu2)、四个 diz 配体及四个水分子构成,如图 2-12 所示。$[As_2Mo_6O_{26}]^{6-}$簇类似于 α-$[Mo_8O_{26}]^{4-}$,具有 D3d 的高对称性。两个$\{AsO_4\}$四面体帽在 Mo_6O_6环的相对面覆盖,Mo_6O_6环由六个$\{MoO_6\}$八面体共边。氧原子可以分为三类:端氧 Mo—O_t键长为 1.703(2) ~ 1.713(3) Å,二桥氧 Mo—O_b键长为 1.903(2) ~ 1.915(2) Å,三桥氧 Mo—O_c键长为 2.348(2) ~ 2.410(2) Å。Cu1 原子六配位,与 diz 有机配体的两个 N 原子,两个水分子以及 AsO_4四面体的两个端氧配位。Cu2 原子与四个 diz 有机配体的四个 N 原子,两个水分子配位。Cu—O 键长为 1.990(2) ~ 2.389(2) Å,Cu—N 键长为 1.983(3) ~ 1.987(3) Å。$\{Cu(diz)_2(H_2O)_2\}$配合物连接$\{AsO_4\}$四面体形成一维链状结构,如图 2-13(a)所示。一维链通过氢键形成二维层状结构,如图 2-13(b)所示。相邻的二维层与$\{Cu(diz)_2(H_2O)_2\}$配合物通过氢键形成三维超分子结构,如图 2-13(c)所示。$[As_2Mo_6O_{26}]^{6-}$多阴离子、$\{Cu(diz)_4(H_2O)_2\}$和$\{Cu(diz)_2(H_2O)_2\}_2$配合物分别作为 6-、3-、2-节点形成三维拓扑结构$\{4^{14}\cdot 6^{10}\cdot 8^4\}\{4\}^2$,如图 2-14 所示。

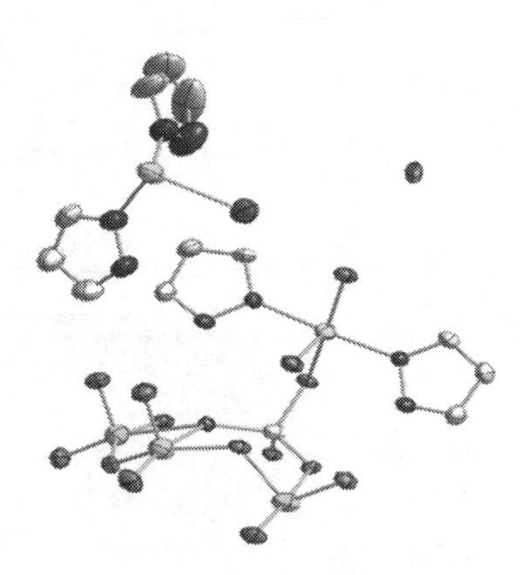

图 2-12 化合物 9 的椭球结构

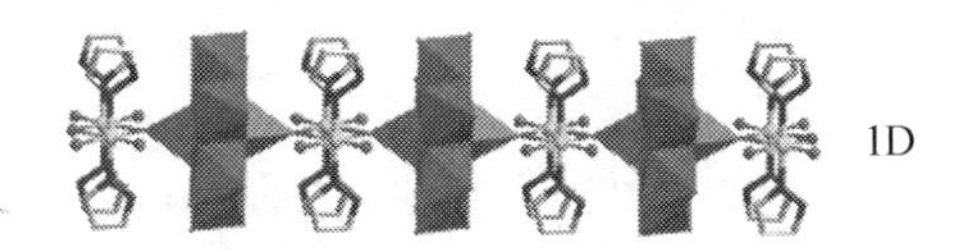

(a) 一维链状结构

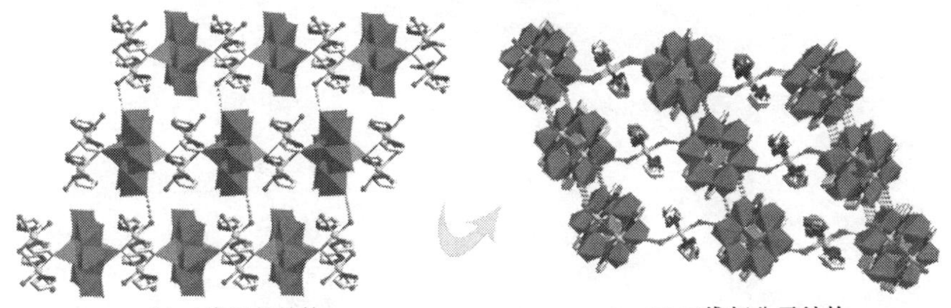

(b) 二维层状结构　　(c) 三维超分子结构

图 2-13　化合物 9 的一维链状结构、二维层状结构和三维超分子结构

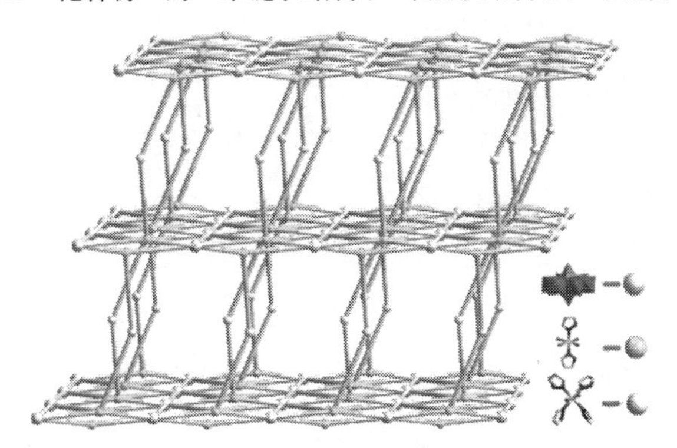

图 2-14　化合物 9 的三维拓扑框架

2.4　{As_2Mo_6}型功能配合物的结构表征

2.4.1　红外分析

1. 化合物 1 的红外分析

化合物 1 的红外(Infrared Radiation, IR)光谱如图 2-15 所示。在 3 432 cm^{-1}和 3 119 cm^{-1}处的吸收峰归属为有机配体 pt 中 v(N—H)以及多阴离子与有机配体之间所存在的氢键的特征振动峰,1 605 ~ 1 543 cm^{-1}处的吸收峰属于有机配体中 v(C—N)的振动峰,950 cm^{-1}和 905 cm^{-1}的吸收峰属于多酸阴离子中 v($Mo—O_t$)的吸收峰,837 cm^{-1}处的吸收峰属于 v($As^V—O$)

的吸收峰，799 cm^{-1}和 661 cm^{-1}处的吸收峰属于 v(Mo—O—Mo)的吸收峰。

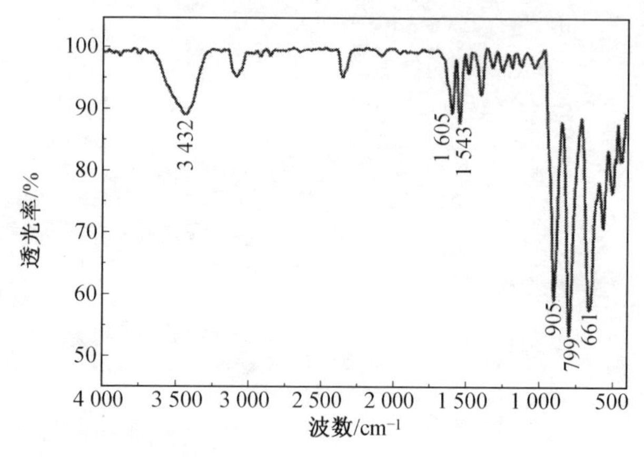

图 2-15　化合物 1 的红外光谱

2. 化合物 2～7 的红外分析

化合物 2～7 的 IR 光谱如图 2-16 所示。在 3 469～3 100 cm^{-1}处的吸收峰属于有机配体中 v(N—H)以及 v(O—H)的特征振动峰，1 617～1 511 cm^{-1}处的吸收峰属于有机配体中 v(C—N)的振动峰，957～891 cm^{-1}的吸收峰属于多酸阴离子中 v(Mo—O_t)的吸收峰，878～843 cm^{-1}处的吸收峰属于 v(As^V—O)的吸收峰，814～661 cm^{-1}处属于 v(Mo—O—Mo)的吸收峰。

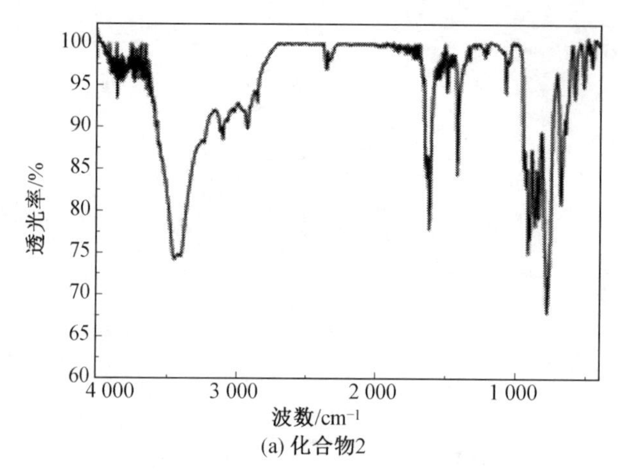

(a) 化合物2

图 2-16　化合物 2～7 的红外光谱

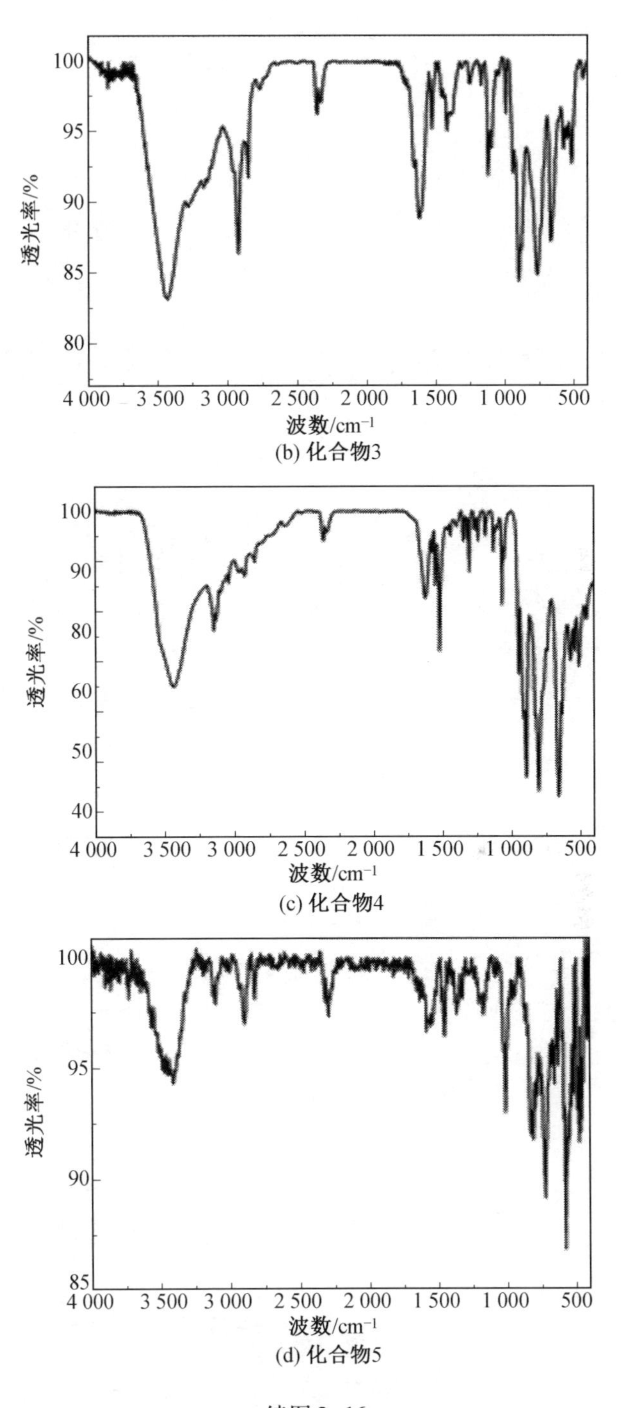

(b) 化合物3

(c) 化合物4

(d) 化合物5

续图 2-16

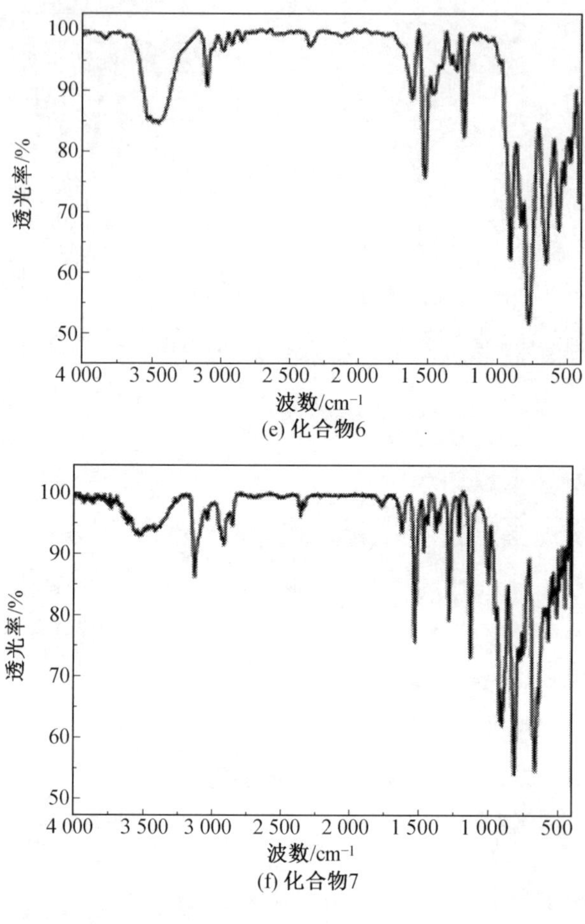

(e) 化合物6

(f) 化合物7

续图 2-16

3. 化合物 8 的红外分析

化合物 8 的 IR 光谱如图 2-17 所示。在 3 413 ~ 3 125 cm^{-1}处的吸收峰属于有机配体中 v(N—H) 以及 v(O—H) 的特征振动峰，1 624 ~ 1 537 cm^{-1}处的吸收峰属于有机配体中 v(C—N) 的振动峰，950 cm^{-1}，911 cm^{-1}，850 cm^{-1}，768 cm^{-1}，674 cm^{-1}处的吸收峰分别属于多酸阴离子中 v(Mo—O_t)、v(As—O_t) 以及 v(Mo—O—Mo) 的吸收峰，585 cm^{-1}处的吸收峰属于 v(Co—O) 的吸收峰。

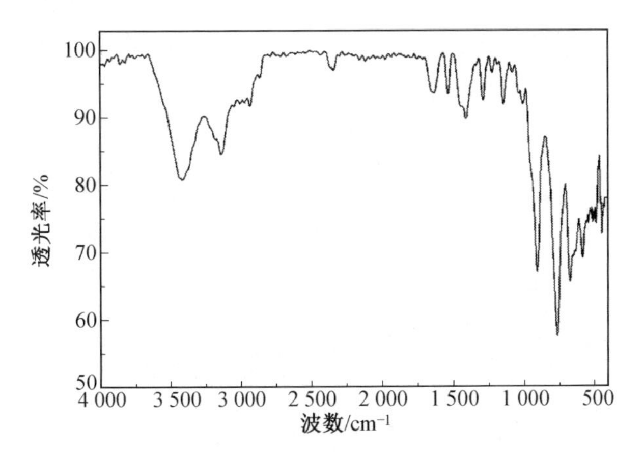

图 2-17 化合物 8 的红外光谱

4. 化合物 9 的红外分析

化合物 9 的 IR 光谱如图 2-18 所示。在 3 448 cm^{-1}处的吸收峰属于有机配体中 v(N—H)以及 v(O—H)的特征振动峰,1 612 ~ 1 100 cm^{-1}处的吸收峰属于有机配体中 v(C-N)的振动峰,903 cm^{-1}、825 cm^{-1}、754 cm^{-1}、656 cm^{-1}的吸收峰分别属于多酸阴离子中 v($Mo—O_t$)、v($As—O_t$)以及 v(Mo—O—Mo)的吸收峰。

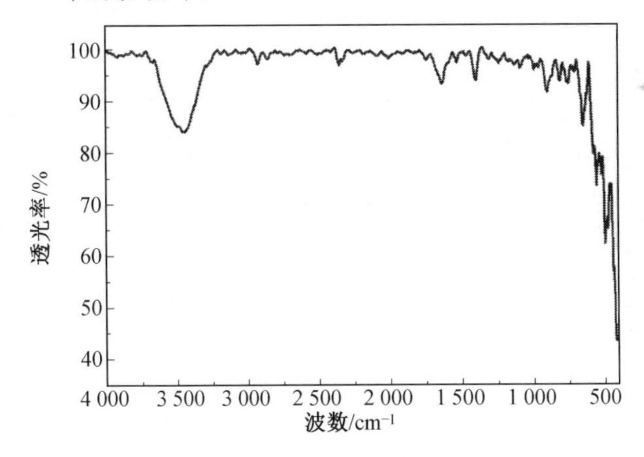

图 2-18 化合物 9 的红外光谱

2.4.2 光电子能谱分析

由于$[As_2Mo_6O_{26}]^{6-}$阴离子构型与 α-$[Mo_8O_{26}]^{4-}$阴离子构型相似,且为了进一步确认化合物 1 ~ 9 中砷的存在及各种元素的价态,因而对化合物

1~9进行光电子能谱(X-ray Photoelectron Spectroscopy, XPS)测试。

1. 化合物1的光电子能谱分析

化合物1的光电子能谱如图2-19所示。在40.0 eV和45.0 eV附近处均显示出$As^{5+}(3d_{5/2})$和$As^{5+}(3d_{3/2})$的特征信号,在232.2 eV和235.2 eV附近处均出现了$Mo^{6+}(3d_{5/2})$和$Mo^{6+}(3d_{3/2})$的特征信号。因此,XPS测试分析结果证实了化合物1的晶体成分中均含有As、Mo元素的存在,且测试结果与这些化合物的价键计算、配位方式及电荷平衡是一致的。

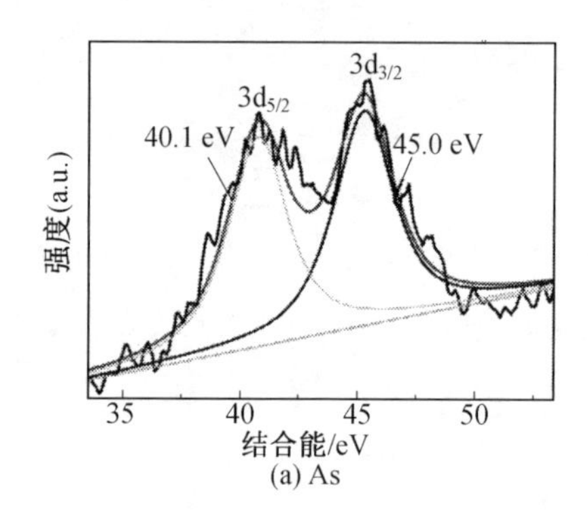

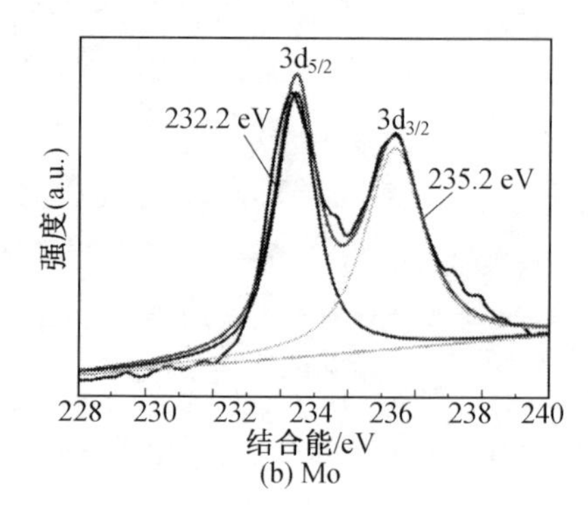

图2-19 化合物1的光电子能谱

2. 化合物2~7的光电子能谱分析

化合物2~7的光电子能谱如图2-20~图2-25所示。在39.9~40.03 eV和44.0~45.06 eV附近处均显示出$As^{5+}(3d_{5/2})$和$As^{5+}(3d_{3/2})$的特征信号,在231.9~232.5 eV和235.1~235.5 eV附近处均出现了$Mo^{6+}(3d_{5/2})$和$Mo^{6+}(3d_{3/2})$的特征信号,在952.5~954 eV和933.6~934.5 eV附近处均出现了$Cu^{2+}(2p_{3/2})$和$Cu^{2+}(2p_{1/2})$的特征信号。因此,XPS测试分析结果证实了化合物2~7的价键计算、配位方式及电荷平衡是一致的。

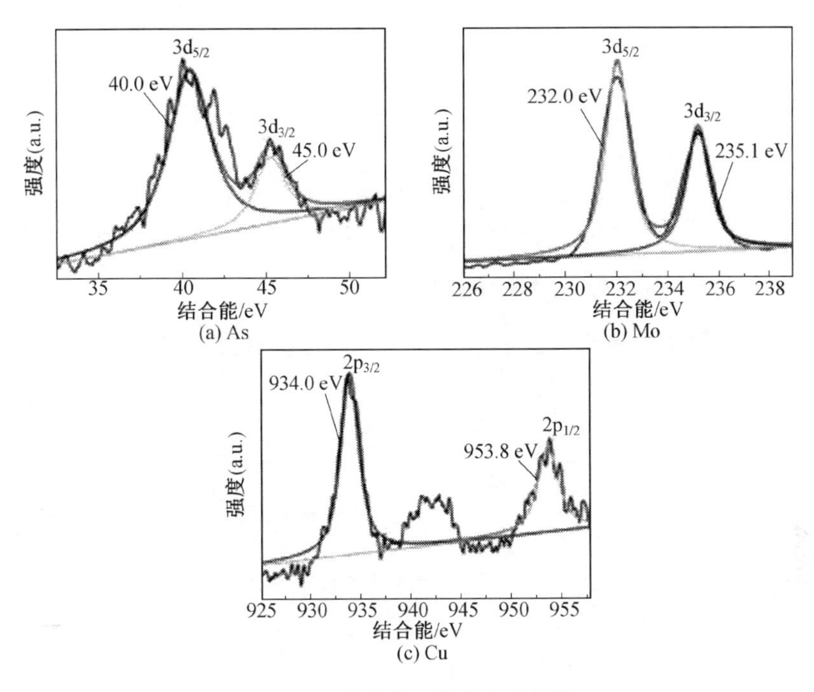

图 2-20　化合物 2 的光电子能谱

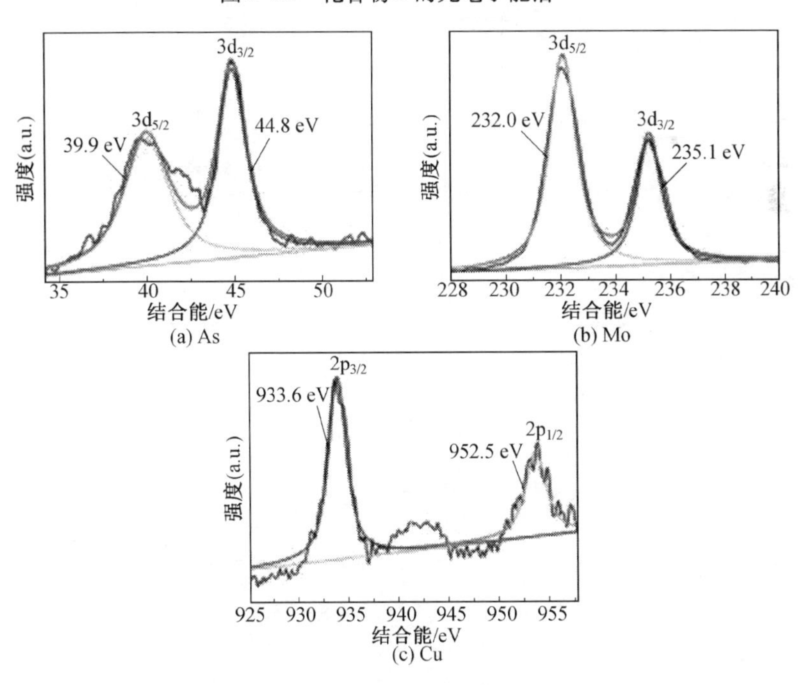

图 2-21　化合物 3 的光电子能谱

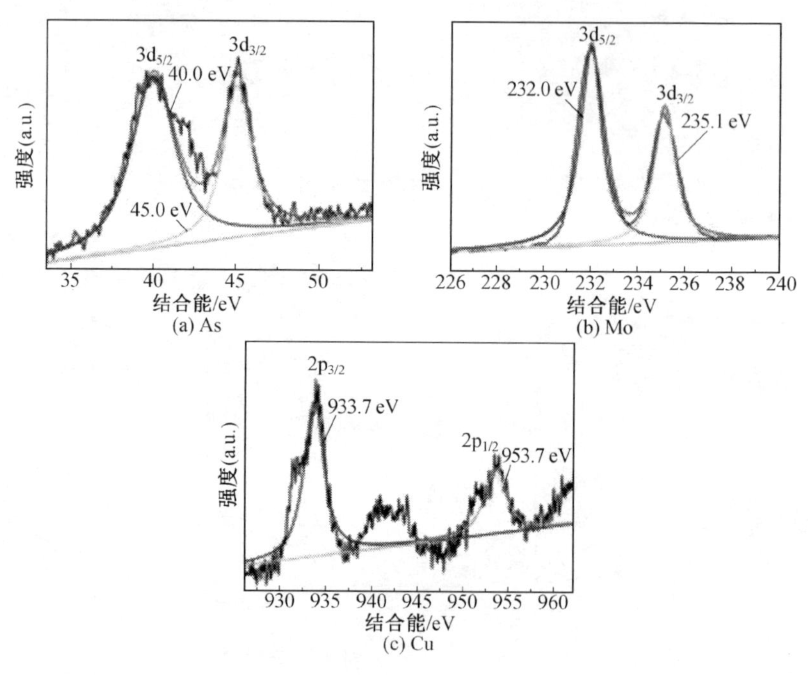

图 2-22　化合物 4 的光电子能谱

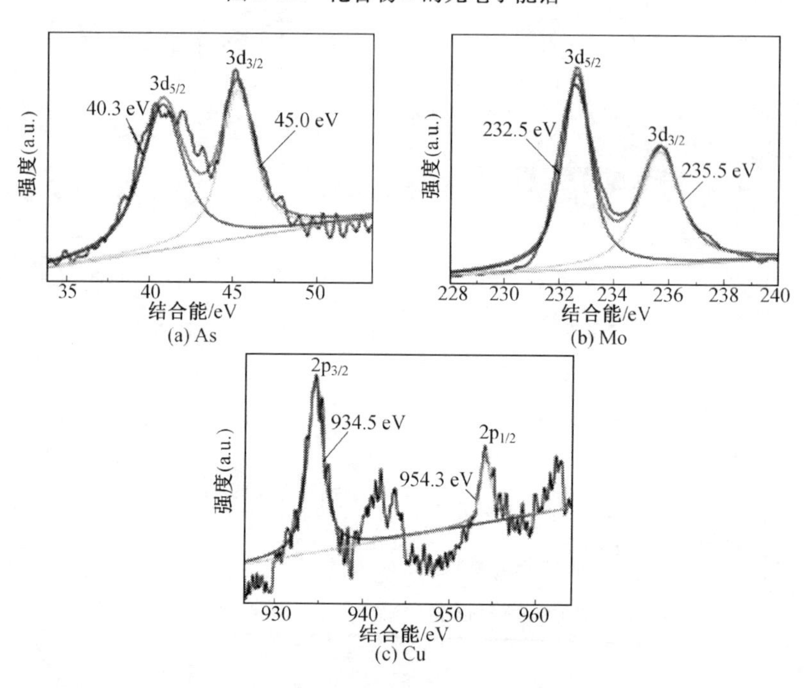

图 2-23　化合物 5 的光电子能谱

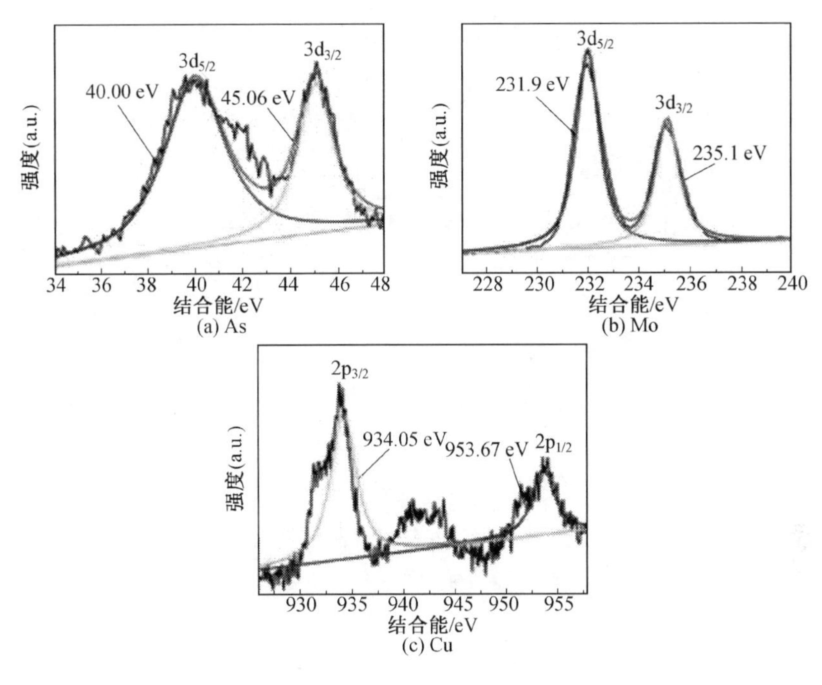

图 2-24　化合物 6 的光电子能谱

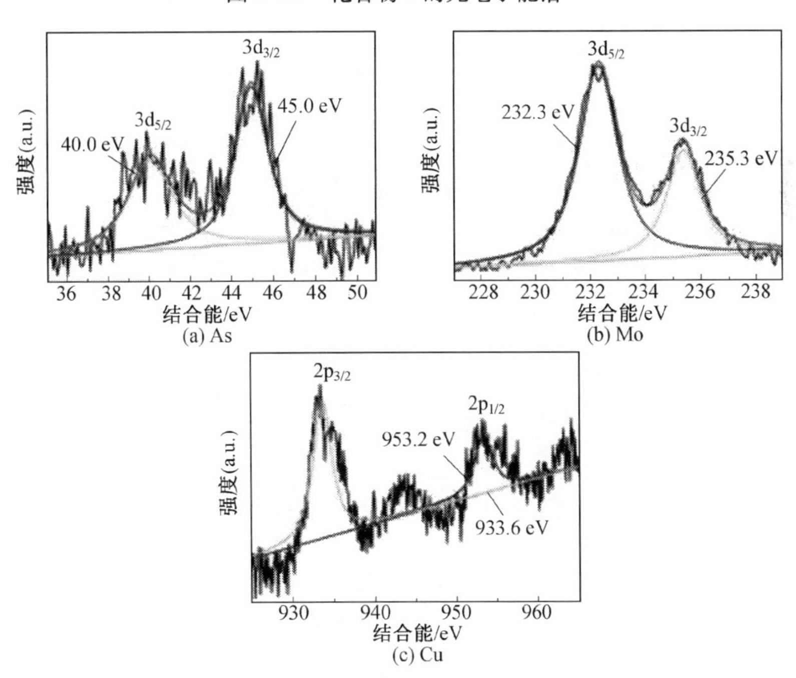

图 2-25　化合物 7 的光电子能谱

3. 化合物 8 和化合物 9 的光电子能谱分析

化合物 8 和化合物 9 的光电子能谱如图 2-26 和 2-27 所示。在 781.0 eV 和 797.0 eV 附近出现了 $Co^{2+}(2p_{3/2})$ 和 $Co^{2+}(2p_{1/2})$ 的特征信号。在 232.3 eV 和 235.2 eV 附近出现了 $Mo^{6+}(3d_{5/2})$ 和 $Mo^{6+}(3d_{3/2})$ 的特征信号，因此，XPS 测试分析结果证实了化合物 8 和化合物 9 的价键计算、配位方式及电荷平衡是一致的。

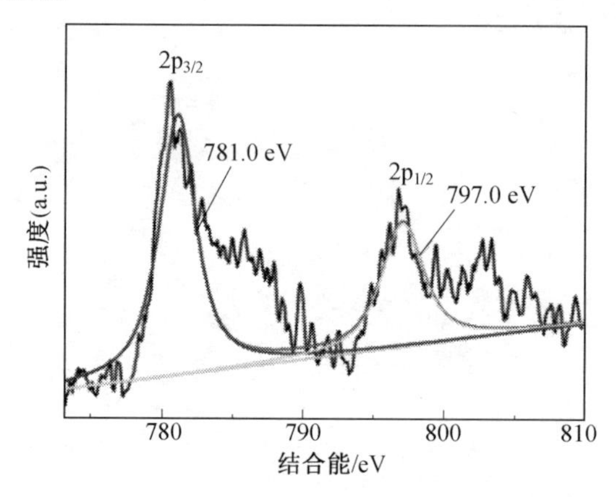

图 2-26 化合物 8 的光电子能谱

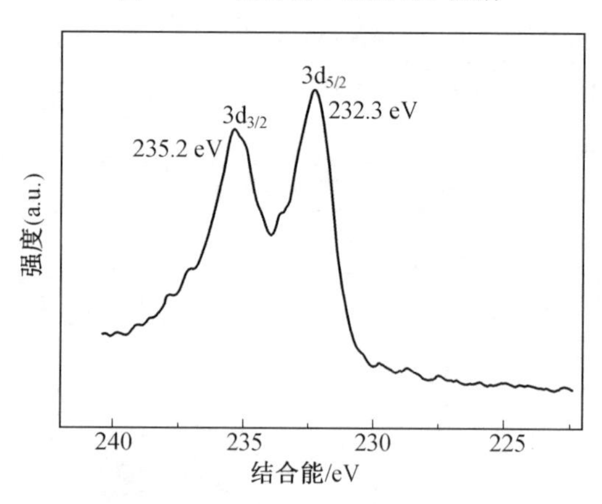

图 2-27 化合物 9 的光电子能谱

2.4.3 热稳定性分析

1. 化合物 1 的热稳定性分析

化合物 1 的热重曲线如图 2-28 所示。该化合物的失重过程是分两步进行的。第一步失重过程发生在 115～355 ℃,其对应的有机配体 pt 的失去,失重比例为 35.13%(理论值为 35.77%);第二步失重过程发生在 475～463 ℃,其对应的是混合物中水分子的蒸发以及 As_2O_5 的失去,且 As_2O_5 进一步分解为 As_2O_3 和 O_2,该部分的失重比例为 16.89%(理论值为 16.62%)。两步失重实际总和为 52.02%,与计算值总和 52.39% 是基本一致的。

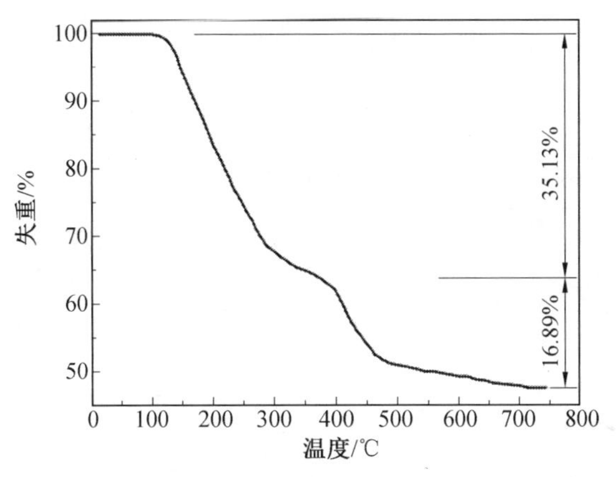

图 2-28 化合物 1 的热重曲线

2. 化合物 2 的热稳定性分析

化合物 2 的失重过程是分两步进行的,如图 2-29(a)所示。第一步失重过程发生在 210～350 ℃,失重比例为 16.64%,其对应的失重过程对应为配位水分子以及有机配体 4,4′-bpy 的脱除,数值上与计算值 16.76 基本吻合;第二步失重过程发生在 410～595 ℃,失重比例为 28.31%(理论值为 28.39%),对应的失重过程为第一步失重后的剩余物中水分子的蒸发以及 As_2O_5 的升华,且升华后的 As_2O_5 进一步分解为 As_2O_3 及 O_2。

3. 化合物 3 的热稳定性分析

化合物 3 的失重过程是分三步进行的,如图 2-29(b)所示。第一步失重过程发生在 105～145 ℃,失重比例为 0.85%,其失重过程对应为自由水分子的脱除,数值上与计算值 0.88 基本吻合;第二步失重过程发生在 195～

382 ℃，失重比例为 19.60%（理论值为 19.57%），对应的失重过程为有机配体 biim；第三步失重过程发生在 400 ~ 595 ℃，失重比例为 21.74%（理论值为 21.76%），对应的失重过程为第一步失重后的剩余物中水分子的蒸发以及 As_2O_5的升华，且升华后的 As_2O_5进一步分解为 As_2O_3及 O_2。

4. 化合物 4 的热稳定性分析

化合物 4 的失重过程是分三步进行的，如图 2-29(c)所示。第一步失重过程发生在 95 ~ 210 ℃，失重比例为 14.91%，其失重过程对应为自由水分子以及质子化的有机配体 bib 的脱除，数值上与计算值 14.47 基本吻合；第二步失重过程发生在 215 ~ 340 ℃，失重比例为 14.34%（理论值为 14.47%），对应的失重过程为配位水分子和有机配体 bib；第三步失重过程发生在 425 ~ 610 ℃，失重比例为 16.32%（理论值为 16.54%），对应的失重过程为多酸骨架的分解。

5. 化合物 5 的热稳定性分析

化合物 5 的失重过程是分三步进行的，如图 2-29(d)所示。第一步失重过程发生在 80 ~ 145 ℃，失重比例为 1.84%，其失重过程对应为自由水分子的脱除，数值上与计算值 1.80 基本吻合；第二步失重过程发生在 225 ~ 355 ℃，失重比例为 36.40%（理论值为 36.47%），对应的失重过程为有机配体 bix；第三步失重过程发生在 390 ~ 553 ℃，失重比例为 14.12%（理论值为 14.08%），对应的失重过程为多酸骨架的分解。

6. 化合物 6 的热稳定性分析

化合物 6 的失重过程是分三步进行的，如图 2-29(e)所示。第一步失重过程发生在 75 ~ 155 ℃，失重比例为 1.58%，其失重过程对应为自由水分子的脱除，数值上与计算值 1.59 基本吻合；第二步失重过程发生在 170 ~ 265 ℃，失重比例为 42.48%（理论值为 42.50%），对应的失重过程为配位水分子和有机配体 bmb；第三步失重过程发生在 355 ~ 540 ℃，失重比例为 11.12%（理论值为 11.35%），对应的失重过程为多酸骨架的分解。

7. 化合物 7 的热稳定性分析

化合物 7 的失重过程是分三步进行的，如图 2-29(f)所示。第一步失重过程发生在 45 ~ 90 ℃，失重比例为 0.88%，其失重过程对应为自由水分子的脱除，数值上与计算值 0.83 基本吻合；第二步失重过程发生在 110 ~ 365 ℃，失重比例为 40.65%（理论值为 40.68%），对应的失重过程为有机配体 bth；第三步失重过程发生在 420 ~ 535 ℃，失重比例为 21.48%（理论值为

21.41%),对应的失重过程为多酸骨架的分解。

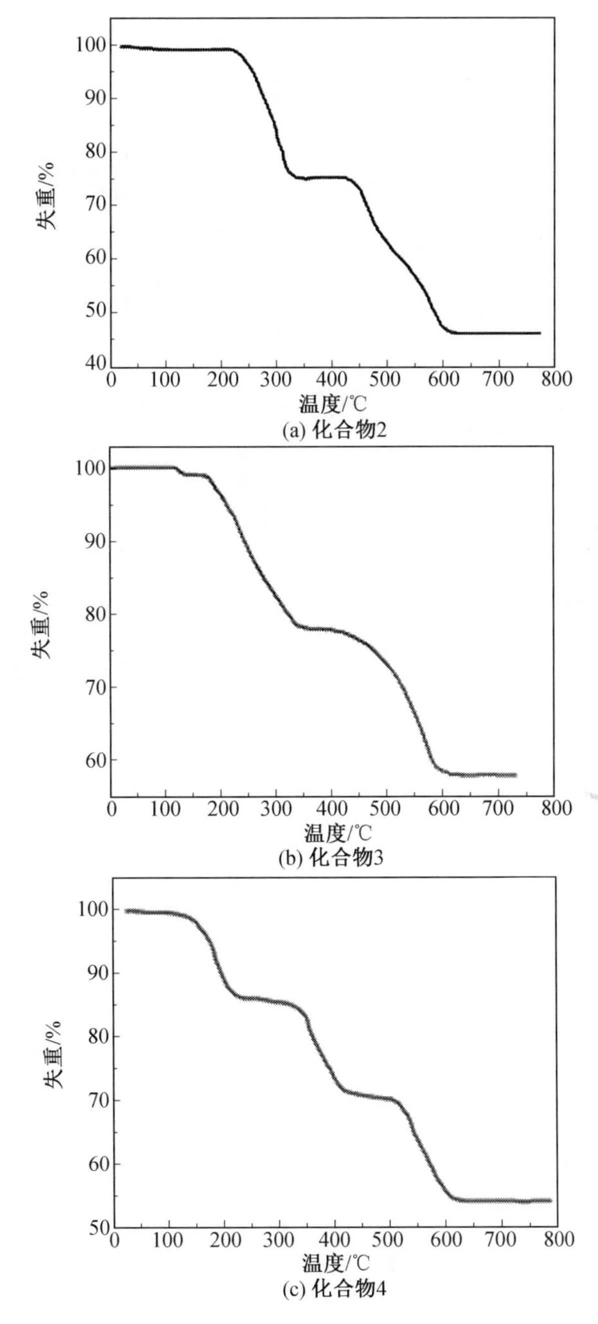

图 2-29 化合物 2 ~7 的热重曲线

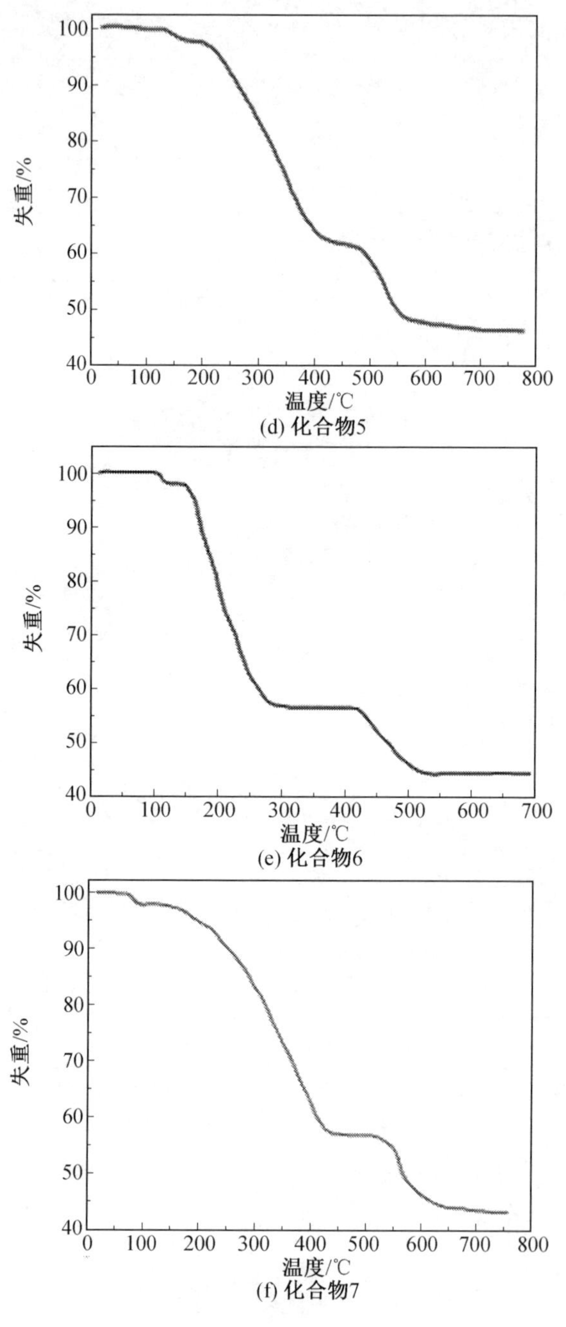

(d) 化合物5

(e) 化合物6

(f) 化合物7

续图 2-29

8. 化合物 8 的热稳定性分析

化合物 8 的失重过程是分三步进行的,如图 2-30 所示。第一步失重过程发生在 110～150 ℃，失重比例为 2.05%，其失重过程对应为自由水分子的脱除，数值上与计算值 2.08 基本吻合；第二步失重过程发生在 285～370 ℃，失重比例为 23.88%（理论值为 23.97%），对应的失重过程为配位水分子和有机配体 btb；第三步失重过程发生在 488～625 ℃，失重比例为 14.32%（理论值为 14.71%），对应的失重过程为多酸骨架的分解。

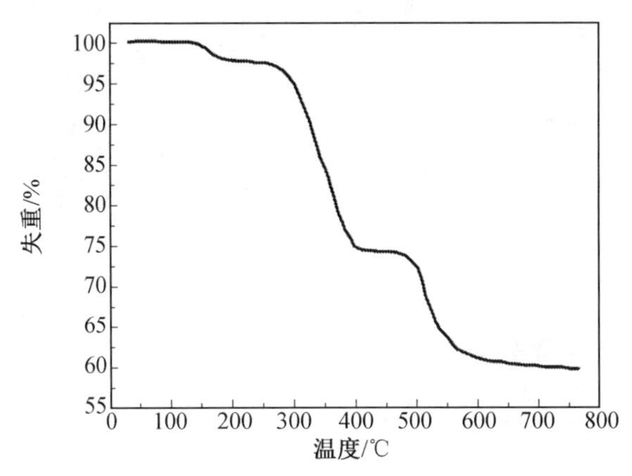

图 2-30 化合物 8 的热重曲线

9. 化合物 9 的热稳定性分析

化合物 9 的失重过程是分为三步进行的，如图 2-31 所示。第一步失重过程发生在 60～115 ℃，失重比例为 1.65%，其失重过程对应为自由水分子的脱除，数值上与计算值 1.78 基本吻合；第二步失重过程发生在 150～360 ℃，失重比例为 32.43%（理论值为 32.29%），对应的失重过程为配位水分子和有机配体 diz；第三步失重过程发生在 480～610 ℃，失重比例为

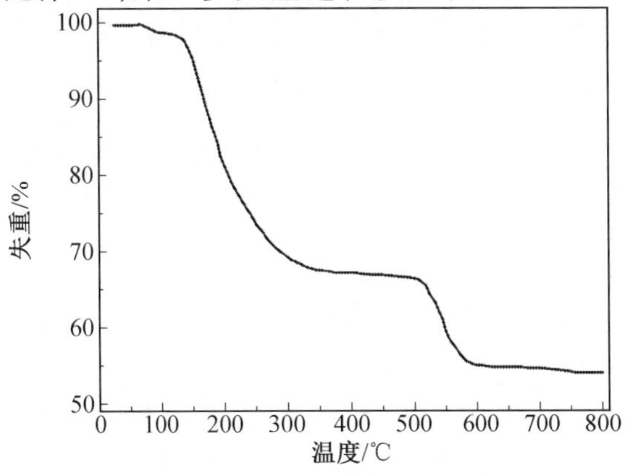

图 2-31 化合物 9 的热重曲线

11.52%(理论值为11.37%),对应的失重过程为多酸骨架的分解。

2.4.4 紫外分析

1. 化合物1的紫外分析

化合物1的紫外光谱如图2-32所示。在200~600 nm的区间范围内,出现了四个吸收峰。第一个吸收峰出现在203 nm处,其应属于$O_t \rightarrow Mo$中pπ-dπ的荷移跃迁;第二个吸收峰出现在235 nm处,该吸收峰属于有机配体pt中π-π*的电子跃迁;第三个吸收峰出现在270 nm处,其应属于$O_{b,c} \rightarrow Mo$中pπ-dπ的荷移跃迁;第四个吸收峰出现在310 nm处,其应属于有机配体pt中的n-π*的电子跃迁。

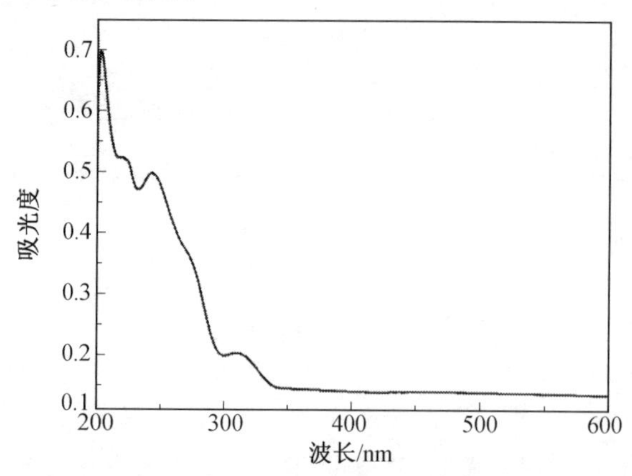

图2-32 化合物1的紫外光谱

2. 化合物2~7的紫外分析

化合物2~7的紫外光谱分析是在无水乙醇溶液中进行的。如图2-33所示,在200~600 nn的区间范围内,均可以看到三个吸收峰。第一个强的吸收峰出现在203 nm处,其应属于$O_t \rightarrow Mo$中pπ-dπ的荷移跃迁;第二个和第三个吸收峰出现在223 nm和270 nm处,其应属于$O_{b,c} \rightarrow Mo$中pπ-dπ的荷移跃迁。

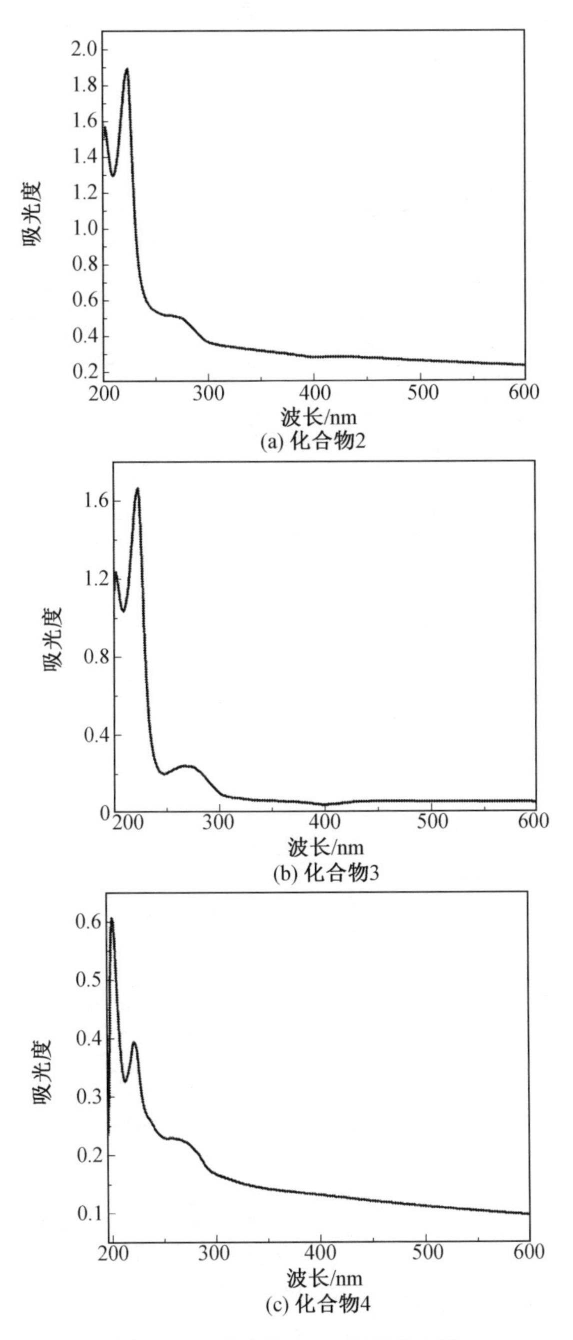

(a) 化合物2

(b) 化合物3

(c) 化合物4

图 2-33　化合物 2～7 的紫外光谱

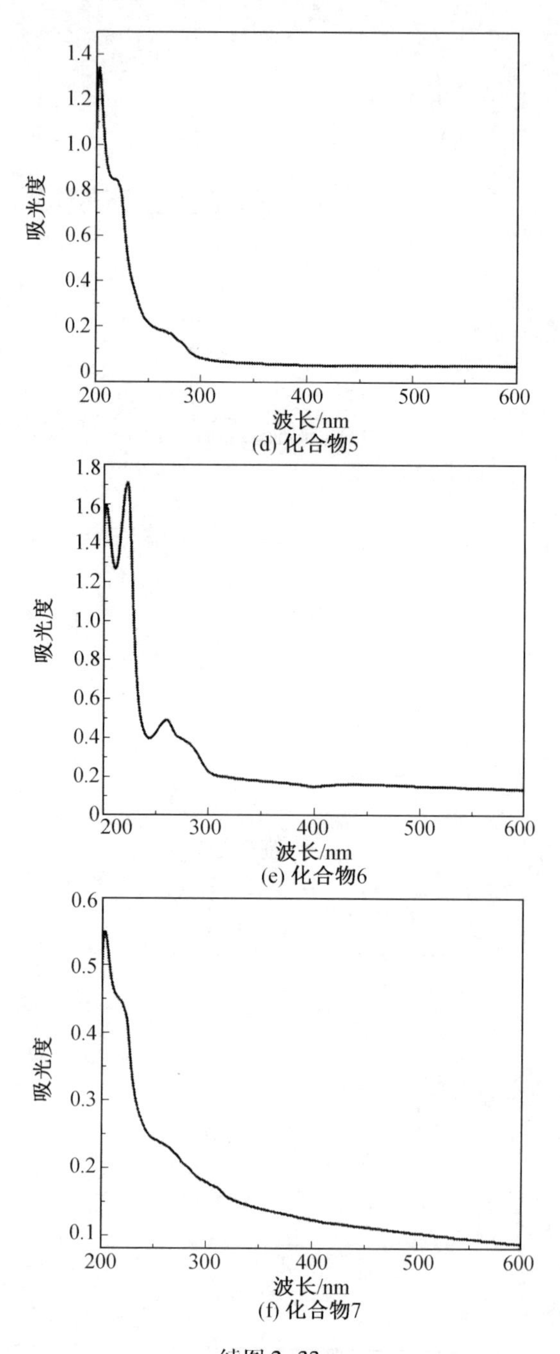

(d) 化合物5

(e) 化合物6

(f) 化合物7

续图 2-33

3. 化合物 8 的紫外分析

化合物 8 的紫外光谱如图 2-34 所示。在 200～600 nm 的区间范围内，出现了两个吸收峰。两个吸收峰分别出现在 214 nm 和 296 nm 处，其应属于 O_t→Mo 中 pπ-dπ 的荷移跃迁和 Mo—O—Mo 键的 dπ-pπ-dπ 的电子跃迁。

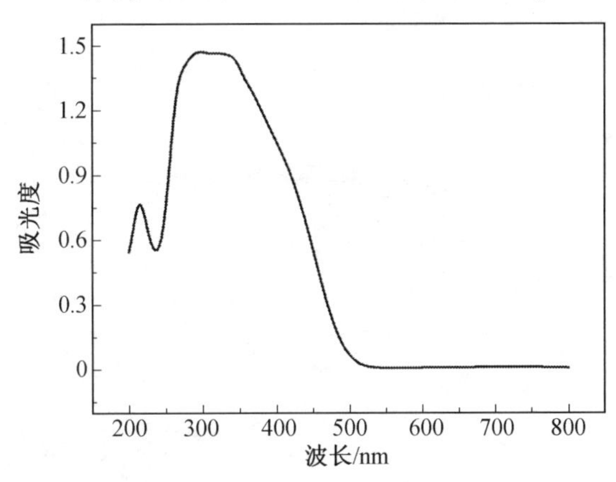

图 2-34 化合物 8 的紫外光谱

4. 化合物 9 的紫外分析

化合物 9 的紫外光谱如图 2-35 所示。在 200～600 nm 的区间范围内，出现了两个吸收峰。第一个吸收峰出现在 216 nm 处，其应属于 O_t→Mo 中 pπ-dπ 的荷移跃迁；第二个吸收峰出现在 282 nm 处，该吸收峰属于 Mo—O—Mo 键的 dπ-pπ-dπ 的电子跃迁。

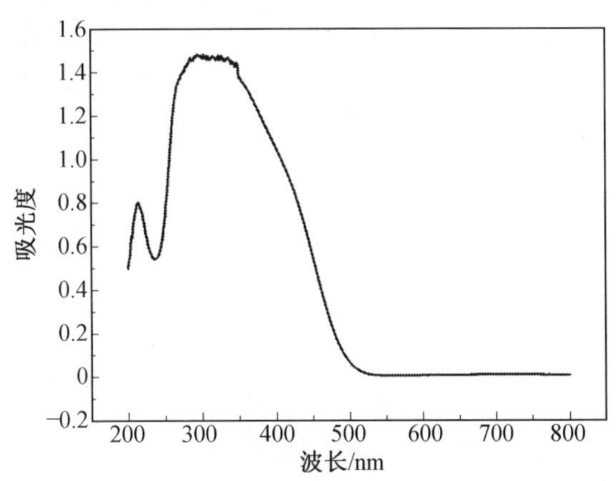

图 2-35 化合物 9 的紫外光谱

2.5 $\{As_2Mo_6\}$型功能配合物的性质与应用

2.5.1 电化学性质

用多金属氧酸盐晶体作为电极修饰材料，运用直接混合法制备出了多酸晶体修饰的碳糊电极（Carbon Paste Electrodes，CPE），并对其电极在1 mol/L的H_2SO_4水溶液中的电化学行为以及该电极对NO_2^-的电催化活性进行了研究。众所周知，用多金属氧酸盐修饰的电极电催化还原NO_2^-、H_2O_2、Cl^-以及BrO_3^-已有较为深入的研究，到目前为止，已经获得了一定的成功。一般单一的无机或有机电催化剂通常只能显示出单一的电化学还原或电化学氧化催化活性。相比较而言，由多金属氧酸盐晶体制备修饰的CPE不仅能够表现出原化合物本体的电化学和电催化活性，而且还有很高的稳定性，这对开拓此类电极在化学传感器方面的研究和运用方面具有相当重要的价值。

1. 化合物1的电化学性质

超分子化合物1的电化学性质同样也在1 mol/L的H_2SO_4溶液中进行。如图2-36所示，在-0.7～1 V的电势范围内，出现了三对氧化还原峰Ⅰ-Ⅰ′、Ⅱ-Ⅱ′、Ⅲ-Ⅲ′，当扫描速率为20 mV/s时，1-CPE的三组半波电位

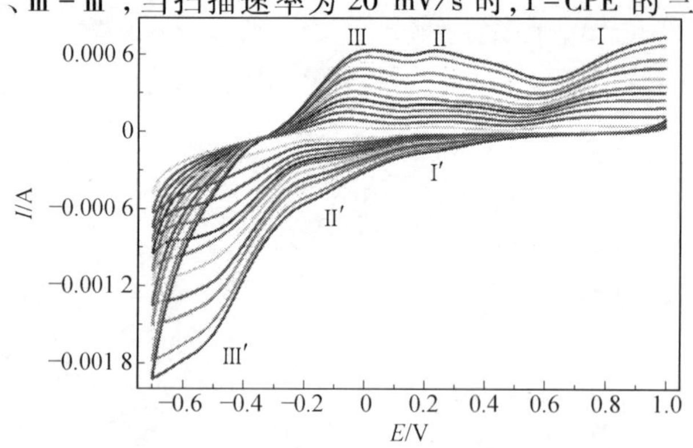

图2-36 1-CPE在1 mol/L的H_2SO_4溶液中不同扫描速率的循环伏安曲线（从内到外为20 mV/s、40 mV/s、60 mV/s、80 mV/s、100 mV/s、120 mV/s、140 mV/s、170 mV/s、200 mV/s、230 mV/s、260 mV/s、290 mV/s）

$E_{1/2}=(E_{pa}+E_{pc})/2$ 分别为 539 mV、170 mV、-312 mV，它们均属于$\{As_2Mo_6\}$多酸阴离子当中 Mo(Ⅵ/Ⅴ)的电子转移过程。

2. 化合物 2～7 的电化学性质

化合物 2～7 在 1 mol/L 的 H_2SO_4溶液中不同扫描速率的循环伏安曲线如图 2-37 所示。从图 2-37 可以看出，化合物 2～7 在-0.8～1 V 的电势范围内表现出了良好的电化学性质，并出现了三对可逆的氧化还原峰Ⅰ-Ⅰ′、Ⅱ-Ⅱ′、Ⅲ-Ⅲ′。当扫描速率为 20 mV/s 时，化合物 2～7 的三组半波电位 $E_{1/2}=(E_{pa}+E_{pc})/2$ 分别为 536 mV、177 mV、-299 mV；533 mV、179 mV、-309 mV；526 mV、170 mV、-300 mV；540 mV、173 mV、-306 mV；544 mV、182 mV、-312 mV；542 mV、173mV、-303 mV。三对氧化还原峰属于$\{As_2Mo_6\}$多酸阴离子当中 Mo(Ⅵ/Ⅴ)的电子转移过程。随着扫描速率的不断增加(20～290 mV/s)，阴极峰不断向负极移动，对应的阳极峰不断向正极移动，两极峰的电位差逐渐变大，氧化还原过程逐渐从可逆向不可逆转变，但是平均峰值并未发生改变。当扫描速率低于 140 mV/s 时，随着扫描速率的增加峰电流逐渐增大，说明氧化还原过程是表面控制过程。当扫描速率高于 140 mV/s 时，峰电流随着扫描速率的平方根而增大，说明氧化还原过程是扩散控制。

3. 化合物 8 的电化学性质

化合物 8 的电化学行为在 1 mol/L 的 H_2SO_4水溶液中以不同的扫描速率(20～290 mV/s)实现。化合物 8 的循环伏安曲线在-0.6～1.0 V 的电位范围内显示三个氧化还原峰，半波电位 $E_{1/2}=(E_{pa}+E_{pc})/2$ 为 0.970 V(Ⅱ′)、0.553 V(Ⅱ-Ⅱ′)和-0.289 V(Ⅲ-Ⅲ′)。氧化还原峰Ⅰ-Ⅰ′归因于 Co^{2+}，Ⅱ-Ⅱ′和Ⅲ-Ⅲ′归因于 Mo(Ⅵ/Ⅴ)的电子转移过程。此外，随着扫描速率的增加，阴极峰值电位向负方向移动，相应的阳极峰值电位向正方向移动(图 2-38)。此外，相应的阳极和阴极峰之间的峰-峰间距增加，但主峰电位在整个过程中没有变化。

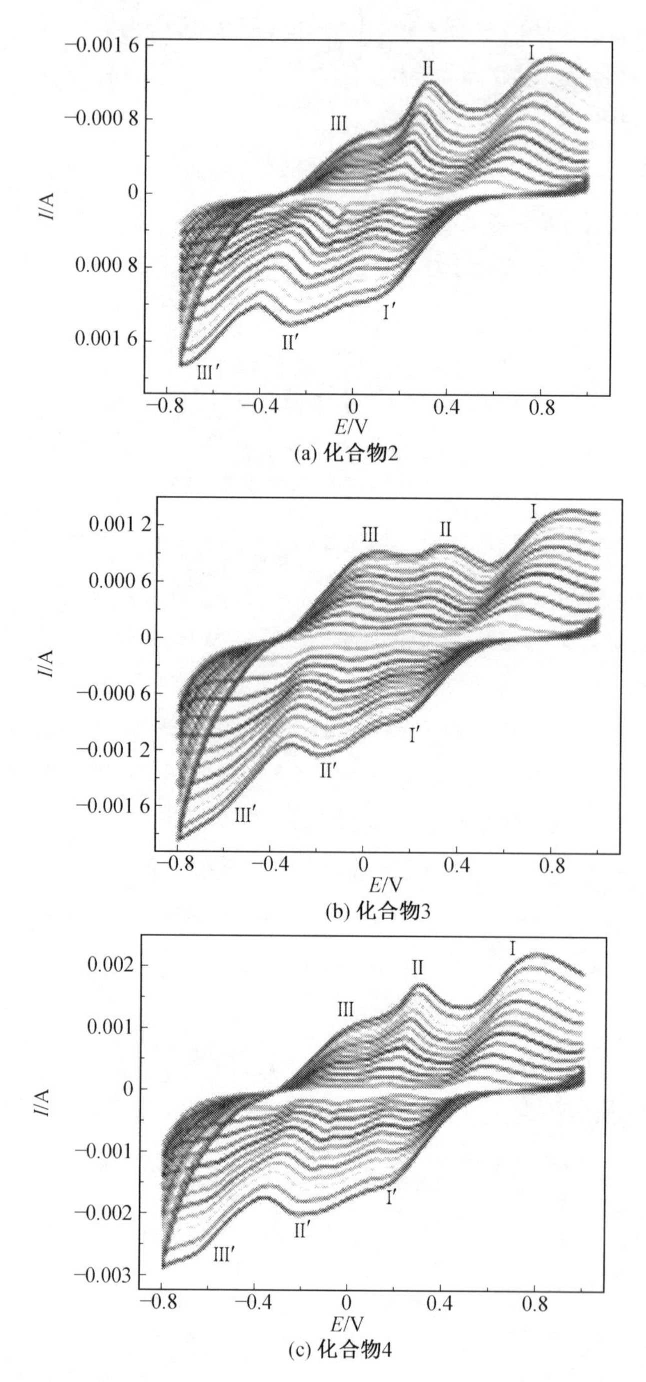

(a) 化合物2

(b) 化合物3

(c) 化合物4

图 2-37　化合物2～7在1 mol/L的 H_2SO_4 溶液中不同扫速的循环伏安曲线

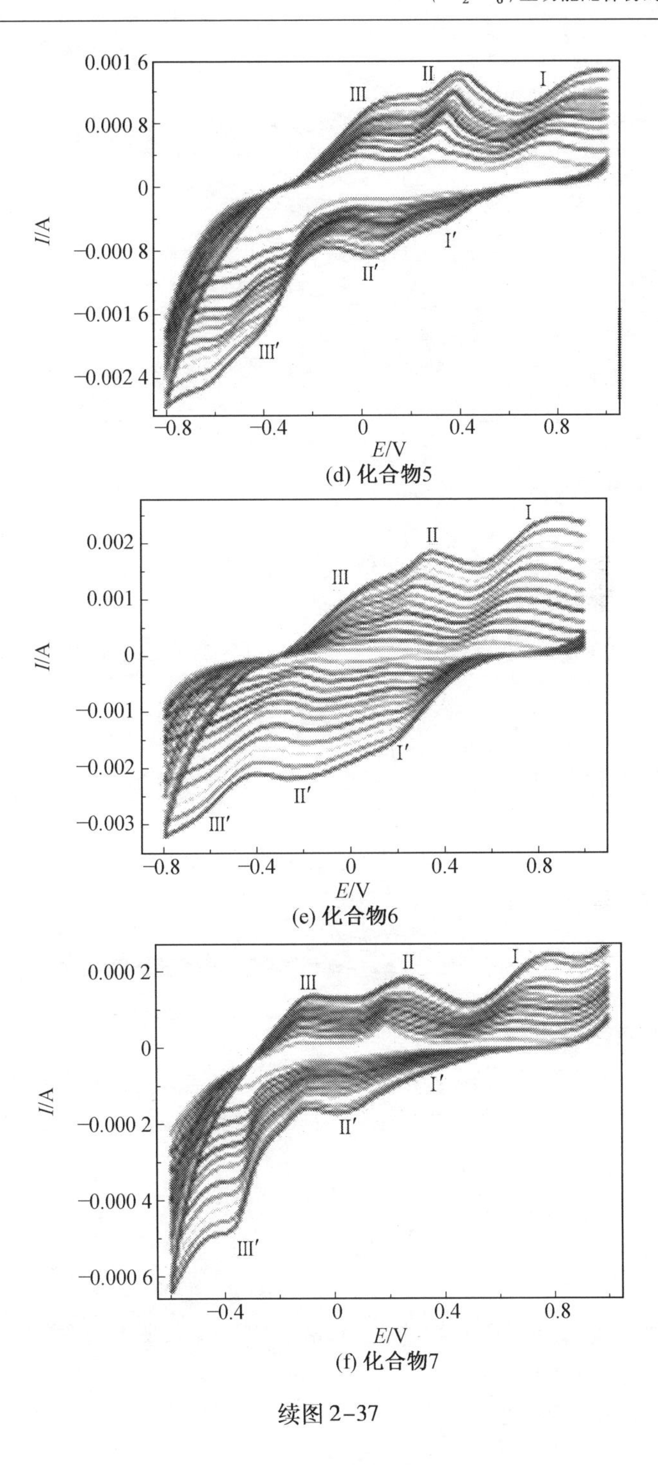

(d) 化合物5

(e) 化合物6

(f) 化合物7

续图 2-37

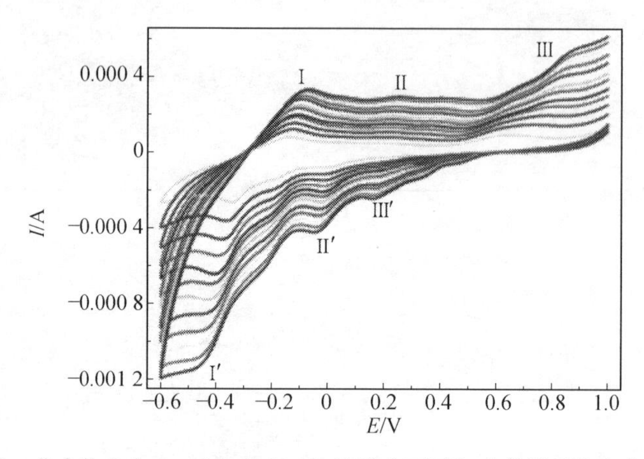

图2-38 化合物8在1 mol/L的H_2SO_4溶液中不同扫速的循环伏安曲线
(从内到外依次为20 mV/s、40 mV/s、60 mV/s、80 mV/s、100 mV/s、120 mV/s、140 mV/s、170 mV/s、200 mV/s、230 mV/s、260 mV/s、290 mV/s)

4. 化合物9的电化学性质

在1.0 mol/L H_2SO_4水溶液中化合物9的循环伏安行为在-0.6~1.0 V的电位范围内(图2-39)。平均峰值电位$E_{1/2}=(E_{pa}+E_{pc})/2$为0.526 V(Ⅰ-Ⅰ′),0.166 V(Ⅱ-Ⅱ′)和-0.3 V(Ⅲ-Ⅲ′),归因于[$As_2Mo_6O_{26}$]$^{6-}$多氧阴离子中Mo(Ⅵ/Ⅴ)的电子转移过程。Cu(Ⅱ/Ⅰ)的氧化还原峰没有出现在0.1~0.2 mV之间,这可能是由于Mo氧化还原峰把其掩盖了。

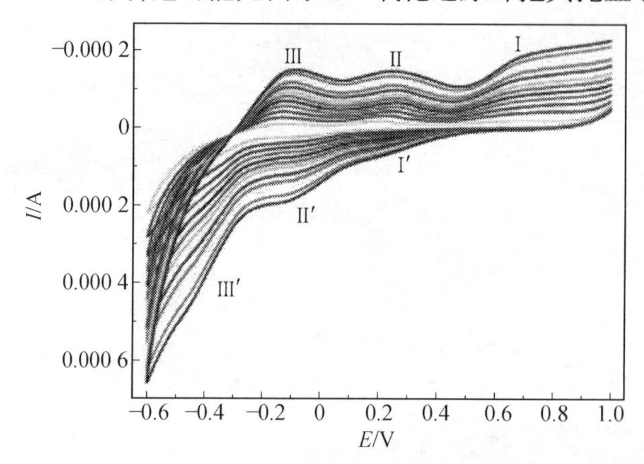

图2-39 化合物9在1 mol/L H_2SO_4溶液中不同扫速的循环伏安曲线
(从内到外依次为20 mV/s、40 mV/s、60 mV/s、80 mV/s、100 mV/s、120 mV/s、140 mV/s、170 mV/s、200 mV/s、230 mV/s、260 mV/s、290 mV/s)

2.5.2 电催化性质

1. 化合物 1 的电催化性质

众所周知,多金属氧酸盐具有传递电子的能力,因此,现在其被广泛应用于电催化领域。如图 2-40 所示为化合物 1 修饰的碳糊电极 1-CPEs 在 1 mol/L H_2SO_4水溶液中电催化还原 NO_2^-的循环伏安行为。当扫描速率为 50 mV/s时,随着亚硝酸根离子浓度的不断上升,1-CPE 所有的还原峰的峰电流值逐渐增加,而对应的氧化峰的峰电流值不断降低,相比较而言,NO_2^-在裸电极上的还原需要较大的电势,在-0.7 ~ 1 V 范围内对于 NO_2^-的还原在裸电极上没有得到响应。因此试验测试结果表明,化合物 1 的晶体对于 NO_2^-具有明显的电催化还原的活性。

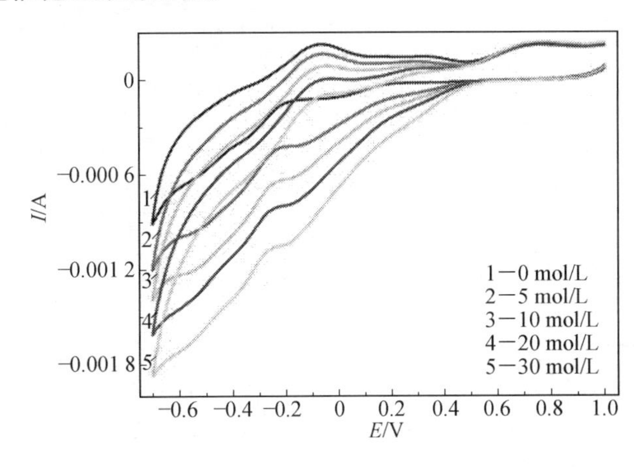

图 2-40 化合物 1 在 1 mol/L H_2SO_4溶液中电催化不同浓度 NO_2^-的循环伏安曲线

2. 化合物 2 ~ 7 的电催化性质

如图 2-41 所示为化合物 2 ~ 7 在 1 mol/L H_2SO_4水溶液中电催化还原 NO_2^-的循环伏安行为。当扫描速率为 50 mV/s 时,随着亚硝酸根离子浓度的不断上升,2-7-CPE 所有的还原峰的峰电流值逐渐增加,而对应的氧化峰的峰电流值不断降低,因此试验测试结果表明,化合物 2 ~ 7 的晶体对于 NO_2^-具有明显的电催化还原的活性。

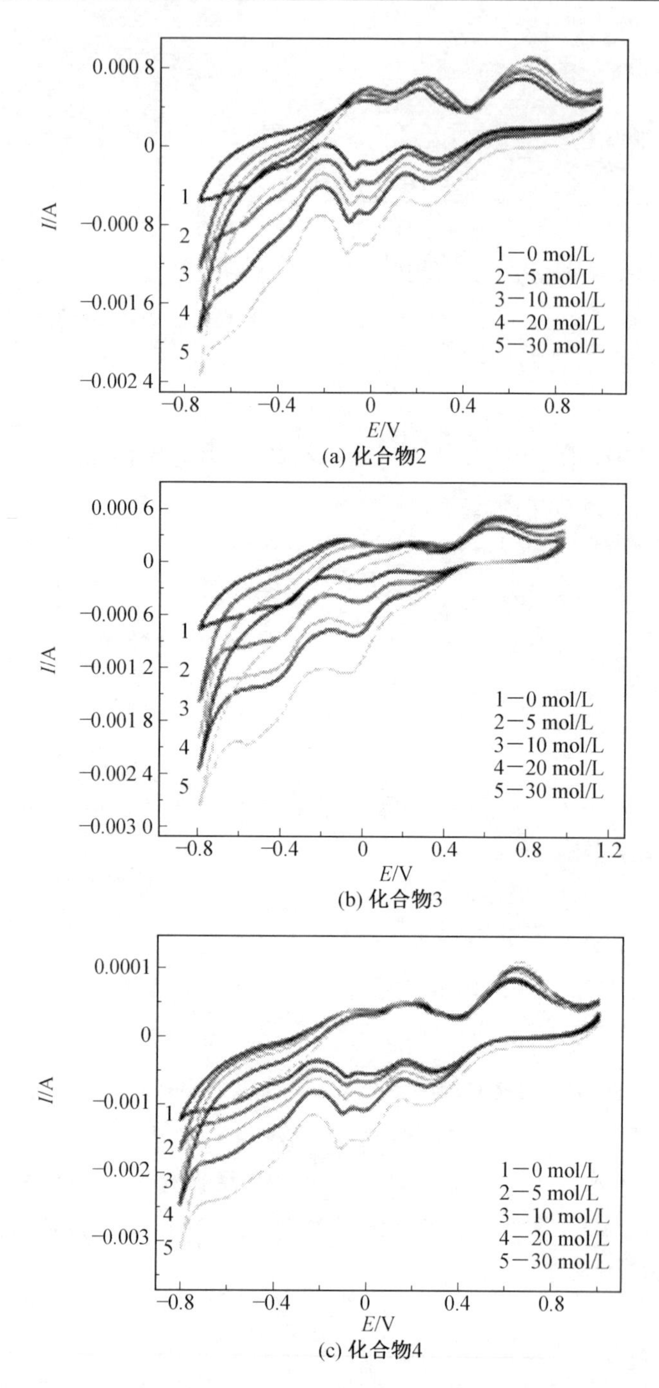

(a) 化合物2

(b) 化合物3

(c) 化合物4

图 2-41　2-CPE ~ 7-CPE 在 1 mol/L H_2SO_4溶液中电催化不同浓度 NO_2^- 的循环伏安曲线

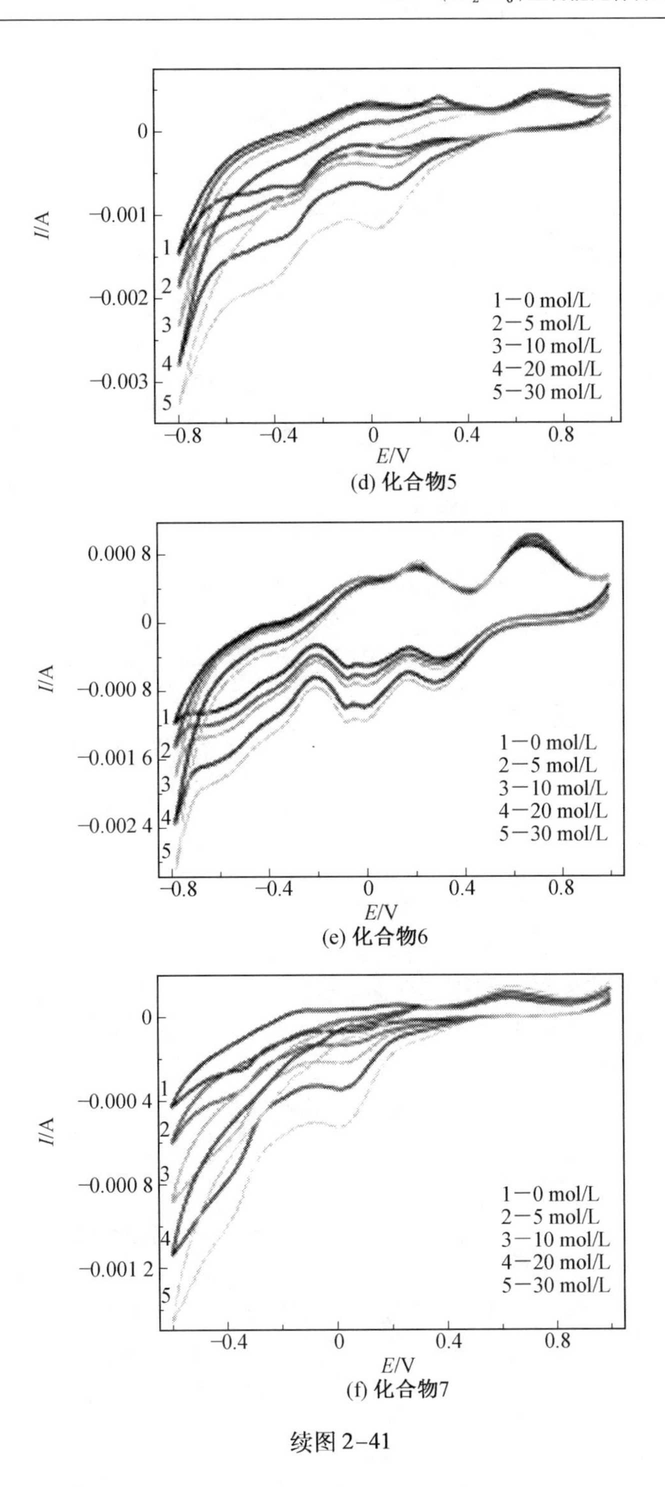

(d) 化合物5

(e) 化合物6

(f) 化合物7

续图 2-41

3. 化合物8的电催化性质

如图2-42所示为8-CPE在1 mol/L H_2SO_4水溶液中电催化还原NO_2^-的循环伏安行为。当扫描速率为50 mV/s时，随着亚硝酸根离子浓度的不断上升，8-CPE所有的还原峰的峰电流值逐渐增加，而对应的氧化峰的峰电流值不断降低，因此试验测试结果表明，化合物8的晶体对于NO_2^-具有明显的电催化还原的活性。

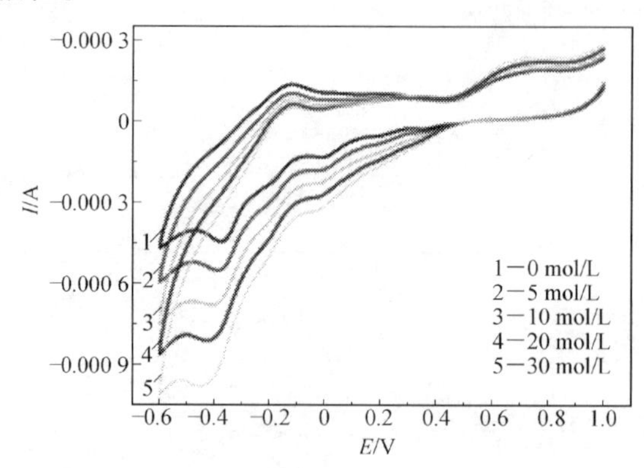

图2-42　8-CPE在1 mol/L H_2SO_4溶液中电催化不同浓度NO_2^-的循环伏安曲线

4. 化合物9的电催化性质

如图2-43所示为化合物9-CPE在1 mol/L H_2SO_4水溶液中电催化还原H_2O_2的循环伏安行为。当扫描速率为50 mV/s时，随着H_2O_2浓度的不断上升，9-CPE所有的还原峰的峰电流值逐渐增加，而对应的氧化峰的峰电流值不断降低，因此试验测试结果表明，化合物9的晶体对于H_2O_2具有明显的电催化还原的活性。

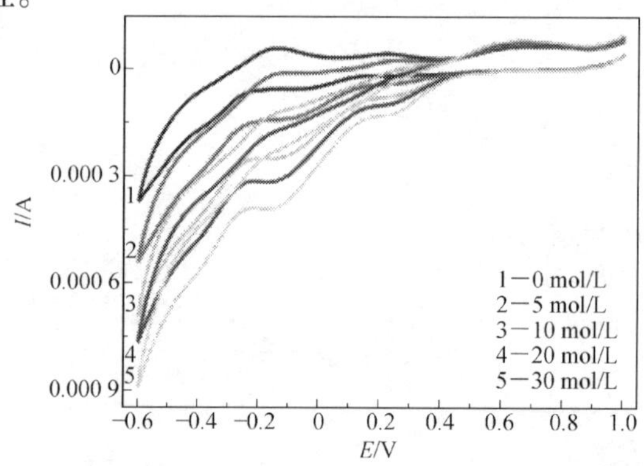

图2-43　在1 mol/L H_2SO_4溶液中电催化不同浓度H_2O_2的循环伏安曲线

2.5.3 光催化性质

1. 化合物 1 的光催化性质

近年来,多金属氧酸盐的杂化材料在光催化方面的潜在应用引起了广泛关注,大量的文献已经报道了其在降解水污染方面的优越性能。图 2-44 为含有化合物 1 的亚甲基蓝(Methylene Blue, MB)溶液,在紫外(Ultraviolet, UV)光的照射下及不同时间下的吸收光谱。取 50 mg 化合物 1 的晶体颗粒溶解于 100 mL 的 MB 溶液(10 mg/L)中,暗室吸附 30 min 后,在紫外光的照射下进行搅拌。每隔 30 min 取 4 mL 的样品,离心取上层清液并对其进行紫外测试分析,同时在相同的条件下对没有加入任何催化剂的 MB 进行照射并比较。通过计算 MB 的降解率($1-C/C_0$)得知,160 min 后,在加入化合物 1 ~ 8 作为催化剂时,MB 的降解率均超过 90% 以上。由此可见,化合物 1 ~ 8 对 MB 具有优秀的光催化活性。

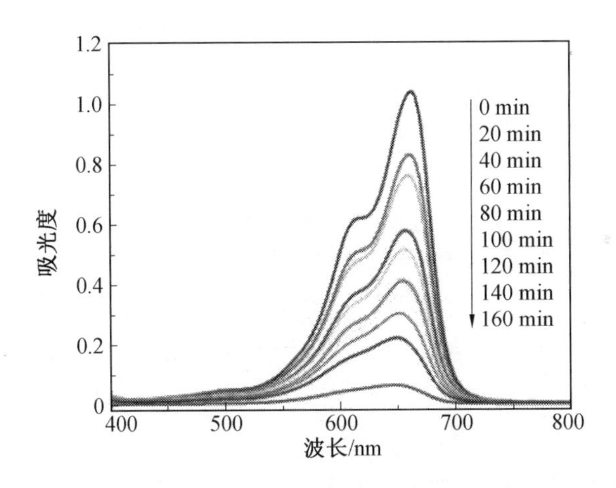

图 2-44　含有化合物 1 的亚甲基蓝在降解过程中的吸收光谱

为了进一步证明化合物 1 ~ 8 在光催化降解 MB 后,所有的化合物的结构均未发生改变,将光催化试验结束后的剩余物进行回收、洗涤和干燥,并对回收物分别进行了红外测试。如图 2-45 所示,化合物 1 在光催化降解 MB 后,所有化合物的结构均没有发生改变。

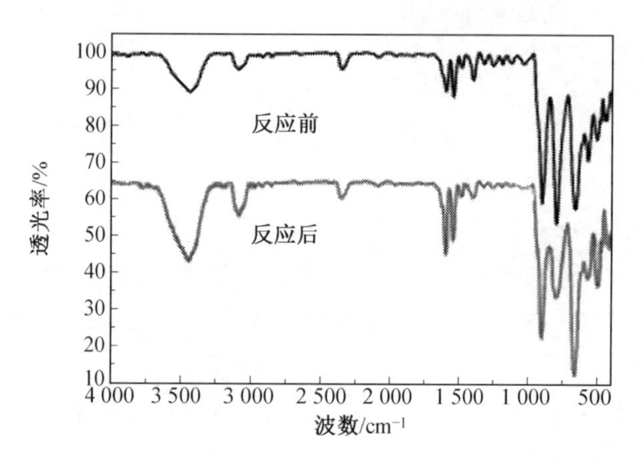

图 2–45 光催化反应前后化合物 1 的红外光谱

2. 化合物 2 ~7 的光催化性质

POMs 作为废水分解的光催化剂引起了广泛关注。亚甲基蓝是废水中典型的有机污染物。在这项工作中,化合物 2 ~7 作为催化剂的光催化活性是通过 MB 在 UV 光照射和相同条件下的光分解来研究的。将 50 mg 样品与 100 mL MB 溶液(C_0=10 mg/L)混合。之后,在 UV 光照射下不断搅拌混合物。在 0 min、15 min、30 min、45 min、60 min、75 min、90 min、105 min、120 min、135 min 时,从烧杯中取出 4 mL 样品,然后离心数次以除去刚性颗粒并获得用于紫外可见吸收光谱分析的澄清溶液。将化合物 2 ~7 照射 135 min(图 2–46)。化合物 2 ~7 的光催化分解率分别为 94.5%、93.0%、92.1%、92.2%、93.6%、96.5%(定义为 $1-C/C_0$)。在 MB 的光催化作用后,将化合物 2 ~7 的样品洗涤并干燥,并测量它们的 IR 光谱,如图 2–47 所示。化合物 2 ~7 的 IR 光谱显示在光催化反应后没有结构变化,这表明化合物 2 ~7 具有优异的结构稳定性。

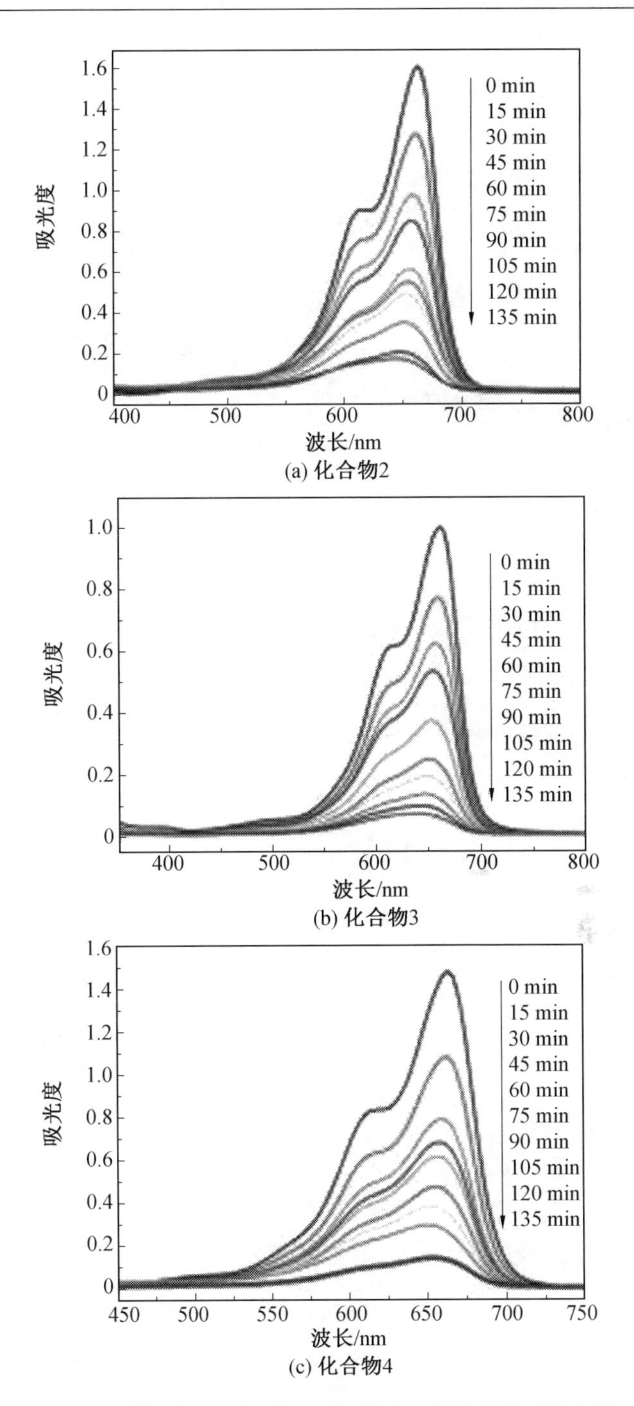

图 2-46 化合物 2 ~ 7 光降解过程中 MB 水溶液的吸收光谱

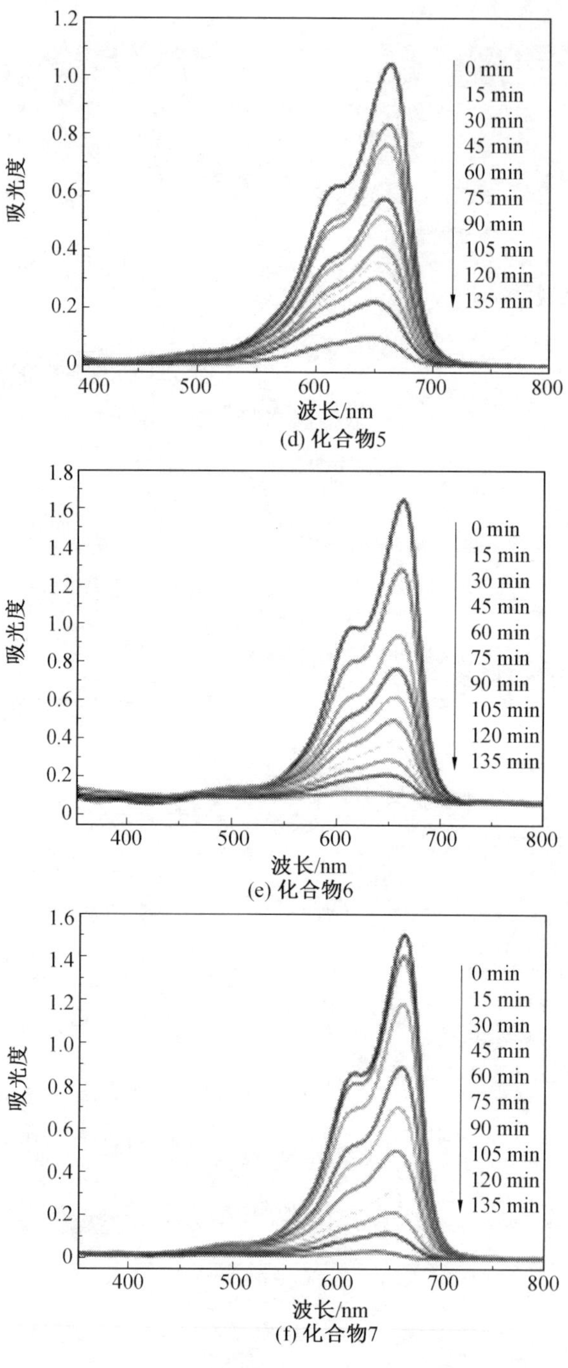

(d) 化合物5

(e) 化合物6

(f) 化合物7

续图 2-46

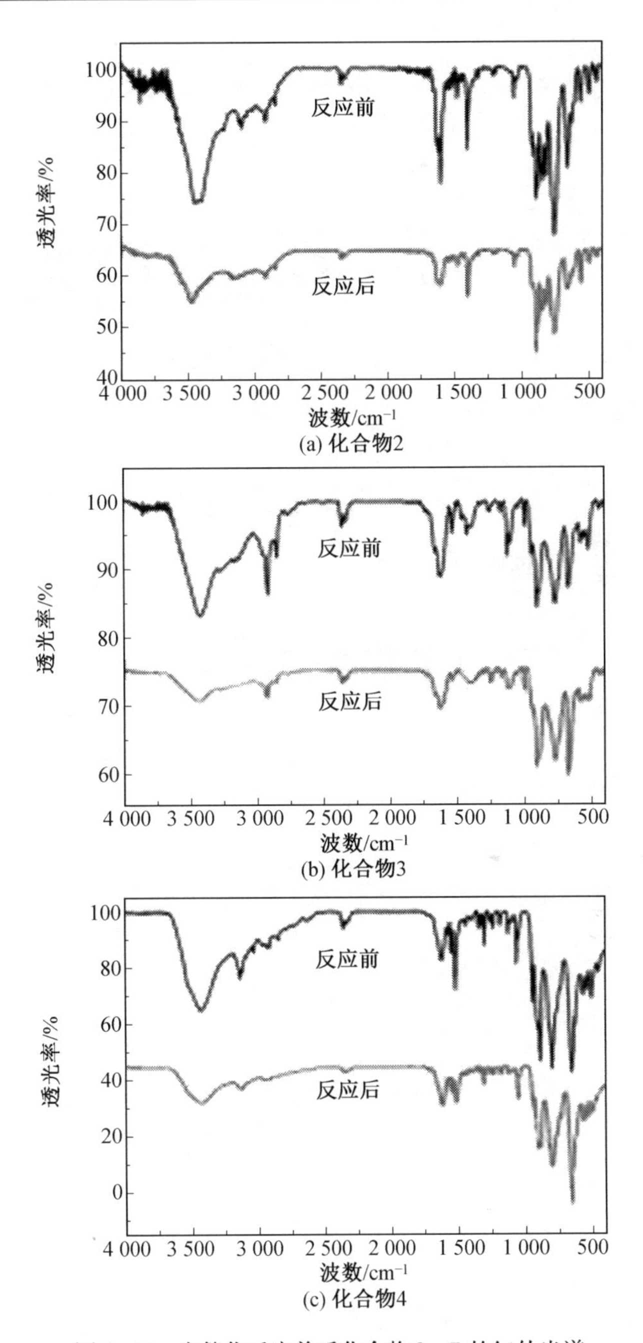

图 2-47　光催化反应前后化合物 2～7 的红外光谱

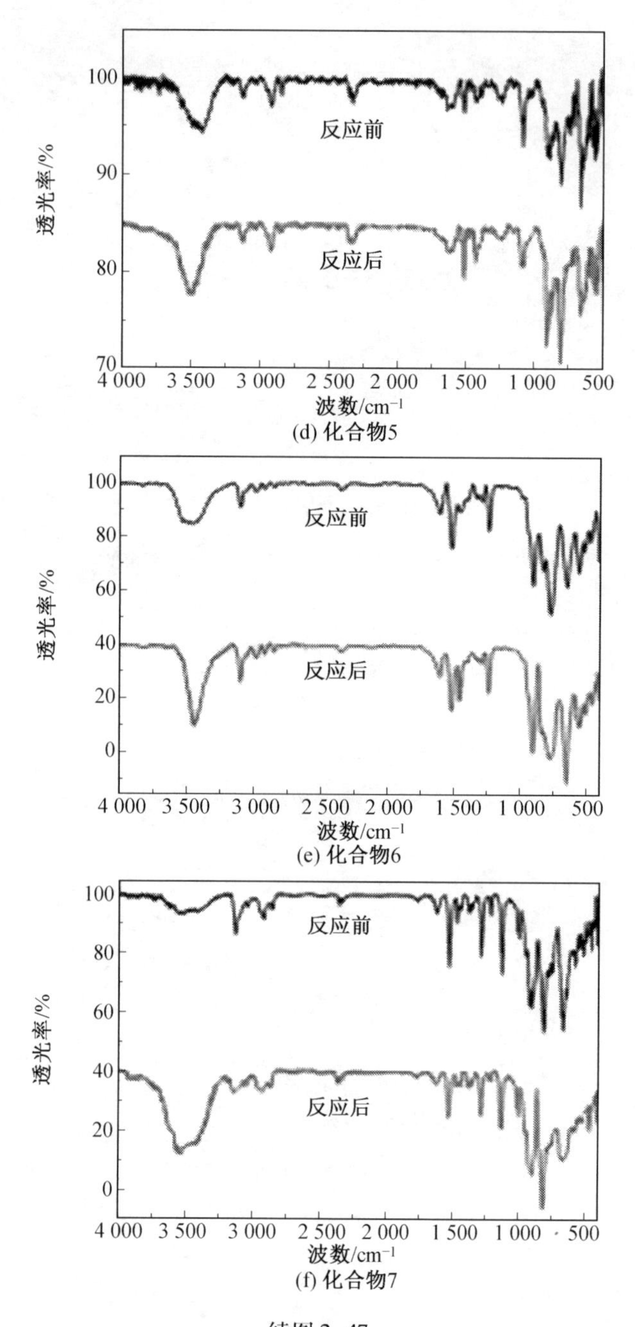

透光率/%
100
90
80
70
反应前
反应后
4 000
3 500
3 000
2 500
2 000
1 500
1 000
500
波数/cm⁻¹
(d) 化合物5
透光率/%
100
80
60
40
20
0
反应前
反应后
4 000
3 500
3 000
2 500
2 000
1 500
1 000
500
波数/cm⁻¹
(e) 化合物6
透光率/%
100
80
60
40
20
0
反应前
反应后
4 000
3 500
3 000
2 500
2 000
1 500
1 000
500
波数/cm⁻¹
(f) 化合物7

续图 2-47

3. 化合物 8 的光催化性质

如图 2-48 所示，MB 和罗丹明 B(Rhodamine-B，RhB)的吸收峰随反应时间的增加而降低。MB 的光催化分解率为 94.27%，RhB 的光催化分解率为 96.34%(定义为 $1-C/C_0$)。同时，在相同条件下比较不含晶体的 MB 和 RhB，在试验中观察到两种有机染料的降解很少。基于以上所述，认为化合物 8 在 MB 和 RhB 的降解中具有更好的光催化活性。此外，测试了在光催化试验结束时化合物 8 的 IR 光谱，如图 2-49 所示，其与制备的样品几乎相同。这表明化合物 8 具有更好的结构稳定性。

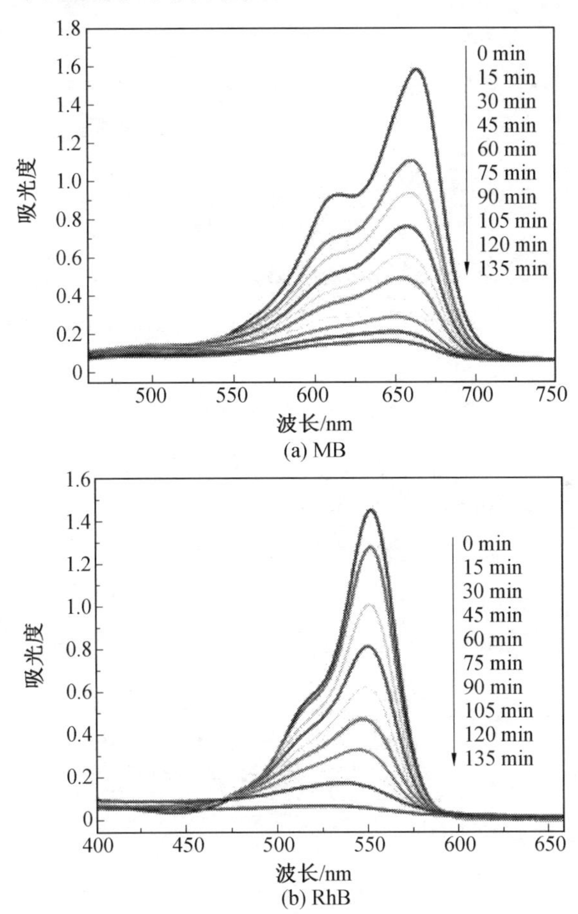

图 2-48 含化合物 MB 和 RhB 溶液在 UV 光照射下的分解反应期间的吸收光谱

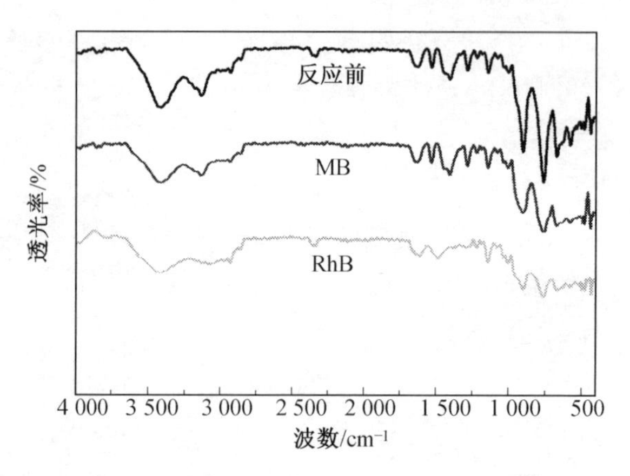

图2-49 光催化反应前后化合物8的红外光谱

4. 化合物9的光催化性质

在紫外光照射下评价其光催化活性,以降解RhB、MB、甲基橙(Methyl Orange,MO)和偶氮环糊精(Azon Phloxine,AP)。通过常规方法研究光催化反应:将50 mg催化剂与100 mL 1.0×10^{-5} mol/L(C_0)RhB、MB、MO和AP溶液混合。

通过超声波分散烧杯10 min,将混合物搅拌30 min以在化合物9上达到表面吸附平衡。然后,在UV光照射下连续搅拌混合物。四种含化合物9的有机化合物的吸收峰在UV光照射下有所降低。照射175 min(图2-50)光催化分解率($1-C/C_0$)基于$\{As_2Mo_6O_{26}\}$的化合物的MB的光催化分解率约为92%,RhB约为90.73%,MB约为92%,MO约为84.86%,AP约为81.67%。化合物不仅降解普通有机染料MB,而且还在UV光照射下降解一些难溶有机染料(RhB、MO和AP)。此外,光催化反应后化合物9的红外光谱与样品的红外光谱一致(图2-51),进一步证明了化合物9的稳定性。上述结果表明化合物9具有稳定的光催化降解活性。在UV光照射下的RhB、MB、MO和AP降解率如图2-52所示。

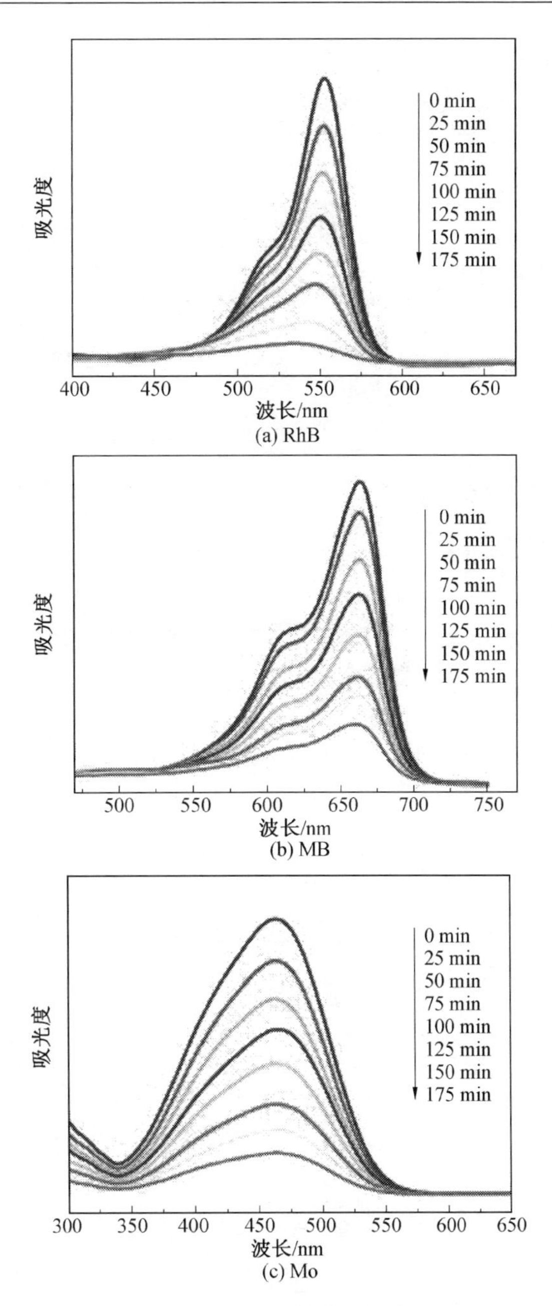

图 2-50　含化合物 9 的 RhB、MB、MO 和 AP 溶液在 UV 光照射下分解的吸收光谱

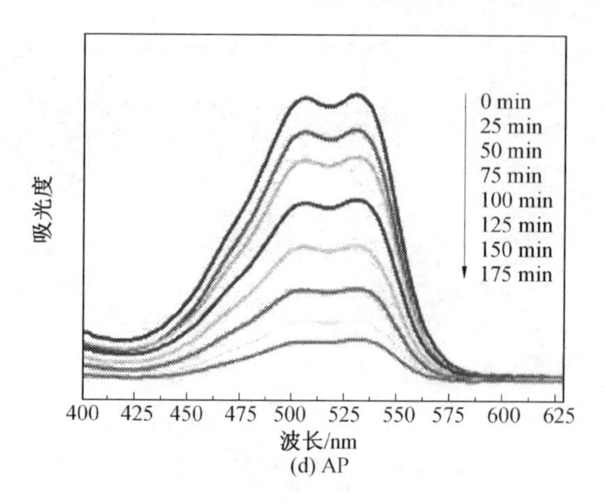

(d) AP

续图 2-50

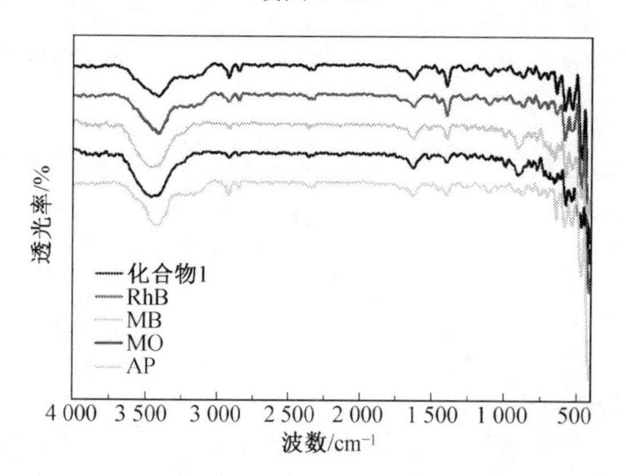

图 2-51　光催化反应前后化合物 9 的红外光谱

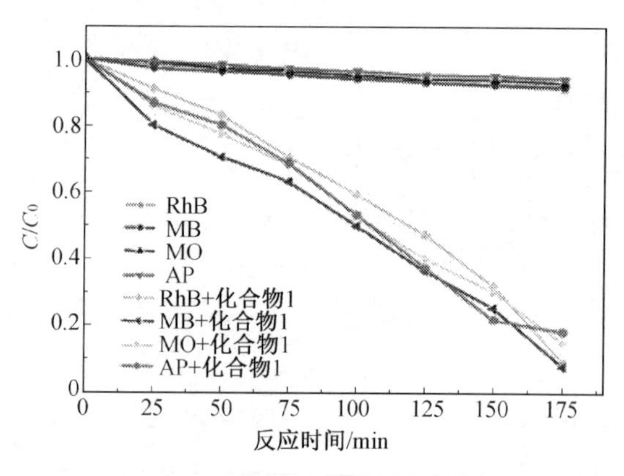

图 2-52　RhB、MB、MO 和 AP 在有无化合物 9 的存在下光催化降解率(见彩图)

第 3 章　{As_6Mo_6}型功能配合物

3.1 概　　述

本章利用水热合成法，以{MAs_6Mo_6}多酸阴离子为构筑单元，选择了不同的刚性有机配体(4-二甲基氨基吡啶、邻菲罗啉及苯并咪唑)和不同的过渡金属 Cu^{2+}、Co^{2+}、Zn^{2+}，在相同的反应温度和时间下，调节溶液体系的 pH，合成出了五种结构新颖具有{MAs_6Mo_6}多阴离子的砷钼酸盐，并对其荧光性质、光催化性质、电化学以及电催化性质进行了测试研究。本章内容共分为三个部分，第一部分是以{As_6Mo_6}为建筑单元的功能配合物的合成实例与结构，第二部分是{As_6Mo_6}型功能配合物的合成规律，最后一部分是{As_6Mo_6}型功能配合物的性质与应用。

3.2 {As_6Mo_6}型功能配合物的合成

具有{MAs_6Mo_6}多酸阴离子的砷钼化合物是多金属氧酸盐非经典结构的一个重要分支，目前相关文献报道过的具有{MAs_6Mo_6}多阴离子的化合物十分少见，这类化合物不同于传统的 Wells-Dawson 和 Keggin 构型，其结构新颖并展现了优异的电化学性质和催化性质。本章合成了以{As_6Mo_6}为建筑单元的六种新颖结构化合物：

$$[Hdmap]_4[(CuO_6)(As_3O_3)_2Mo_6O_{18}] \quad (1)$$

$$[Hdmap]_4[(CoO_6)(As_3O_3)_2Mo_6O_{18}] \quad (2)$$

$$[Co(phen)(H_2O)_4]_2[(CoO_6)(As_3O_3)_2Mo_6O_{18}] \cdot 2H_2O \quad (3)$$

$$\{[Co(phen)_2(H_2O)]_2[(CoO_6)(As_3O_3)_2Mo_6O_{18}]\} \cdot 4H_2O \quad (4)$$

$$\{[Zn(biim)_2(H_2O)]_2[(ZnO_6)(As_3O_3)_2Mo_6O_{18}]\} \cdot 4H_2O \quad (5)$$

$$[\{Cu_4(btp)_4\}\{(CuO_6)(As_3O_3)_2Mo_6O_{18}\}] \cdot 2H_2O \quad (6)$$

3.2.1 化合物 1 的合成

将$(NH_4)_6Mo_7O_{24} \cdot 4H_2O$ (0.753 5 g，0.64 mmol)、$NaAsO_2$(0.406 5 g，

3.14 mmol)、dmap (0.224 5 g, 1.83 mmol)、$CuCl_2 \cdot 2H_2O$ (0.401 3 g, 2.35 mmol) 溶解在蒸馏水(18 mL 1.00 mol)中,在室温条件下搅拌 0.5 h,并用 1.0 mol/L 的 HCl 将溶液的 pH 调节至 4.5 左右,随后转移混合溶液至反应釜中,并在 160 ℃的烘箱中加热 5 天,待缓慢冷却至室温后,有无色块状晶体生成,经去离子水冲洗,室温过滤干燥后,产率为 23% (以 Cu 计)。元素分析结果表明,化合物 1 的分子式为 $C_{28}H_{44}As_6CuMo_6N_8O_{30}$。理论值(%): C, 16.30; H, 2.15; N, 5.43。试验值(%): C, 16.42; H, 2.19; N, 5.52。

3.2.2 化合物 2 的合成

化合物 2 的合成方法与化合物 1 的合成方法类似,仅用 $Co(NO_3)_2 \cdot 6H_2O$ (0.225 0 g, 0.77 mmol) 替代了 $CuCl_2 \cdot 2H_2O$, 在室温条件下搅拌 0.5 h,pH 调节与化合物 1 相同,在 160 ℃的烘箱中加热 5 天,待缓慢冷却至室温后,同样有无色块状晶体生成,经去离子水冲洗,室温过滤干燥后,产率为 22% (以 Co 计)。元素分析结果表明,化合物 2 的分子式为 $C_{28}H_{44}As_6CoMo_6N_8O_{30}$。理论值(%): C, 16.33; H, 2.16; N, 5.45。试验值(%): C, 16.29; H, 1.99; N, 5.26。

3.2.3 化合物 3 的合成

室温条件下,将 $(NH_4)_6Mo_7O_{24} \cdot 4H_2O$ (0.753 5 g, 0.64 mmol)、$NaAsO_2$ (0.250 0 g, 1.92 mmol)、$Co(NO_3)_2 \cdot 6H_2O$ (0.225 0 g, 0.77 mmol)、1,10′-phen (0.155 5 g, 0.82 mmol) 溶解在蒸馏水(18 mL, 1.00 mol)中,搅拌0.5 h,用 1.0 mol/L HCl 将溶液的 pH 调至 5.5 左右,随后转移混合溶液至反应釜中,并在 160 ℃的烘箱中加热 5 天,待缓慢冷却至室温后,有粉色块状晶体生成,经去离子水冲洗,室温过滤干燥后,产率为 8% (以 Co 计)。元素分析结果表明,化合物 3 的分子式为 $C_{24}H_{44}As_6Co_3Mo_6N_4O_{40}$,理论值(%): C, 12.92; H, 1.99; N, 2.51。试验值(%): C, 13.15; H, 1.87; N, 2.62。

3.2.4 化合物 4 的合成

将 $Co(NO_3)_2 \cdot 6H_2O$ (0.450 0 g, 1.54 mmol)、$NaAsO_2$(0.250 0 g, 1.92 mmol)、$(NH_4)_6Mo_7O_{24} \cdot 4H_2O$ (0.753 5 g, 0.64 mmol)、1,10′-phen (0.155 5 g, 0.82 mmol) 溶解在蒸馏水(18 mL, 1.00 mol)中, 室温搅拌

0.5 h,用1.0 mol/L HCl 将溶液的 pH 调至6.5左右,随后转移混合溶液至反应釜中,并在160 ℃的烘箱中加热5天,待缓慢冷却至室温后,有红色块状晶体生成,经去离子水冲洗,室温过滤干燥后,产率为10%（以 Co 计）。元素分析结果表明,化合物4的分子式为 $C_{48}H_{44}As_6Co_3Mo_6N_8O_{36}$,理论值(%):C, 22.96; H, 1.77; N, 4.46。试验值（%）:C, 23.00; H, 1.81; N, 4.53。

3.2.5 化合物5的合成

将 $Zn(OAc)_2 \cdot 2H_2O$ (0.425 0 g, 2.31 mmol)、$NaAsO_2$(0.405 0 g, 3.13 mmol)、$(NH_4)_6Mo_7O_{24} \cdot 4H_2O$ (0.753 5 g, 0.64 mmol)、biim (0.203 7 g, 1.52 mmol) 溶于蒸馏水(18 mL, 1.00 mol)中,室温条件下搅拌0.5 h,用1.0 mol/L HCl 将溶液的pH值调至6.5左右,并在160 ℃的烘箱中加热5天,待缓慢冷却至室温后,有无色透明长条状晶体生成,室温过滤干燥后,产率为29%（以 Zn 计）。元素分析结果表明,化合物5的的分子式为:$C_{24}H_{28}As_6Mo_6N_{16}O_{36}Zn_3$。理论值(%):C, 12.32; H, 1.21; N,9.58。试验值（%）:C, 12.71; H, 1.15; N, 9.62。

3.2.6 化合物6的合成

室温条件下,将 $Cu(NO_3)_2 \cdot 3H_2O$ (0.585 4 g,2.423 mmol)、H_2MoO_4 (0.819 2 g,4.672 mmol)、$NaAsO_2$(0.207 6 g,1.598 mmol)、btp (0.435 3 g, 2.443 mmol)与18 mL的蒸馏水混合,并用3 mol/L的 HNO_3 调节溶液的 pH 至4.0后,将混合液转移至反应釜中,并在140 ℃的烘箱中加热晶化120 h,待缓慢冷却至室温后,有红棕色块状晶体生成,室温过滤干燥后,产率为58%（以 Mo 计）。元素分析结果表明,化合物6的分子式为 $C_{28}H_{44}As_6Cu_5Mo_6N_{24}O_{32}$($M_r$=2 571.78)。理论值(%):C,13.08;H,1.72;N,13.07。试验值(%):C,13.12;H,1.83;N,12.96。

3.3 {As_6Mo_6}型功能配合物的晶体结构

X射线单晶衍射结构分析化合物1~6中均含有$[(MO_6)(As_3O_3)_2Mo_6O_{18}]^{4-}$多酸阴离子:化合物1和化合物2是同构的,仅过渡金属不同,两个有机配体 dmap 分子游离在多酸阴离子外部形成了超分子结构;化合物3中,Co与有机配体 phen 分子和晶格水分子配位游离在多酸阴离子外部;化合物4中 Co

与有机配体 phen 分子和水分子配位，进而与多酸阴离子上的端氧连接形成了结构新颖的双支撑结构；化合物 5 的晶体结构与化合物 4 是相似的，Zn-biim 形成的金属配合物与多阴离子上的端氧连接形成了双支撑结构。

化合物 1～6 中均含有 $[(MO_6)(As_3O_3)_2Mo_6O_{18}]^{4-}$ 多酸阴离子，其源于 A 型 Anderson 型多酸阴离子 $[(MO_6)Mo_6O_{18}]^{4-}$。如图 3-1 所示，处于中心位置的 $\{MO_6\}$ 八面体和共平面的其余六个 $\{MoO_6\}$ 八面体配位，两个 $\{As_3O_6\}$ 三聚体以帽的形式对立扣在 Anderson 型多酸阴离子的两侧。每个 $\{As_3O_6\}$ 三聚体是由 $\{AsO_3\}$ 单元通过共用氧原子以三角形的形式相连接，与多酸阴离子上的 $\{MO_6\}$ 八面体和两个 $\{MoO_6\}$ 八面体通过 μ_3-氧原子相连接。在该多酸阴离子中存在三种配位环境的氧原子：端氧原子 O_t、三桥氧原子 $O(\mu_3)$ 和四桥氧原子 $O(\mu_4)$。经过价键计算(Bond Valence Sum，BVS)，确定在该多酸阴离子上，所有的 Mo 原子均为+Ⅵ氧化态，As 原子均为+Ⅲ氧化态。化合物 1～6 的晶体数据见表 3-1。

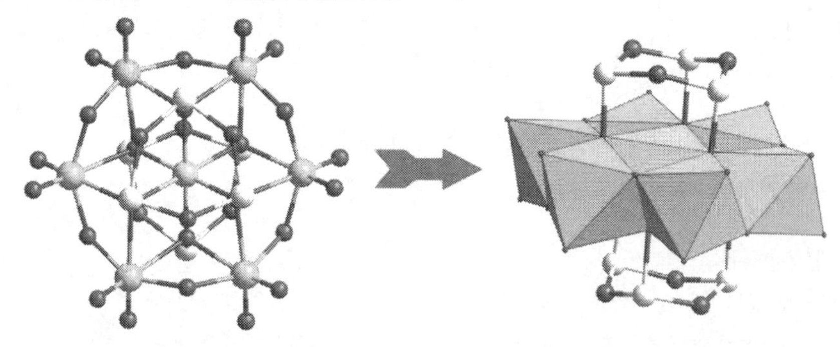

图 3-1 $[(MO_6)(As_3O_3)_2Mo_6O_{18}]^{4-}$(M＝过渡金属)多阴离子中金属原子和其配位原子多面体结构

3.3.1 化合物 1 和化合物 2 的晶体结构

化合物 1 和化合物 2 是同构的，仅过渡金属不同，化合物 1 的中心过渡金属为 Cu，化合物 2 的中心过渡金属为 Co。如图 3-2 所示，化合物 1 和化合物 2 均是由 $[(MO_6)(As_3O_3)_2Mo_6O_{18}]^{4-}$ 多酸阴离子和两个游离的 dmap 分子组成。有机配体 dmap 游离在多酸阴离子外部，形成了超分子结构。由于氢键的作用，化合物 1 和化合物 2 能够稳定存在，氢键信息见表 3-2 和表 3-3。

表 3-1 化合物 1～6 的晶体数据

化合物	1	2	3	4	5	6
分子式	$C_{28}H_{44}As_6CuMo_6N_8O_{30}$	$C_{28}H_{44}As_6CoMo_6N_8O_{30}$	$C_{24}H_{44}As_6Co_3Mo_6N_4O_{40}$	$C_{48}H_{44}As_6Co_3Mo_6N_8O_{36}$	$C_{24}H_{28}As_6Mo_6N_{16}O_{36}Zn_3$	$C_{28}H_{44}As_6Cu_5Mo_6N_{24}O_{32}$
分子质量	2 061.42	2 056.80	2 230.58	2 510.86	2 337.96	2 571.78
晶系	单斜晶系	单斜晶系	三斜晶系	三斜晶系	三斜晶系	三斜晶系
空间群	P2(1)/c	P2(1)/c	P-1	P-1	P-1	P-1
a/Å	9.390 9(9)	9.371 6(12)	10.301 0(10)	10.599 7(7)	9.288 6(8)	9.334 5(4)
b/Å	19.963 6(19)	19.919(3)	11.890 4(19)	10.765 7(7)	13.185 9(12)	13.093 0(5)
c/Å	14.837 1(14)	14.803 3(19)	12.223 5(11)	15.685 8(10)	13.732 9(12	14.644 4(6)
α/(°)	90	90	75.969(1)	77.771(1)	92.835(1)	100.94
β/(°)	95.979(1)	95.647(2)	76.208(1)	78.088(1)	109.760(1)	90.73
γ/(°)	90	90	75.686(1)	78.331(1)	109.707(1)	109.56
Z	2	2	1	1	1	1
体积/$Å^3$	2 766.5(5)	2 750.0(6)	1 381.8(2)	1 687.98(19)	1 464.7(2)	1 650.19(12)
μ/mm^{-1}	5.348	5.295	5.863	4.813	5.917	5.762
GOF on F^2	1.403	1.064	1.201	1.038	1.056	1.105
final R indices	R_1 = 0.027 4	R_1 = 0.036 7	R_1 = 0.032 2	R_1 = 0.026 7	R_1 = 0.035 2	R_1 = 0.026 9
$I > 2\sigma(I)$	wR_2 = 0.071 3	wR_2 = 0.103 9	wR_2 = 0.085 3	wR_2 = 0.073 4	wR_2 = 0.112 0	wR_2 = 0.070 4

注：$R_1 = \sum \| |F_o| - |F_c| \| / \sum |F_o|$，$wR_2 = \{Rw[(F_o)^2 - (F_c)^2]^2 / Rw[(F_o)_2]_2\}^{1/2}$。

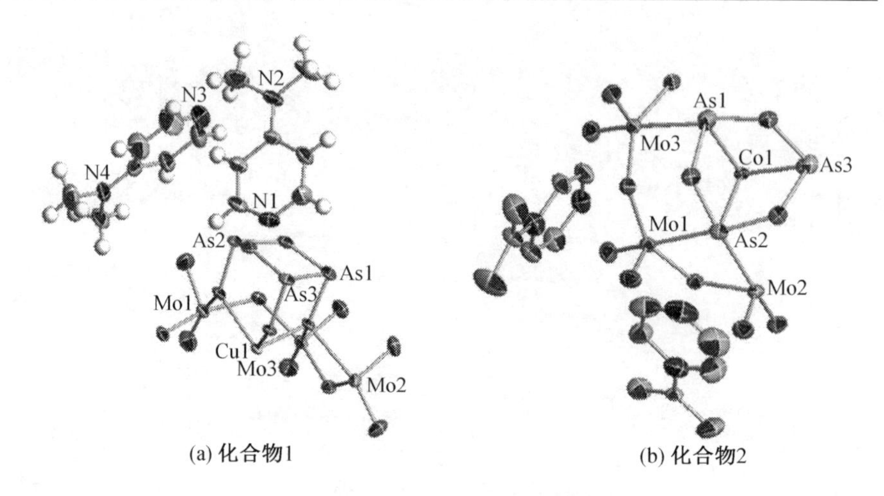

(a) 化合物1 (b) 化合物2

图 3-2 化合物 1 和化合物 2 的热椭球图

表 3-2 化合物 1 的氢键信息

D—H…A	d(D…H)/nm	d(H…A)/nm	d(D…A)/nm	∠(DHA)/(°)
C(2)—H(2)…O(15)	0.93	2.58	3.106(5)	116
C(6)—H(6A)…O(14)#1	0.96	2.45	3.317(7)	150
C(9)—H(9B)…O(9)#2	0.96	2.49	3.318(6)	145
C(11)—H(11A)…O(8)#3	0.96	2.48	3.313(5)	145
C(12)—H(12C)…O(13)#4	0.96	2.53	3.198(5)	127
C(14)—H(14)…O(13)#5	0.93	2.38	3.218(6)	149

注:用于生成等效原子的对称变换,#1 表示 $1+x,y,z$; #2 表示 $1+x,1/2-y,-1/2+z$; #3 表示 $x,1/2-y,-1/2+z$; #4 表示 $x,y,-1+z$; #5 表示 $1-x,1-y,1-z$。

表 3-3 化合物 2 的氢键信息

D—H…A	d(D…H)/nm	d(H…A)/nm	d(D…A)/nm	∠(DHA)/(°)
C(10)—H(10A)…O(12)	0.96	2.53	3.181(7)	125
C(10)—H(10A)…O(7)#1	0.96	2.53	3.292(7)	136
C(12)—H(12A)…O(14)#2	0.96	2.43	3.303(9)	151
C(15)—H(15B)…O(11)#3	0.96	2.35	3.267(7)	160
C(16)—H(16C)…O(15)#4	0.96	2.56	3.185(7)	123
C(18)—H(18)…O(15)#2	0.93	2.38	3.222(10)	150

注:用于生成等效原子的对称变换, #1 表示 $x,1/2-y,-1/2+z$; #2 表示 $1+x,y,z$; #3 表示 $1+x,1/2-y,-1/2+z$; #4 表示 $-x,1-y,-z$。

3.3.2 化合物 3 的晶体结构

如图 3-3 所示,化合物 3 是由[$(CoO_6)(As_3O_3)_2Mo_6O_{18}$]$^{4-}$多酸阴离子、金属配合物[Co(phen)($H_2O$)$_4$]$_2$和水分子组成。过渡金属 Co 与有机配体 phen 配位形成的金属配合物游离在多酸阴离子外部。该化合物能够稳定存在是由于在多酸阴离子和过渡金属配合物之间的氢键作用,氢键信息见表 3-4。

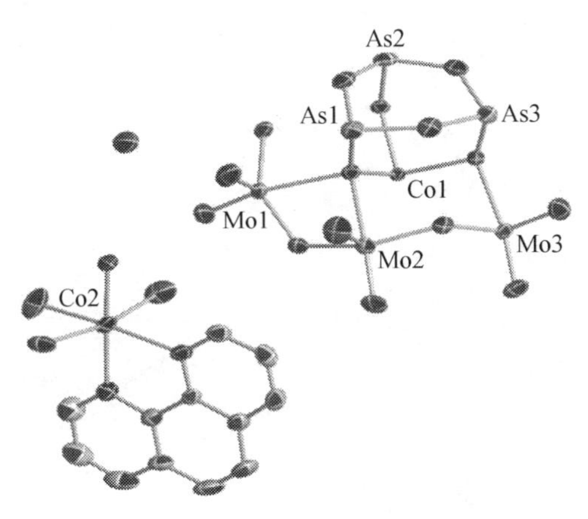

图 3-3 化合物 3 的热椭球图

表 3-4 化合物 3 的氢键信息

D—H···A	d(D···H)/nm	d(H···A)/nm	d(D···A)/nm	∠(DHA)/(°)
O(16)—H(16) ···O(8)$^{\#1}$	0.82	2.06	2.848(5)	161
O(17)—H(17) ···O(2)$^{\#2}$	0.82	1.92	2.693(5)	100
O(18)—H(18) ···O(1W)$^{\#3}$	0.82	2.31	2.810(6)	120
O(19)—H(19) ···O(12)$^{\#4}$	0.82	2.24	2.881(6)	135
C(2)—H(2) ···O(10)	0.93	2.58	3.502(6)	170
C(3)—H(3) ···O(8)$^{\#5}$	0.93	2.54	3.469(6)	174
C(7)—H(7) ···O(6)$^{\#4}$	0.93	2.48	3.078(6)	123

注:用于生成等效原子的对称变换, #1 表示 $x,-1+y,z$; #2 表示 $1-x,1-y,-z$; #3 表示 $1+x,y,z$; #4 表示 $1+x,-1+y,z$; #5 表示 $1-x,2-y,1-z$。

3.3.3 化合物 4 的晶体结构

化合物 4 的结构与化合物 3 的结构类似,是由[$(CoO_6)(As_3O_3)_2Mo_6O_{18}$]$^{4-}$多

酸阴离子、金属配合物[$Co(phen)_2(H_2O)$]$_2$和两个游离的水分子组成(图3-4)。过渡金属Co采取六配位的方式分别与有机配体phen上的四个氮原子、一个多酸阴离子上的端氧原子和一个水分子配位。[$(CoO_6)(As_3O_3)_2Mo_6O_{18}$]$^{4-}$多酸阴离子作为双齿配位点和两个[$Co(phen)_2(H_2O)$]$_2$金属配合物通过两个对立的{$MoO_6$}八面体上的端氧原子形成了新颖独特的双支撑结构。相邻的双支撑结构通过在水分子、phen配体、多酸阴离子之间的氢键(表3-5)和π-π堆积作用形成了三维超分子结构(图3-5)。中心的Co(1)—O键长为2.064(19)~2.0920(19)Å,这一结果表明{CoO_6}八面体发生了变形。O—Co(1)—O键角为86.37(8)°~180.0°。

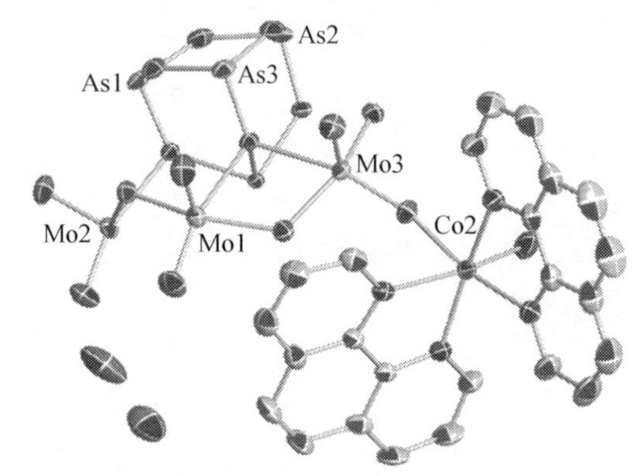

图3-4 化合物4的热椭球图

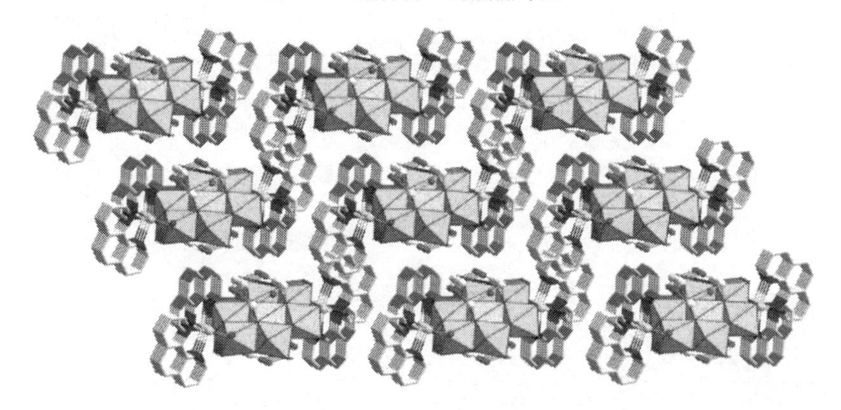

图3-5 化合物4的三维超分子结构

表 3-5 化合物 4 的氢键

D—H···A	d(D···H)/nm	d(H···A)/nm	d(D···A)/nm	∠(DHA)/(°)
O(16)—H(16) ···O(1)#1	0.82	2.57	2.829(3)	100
O(16)—H(16) ···O(8)#1	0.82	2.46	3.235(3)	157
C(3)—H(3) ···O(8)#2	0.93	2.46	3.352(5)	160
C(23)—H(23) ···O(6)#1	0.93	2.47	3.161(5)	131
C(24)—H(24) ···O(1)#1	0.93	2.48	3.405(4)	173

注:用于生成等效原子的对称变换, #1 表示 $x,-1+y,z$; #2 表示 $-x,1-y,-z$。

3.3.4 化合物 5 的晶体结构

X 射线单晶衍射分析结果表明,化合物 5 的结构单元由$[(ZnO_6)(As_3O_3)_2Mo_6O_{18}]^{4-}$多酸阴离子、金属配合物$[Zn(biim)_2(H_2O)]_2$和水分子组成(图 3-6)。化合物 5 的结构和化合物 4 的结构是类似的,过渡金属 Zn 采取六配位的方式和来自两个有机配体 biim 上的氮原子、一个水分子和一个多酸阴离子上的端氧原子连接。多酸阴离子$[(ZnO_6)(As_3O_3)_2Mo_6O_{18}]^{4-}$作为双齿节点和两个金属配合物$[Zn(biim)_2(H_2O)]_2$连接,进而形成了双支撑结构。双支撑结构之间通过氢键(表 3-6)和超分子作用形成了三维超分子结构(图 3-7)。

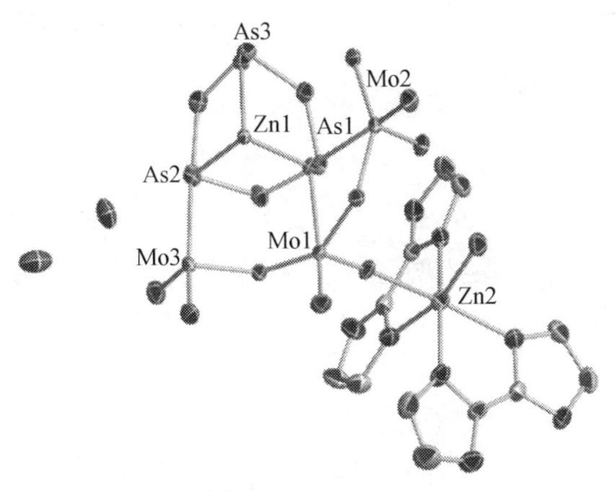

图 3-6 化合物 5 的热椭球图

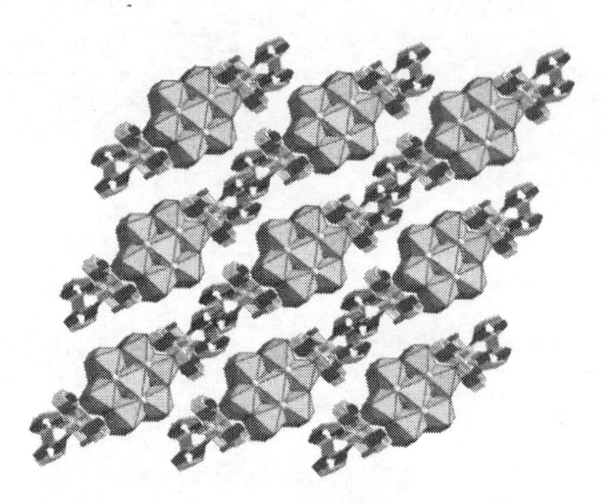

图3-7 化合物5的三维超分子结构

表3-6 化合物5的氢键

D—H…A	d(D…H)/nm	d(H…A)/nm	d(D…A)/nm	∠(DHA)/(°)
O(14)—H(14) …O(1W)#1	0.82	1.92	2.705(5)	159
C(1)—H(1) …O(12)#2	0.93	2.55	3.345(7)	144
C(2)—H(2) …O(11)#3	0.93	2.39	3.178(6)	142
C(11)—H(11)…O(16)#4	0.93	2.53	3.333(8)	144

注:用于生成等效原子的对称变换, #1 表示 $x,-1+y,z$; #2 表示 $-1+x,y,z$; #3 表示 $-x,-y,1-z$; #4 表示 $2-x,1-y,2-z$。

3.3.5 化合物6的晶体结构

X射线单晶衍射分析结果表明,化合物6是由$[Cu(btp)]_4^{4+}$配合物阳离子、多酸阴离子$[(CuO_6)(As_3O_3)_2Mo_6O_{18}]^{4-}$及游离的晶格水分子构成的(图3-8)。价键计算分析结果表明,多酸阴离子$[(CuO_6)(As_3O_3)_2Mo_6O_{18}]^{4-}$当中的Cu、As和Mo原子分别呈现+Ⅱ、+Ⅲ和+Ⅳ氧化态,Cu-btp金属有机框架中的Cu呈现+Ⅰ氧化态。

多酸阴离子簇$[(CuO_6)(As_3O_3)_2Mo_6O_{18}]^{4-}$起源于A-型Anderson型阴离子$[(CuO_6)Mo_6O_{18}]^{10-}$,在这个阴离子当中,六个$MoO_6$八面体通过共边将中心的一个$CuO_6$八面体环绕相连,七个八面体共处于同一平面。环状的$As_3O_6$三聚体以“帽”的形式相反地扣在Anderson型阴离子平面的两边,其中,As_3O_6三聚体是由三个AsO_3椎体通过共用氧以三角形的形式相连,并且该三聚体与阴离子中心的CuO_6八面体和两个MoO_6八面体通过μ_3-氧原子

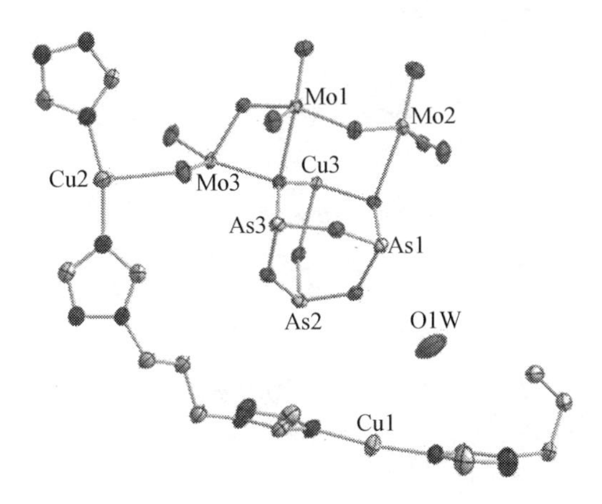

图 3-8 化合物 6 的分子结构椭球图

相连。在化合物 6 的多酸阴离子$[(CuO_6)(As_3O_3)_2Mo_6O_{18}]^{4-}$当中，存在三种形式的氧原子：端位氧原子 O_t、双桥氧原子 $O(\mu_2)$ 以及四桥氧原子 $O(\mu_4)$，因而，Mo—O 键的键长分为以下三类：Mo—O_t = 1.701(2) ~ 1.721(3) Å，Mo—O(μ_2) = 1.905(2) ~ 1.927(2) Å，Mo—O(μ_4) = 2.299(2) ~ 2.390(2) Å；As—O 键的键长分为以下两类：As—O(μ_2) = 1.778(2) ~ 1.794(2) Å，As—O(μ_4) = 1.783(2) ~ 1.794(2) Å。中心 Cu 原子的 Cu(3)—O 键长为 2.024(2) ~ 2.178(2) Å，O—Cu(3)—O 的键角为 85.76(9)° ~ 180.00°。在化合物 6 当中存在两种晶体学独立的 Cu^I 阳离子（Cu(1) 和 Cu(2)），它们采取相似的 T-型三配位几何构型$\{CuN_2O\}$，其中，N 原子来自于有机配体 btp，O 原子来自于$[(CuO_6)(As_3O_3)_2Mo_6O_{18}]^{4-}$的端位氧。Cu(1) 和 Cu(2) 的相关键长分别为：Cu^I—N = 1.880(3) ~ 1.887(3) Å，Cu^I—O = 2.024(2) ~ 2.384(3) Å，N—Cu^I—N 的键角为 164.37(15)° ~ 170.81(14)°。

在化合物 6 当中，四个有机配体 btp 和四个 Cu^I 形成了一个四核圆环，如图 3-9 所示。$[(CuO_6)(As_3O_3)_2Mo_6O_{18}]^{4-}$阴离子在化合物 6 当中充当双支撑结构，其 MoO_6 八面体中的端位氧与 Cu^I 和 btp 形成的配合物阳离子相连，形成了如同“靶”状的结构，而$[(CuO_6)(As_3O_3)_2Mo_6O_{18}]^{4-}$阴离子则为配合物的“靶心”，同时多酸阴离子与相邻的四核 Cu^I-btp 环中的 Cu^I 通过 Cu(1)—O10 键相连，进而形成了化合物 6 的一维结构（图 3-10）。

另外，化合物 6 中存在三组分子间氢键，分别为：C(7)—H(7)…$O(7)^{iv}$ = 3.270(5) Å，C(12)—H(12B)…O(1W) = 3.455(7) Å 以及 C(13)—H(13)…$O(14)^{v}$ = 3.361(5) Å [(iv) $2-x, -y, 2-z$; (v) $x, y, 1+z$]。通过

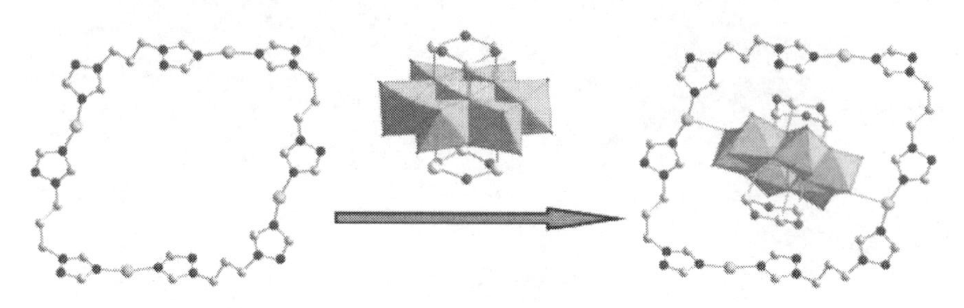

图3-9　化合物6中$[(CuO_6)(As_3O_3)_2Mo_6O_{18}]^{4-}$阴离子的配位环境

这些氢键作用构成了化合物6的三维结构，如图3-11所示。正是氢键的存在使得该化合物的结构更加稳定。

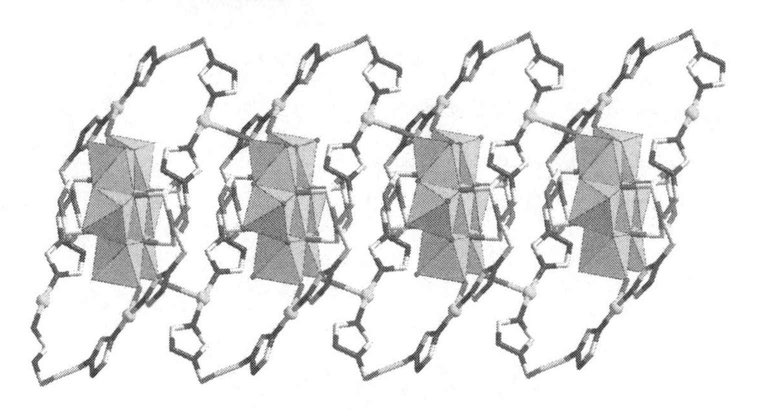

图3-10　化合物6的一维结构

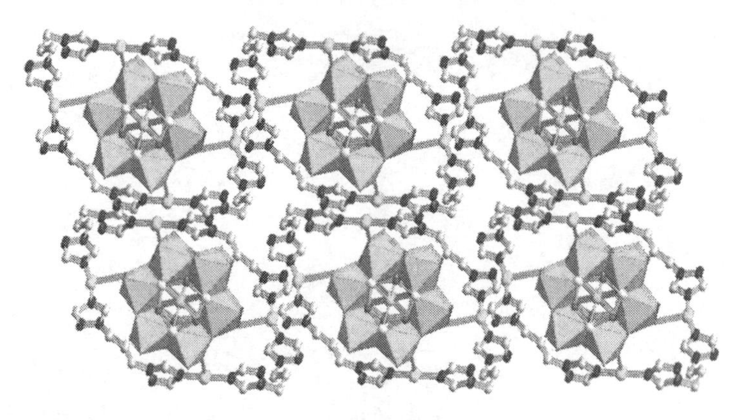

图3-11　化合物6的三维结构

化合物6中存在三种晶体学独立的铜离子，其中Cu(1)、Cu(2)和有机配体btp配位形成了一个四核环状结构的$\{Cu_4(btp)_4\}^{4+}$配离子，Cu(3)位于砷钼多金属氧酸盐阴离子$[(CuO_6)(As_3O_3)_2Mo_6O_{18}]^{4-}$的中心，并且多酸阴离子采取双支撑结构,且位于$\{Cu_4(btp)_4\}^{4+}$配离子的中心。

3.4 $\{As_6Mo_6\}$型功能配合物的结构表征

3.4.1 红外分析

1. 化合物 1 ~ 5 的红外分析

化合物 1 ~ 5 的 IR 光谱如图 3-12 所示,化合物 1 ~ 5 的特征峰为:951 cm^{-1},904 cm^{-1},818 cm^{-1},686 cm^{-1}(1);951 cm^{-1}, 904 cm^{-1}, 818 cm^{-1}, 686 cm^{-1}(2); 904 cm^{-1}, 810 cm^{-1}, 694 cm^{-1}, 607 cm^{-1}(3);943 cm^{-1}, 894 cm^{-1}, 813 cm^{-1}, 689 cm^{-1}(4);920 cm^{-1}, 816 cm^{-1}, 687 cm^{-1}, 597 cm^{-1}(5)。以上特征峰全部属于为多阴离子$[(MO_6)(As_3O_3)_2Mo_6O_{18}]^{4-}$(M=Cu、Co、Zn)的$v$(Mo═O)、$v$(Mo—O—M) 和$v$(As—O) (M=Mo 或 As)的伸缩振动峰。在 1 654 ~ 1 066 cm^{-1}内的特征峰属于为有机配体 4-二甲基氨基吡啶,邻菲罗啉,联咪唑基团的振动峰。在 3 442 ~ 3 403 cm^{-1}内的特征峰属于为水的伸缩振动峰。

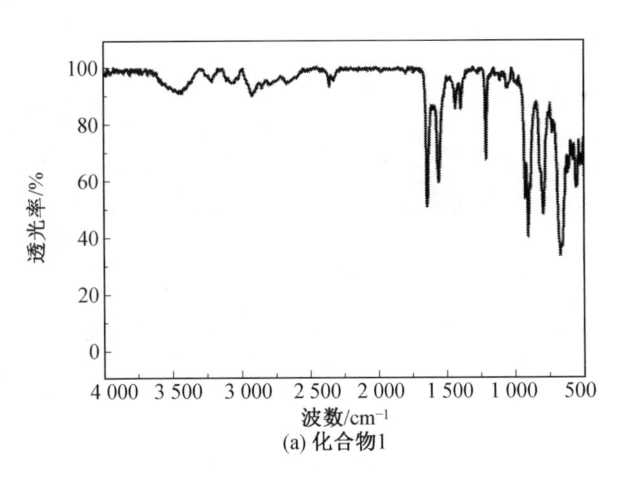

(a) 化合物1

图 3-12 化合物 1 ~ 5 的红外光谱

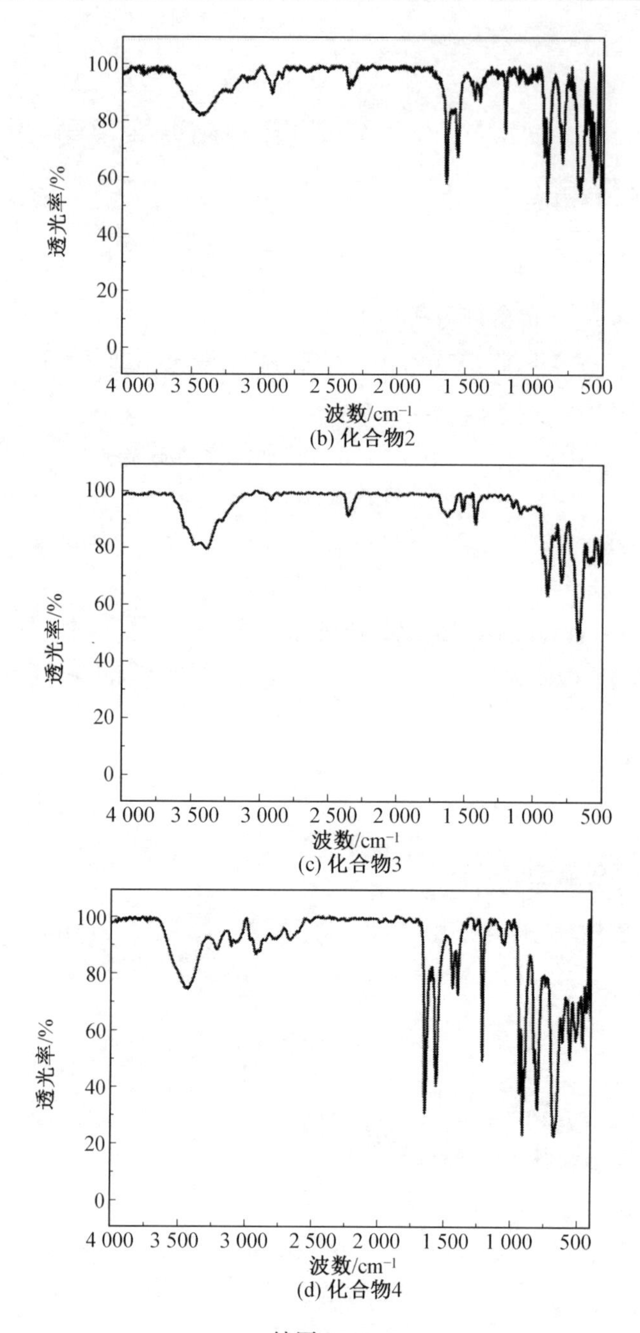

(b) 化合物2

(c) 化合物3

(d) 化合物4

续图 3-12

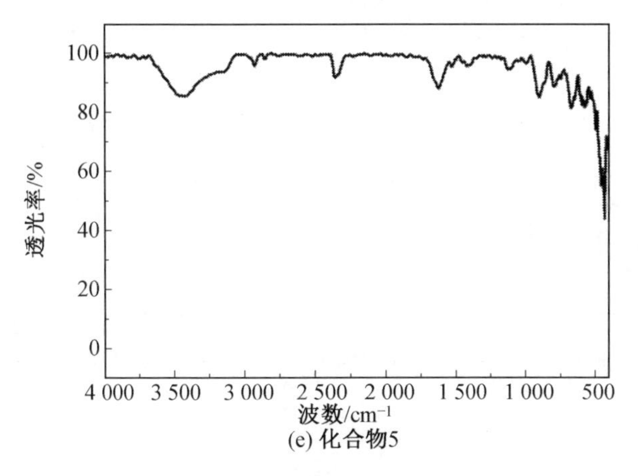

(e) 化合物5

续图 3-12

2. 化合物 6 的红外分析

化合物 6 的 IR 光谱如图 3-13 所示。在 3 434 cm^{-1}处的吸收峰属于晶格水中 v(—OH)的振动峰,1 639 cm^{-1}、1 532 cm^{-1}处的吸收峰属于有机配体中 v(C—N)的振动峰,948 cm^{-1}、923 cm^{-1}处的吸收峰属于多酸阴离子中 v($Mo—O_t$)的吸收峰,891 cm^{-1}处的吸收峰属于 v($As^{Ⅲ}$—O)的吸收峰,809 cm^{-1}、669 cm^{-1}处的吸收峰属于 v(Mo—O—Mo)的吸收峰,587 cm^{-1}、523 cm^{-1}的吸收峰属于过渡金属 v(Cu—O)的振动峰。

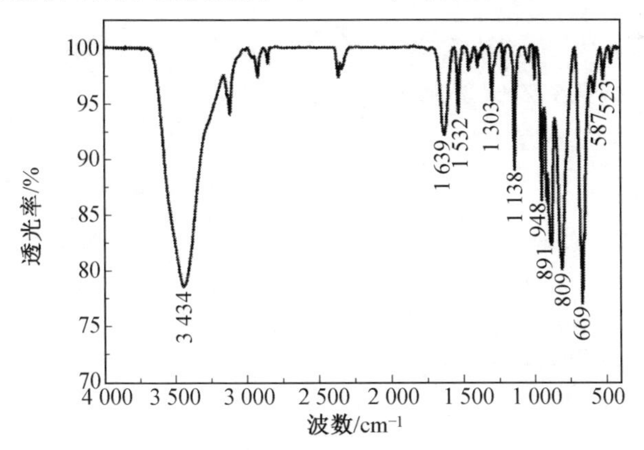

图 3-13 化合物 6 的红外光谱

3.4.2 热稳定性分析

1. 化合物 1 ~ 5 的热稳定性分析

化合物 1 ~ 5 的热重曲线如图 3-14 所示,化合物 1 的失重过程分为两步,第一步在258～420 ℃失重23.90%(理论值为24.03%),属于游离的有机配体dmap分子;第二步在420～615 ℃失重28.80%(理论值为28.93%),属于多酸阴离子{MAs_6Mo_6}骨架的分解,其分解过程如反应$H_4CuAs_6Mo_6O_{30} \longrightarrow CuO \cdot 6MoO_3 + 2H_2O \uparrow + 3As_2O_3 \uparrow$。

化合物2的失重过程与化合物1类似,第一步在250～415 ℃失重为23.95%(理论值为24.03%),属于游离的有机配体dmap分子;第二步在415～600 ℃失重为28.86%(理论值为28.93%),属于多酸阴离子{MAs_6Mo_6}骨架的分解。

化合物3在110～215 ℃失重为1.61%(理论值为1.93%),属于游离的水分子;在215～355 ℃失重为22.61%(理论值为23.19%),属于配位水分子和有机配体phen分子;在450～610 ℃的失重为26.60%(理论值为27.34%),属于多酸阴离子骨架的分解。

化合物4的热重曲线分为三步,第一步在温度110～175 ℃,其失重为2.86%(理论值为3.17%),属于游离的水分子;第二步失重在温度252～410 ℃,其失重为30.14%(理论值为31.39%),属于配位的有机配体phen和水分子的失去;第三步失重在温度525～615 ℃,其失重为23.63%(理论值为24.37%),属于多酸阴离子{MAs_6Mo_6}骨架的分解。

化合物5的失重分为三步,第一步在130～232 ℃,其失重为3.10%(理论值为3.62%),属于游离的水分子;第二步在232～380 ℃,其失重为24.86%(理论值为25.23%),属于配位水分子和有机配体联咪唑的失去;第三步失重在435～667 ℃,其失重为25.17%(理论值为25.58%),属于多酸阴离子{MAs_6Mo_6}骨架的分解。

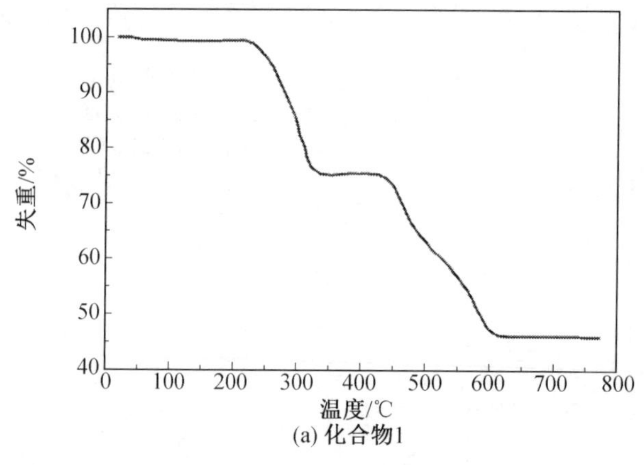

(a) 化合物1

图3-14　化合物1～5的热重曲线

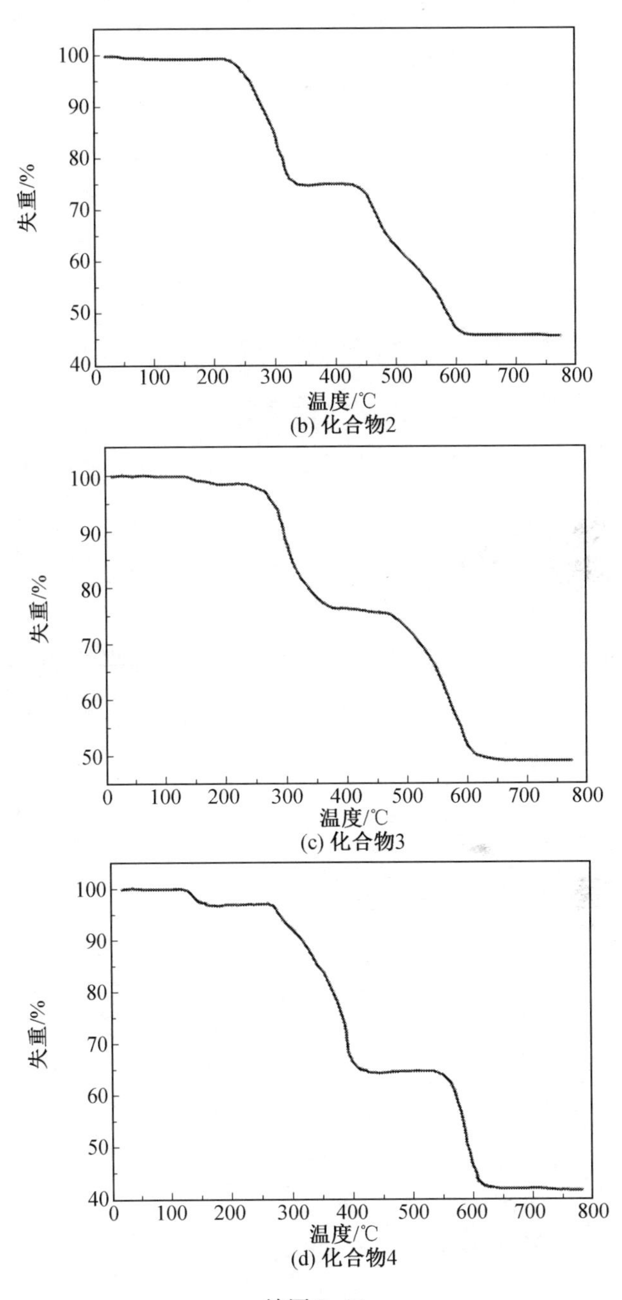

(b) 化合物2

(c) 化合物3

(d) 化合物4

续图 3-14

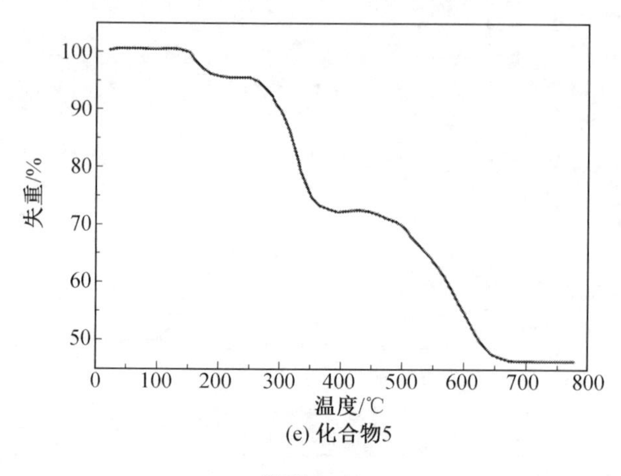

(e) 化合物5

续图 3-14

2. 化合物 6 的热稳定性分析

化合物6 的热重曲线如图3-15 所示。该化合物在20 ~ 800 ℃的温度区间内的失重过程是分为三步进行的。第一步失重过程发生在 85 ~ 95 ℃,失重为 1.48%(理论值为 1.40%),属于晶体中晶格水的失去过程;第二步失重过程发生在 200 ~ 300 ℃,其对应的失重过程应为有机配体 btp 的失去,失重比例为 27.85%,其值与理论值(27.72%)是基本一致的;第三步失重过程发生在 350 ~ 550 ℃,其对应的为剩余组分中 As_2O_3的升华过程,失重比例为 23.01%(理论值为 23.08%)。三步失重比例总和为 52.20%,与理论失重比例总和(52.34%)在数值上基本吻合。热重分析进一步证实了晶体结构解析的正确性。

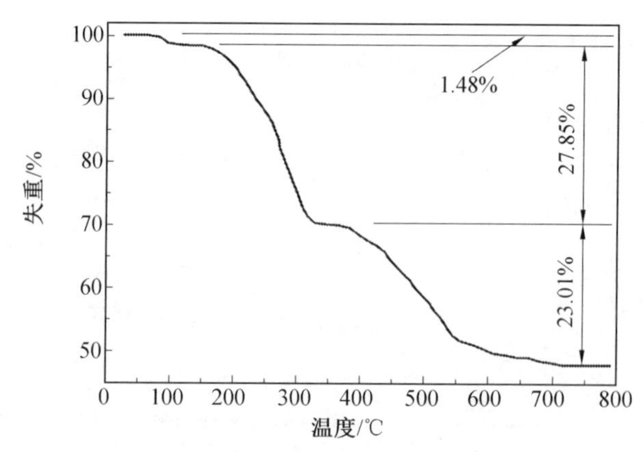

图 3-15 化合物 6 的热重曲线

3.4.3 X射线衍射分析

如图3-16所示为化合物1～5的试验X射线衍射(X-ray Diffraction, XRD)和单晶模拟XRD。试验数据表明，化合物1～5的试验数据和单晶模拟数据的峰位一致，表明样品1～5均为纯相，其中衍射的强度略有不同是由于化合物的择优取向造成的。

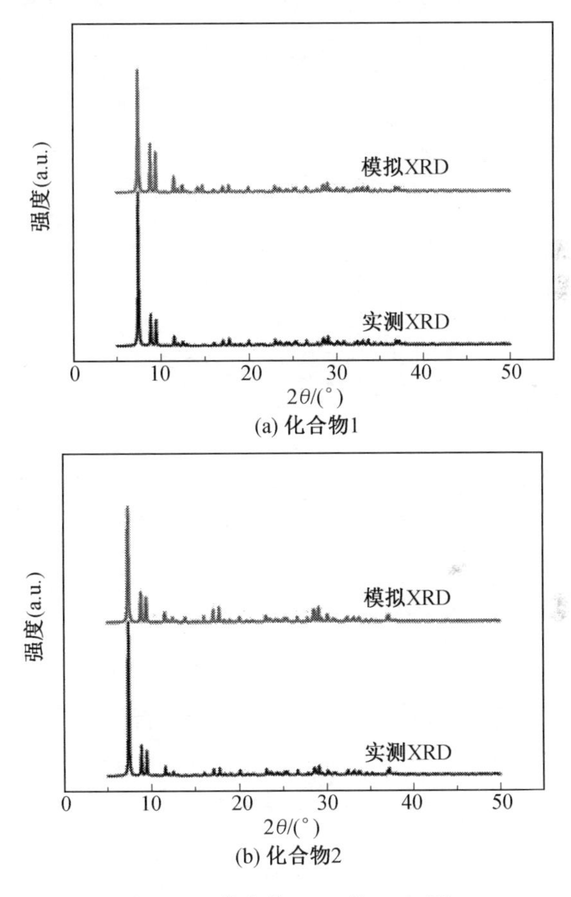

图3-16 化合物1～5的XRD图

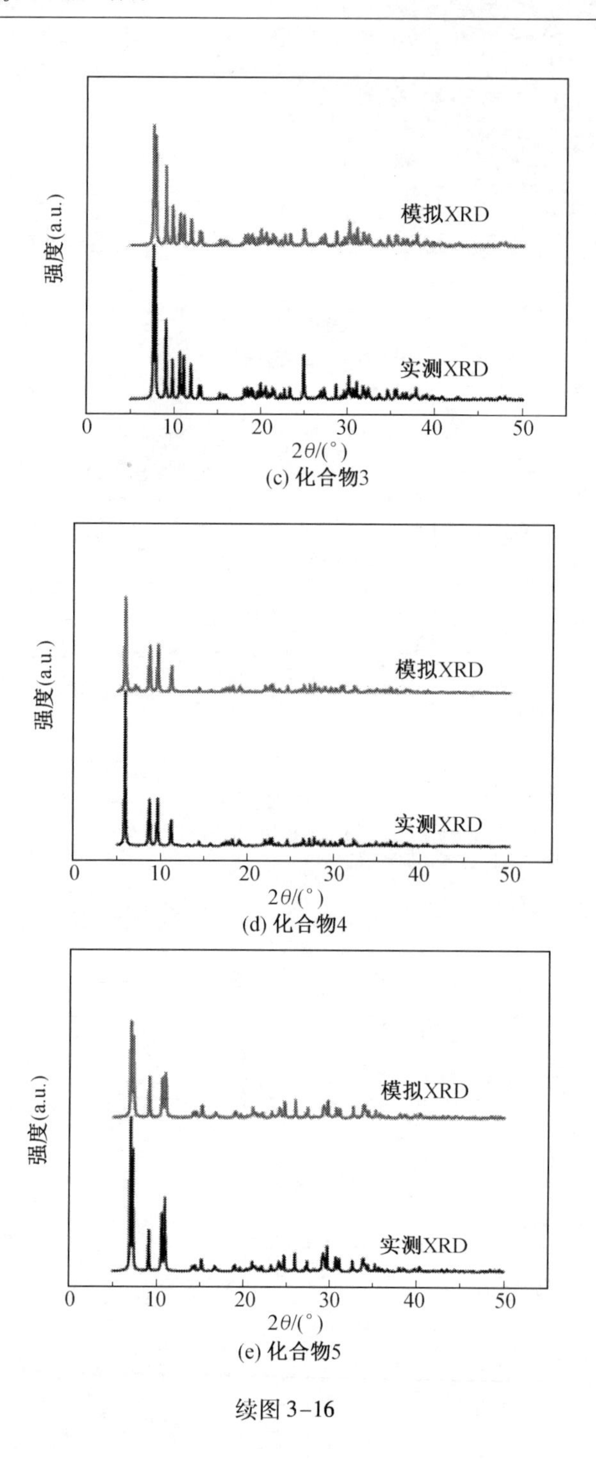
强度(a.u.)
模拟XRD
实测XRD
0
10
20
30
40
50
2θ/(°)
(c) 化合物3
强度(a.u.)
模拟XRD
实测XRD
0
10
20
30
40
50
2θ/(°)
(d) 化合物4
强度(a.u.)
模拟XRD
实测XRD
0
10
20
30
40
50
2θ/(°)
(e) 化合物5

续图 3-16

3.4.4　紫外分析

1. 化合物 1 ~ 5 的紫外分析

如图 3-17 所示为化合物 1 ~ 5 的紫外吸收光谱,在 200 ~ 600 nm 存在两个明显吸收峰。化合物 1 ~ 5 第一个强吸收峰在 203 nm (1), 206 nm (2), 208 nm (3),202 nm (4), 208 nm (5)处属于多酸阴离子$\{MAs_6Mo_6\}$中 O_t→Mo 的荷移跃迁,第二个吸收峰在 267 nm (1),255 nm (2), 275 nm (3), 280 nm (4), 254 nm (5)处均属于 Mo—O—Mo 键能级之间的 dπ-pπ-dπ 的电子转移。

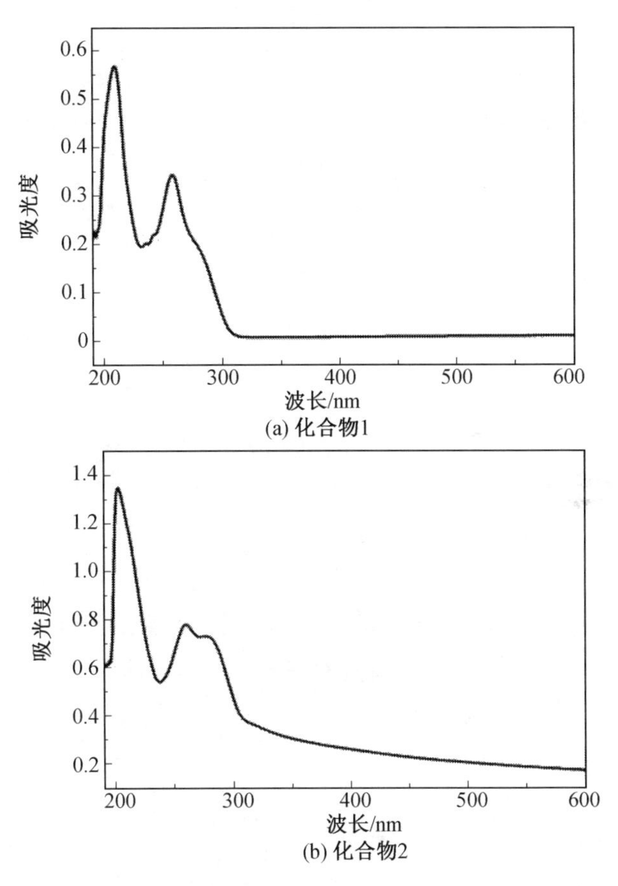

图 3-17　化合物 1 ~ 5 的紫外吸收光谱

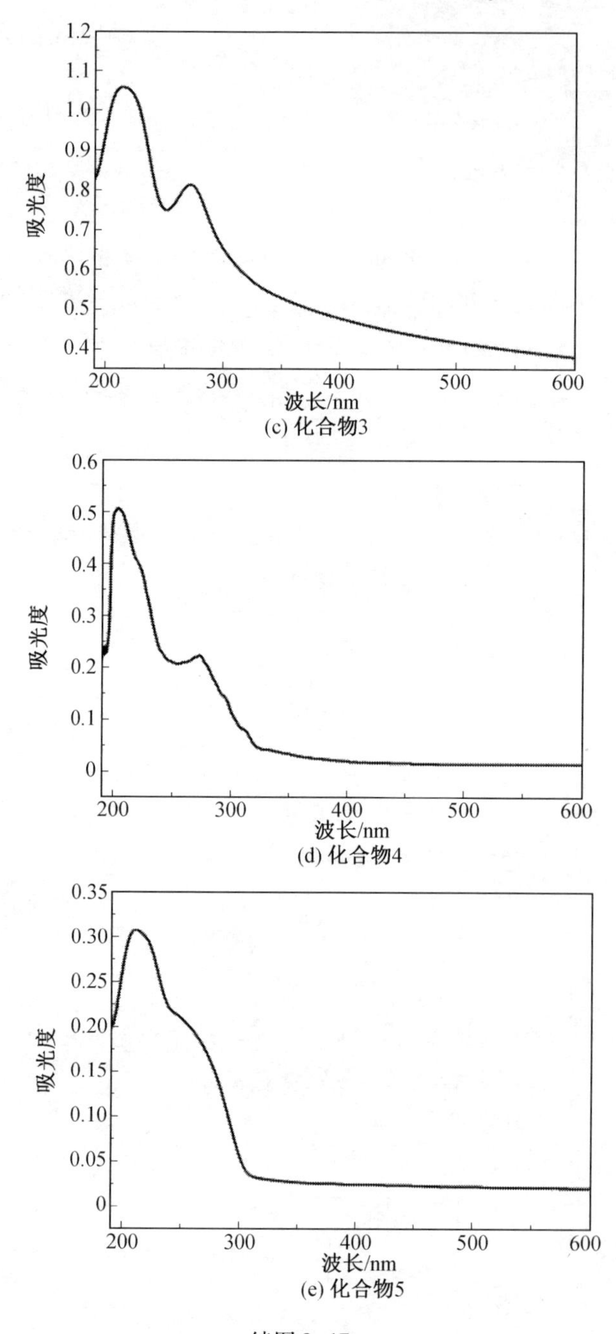
1.2
1.1
1.0
0.9
0.8
0.7
0.6
0.5
0.4
吸光度
200
300
400
500
600
波长/nm
(c) 化合物3
0.6
0.5
0.4
0.3
0.2
0.1
0
吸光度
200
300
400
500
600
波长/nm
(d) 化合物4
0.35
0.30
0.25
0.20
0.15
0.10
0.05
0
吸光度
200
300
400
500
600
波长/nm
(e) 化合物5

续图 3-17

2. 化合物6的紫外分析

化合物6的紫外吸收光谱如图3-18所示。化合物6在200~600 nm,出现了三个吸收峰。第一个吸收峰出现在203 nm处,属于$O_t \to Mo$中$p\pi-d\pi$的荷移跃迁;第二个和第三个吸收峰分别出现在227 nm和273 nm处,这两处的吸收峰属于$O_{b,c} \to Mo$中$p\pi-d\pi$的荷移跃迁。

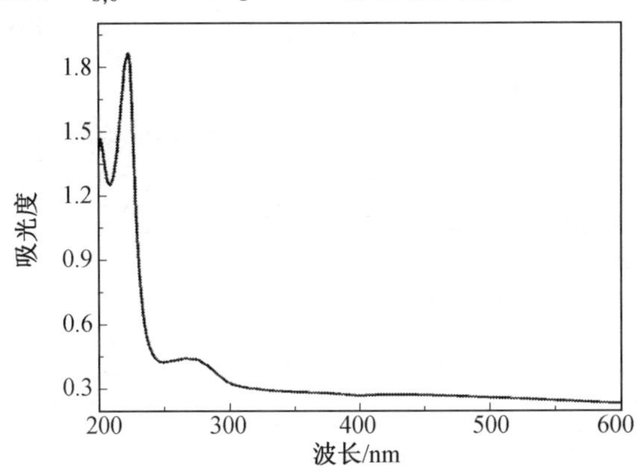

图3-18 化合物6的紫外吸收光谱

3.5 $\{As_6Mo_6\}$型功能配合物的性质与应用

3.5.1 荧光性质

1. 化合物1~5的荧光性质

在室温条件下,测试了化合物1~5的固态荧光光谱(图3-19)。化合物1和化合物2的发射峰在350 nm处,激发波长为285 nm。为了更好地理解其荧光性质,有机配体dmap的荧光光谱在同样条件下被测试,有机配体dmap在343 nm处表现出荧光发射峰,激发波长为285 nm(图3-20)。这一现象属于有机配体dmap内的$\pi \to \pi^*$电子转移。化合物3与化合物4的发射峰分别为353 nm和362 nm,其激发波长均为291 nm,这归因于有机配体到过渡金属离子的电子转移。根据J. J. Wu等研究结果,有机配体邻菲罗啉于388 nm处在室温条件下展现了弱的发射峰。这一蓝移现象说明有机配体邻菲罗啉和Co离子的螯合作用,有效地增加了有机配体的硬度并减少其能量无照射衰减。化合物5在325 nm展现了较强的发射峰,单纯游离有机配体biim的发射峰为429 nm。这一蓝移现象同样归属为有机配体到过渡金属离子的电子转移。

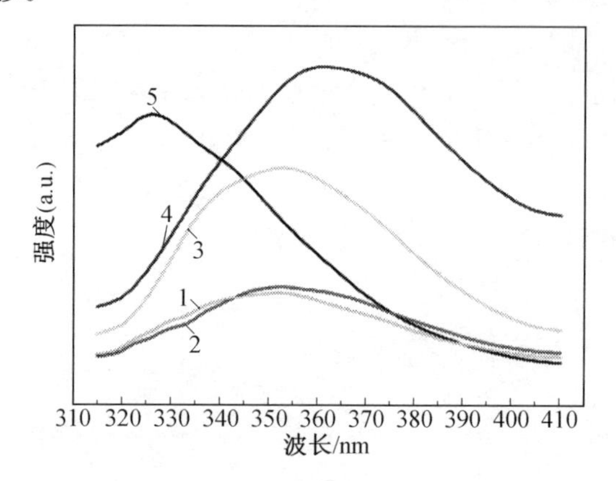

图 3-19 室温条件下化合物 1 ~5 的固态荧光光谱

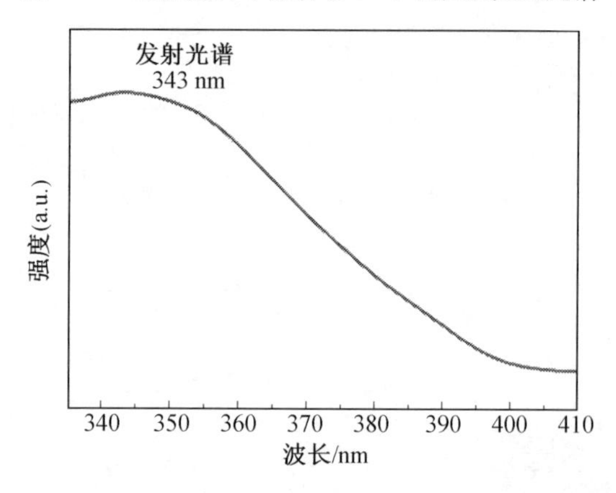

图 3-20 室温条件下有机配体 dmap 固态荧光光谱

2. 化合物 6 的荧光性质

如图 3-21 所示为化合物 6 在室温下的固态荧光光谱。以 390 nm 处的波长激发时,在 553 nm 处表现出荧光发射峰。为了进一步探究发射峰的性质,同样也考察了有机配体 btp 自身的发光光谱。从相关的文献报道可知,游离未配位的有机配体 btp 的室温固态光谱在 381 nm 处表现出发射峰(激发波长为 280 nm)。事实上,化合物的荧光行为与过渡金属阳离子以及与其配位的有机配体是密切相关的。发射峰波数增加的原因可解释为有机配体 btp 和过渡金属 Cu 形成螯合配位的结果,螯合的配位方式可以有效增加有机配体的硬度并减少能量无照射衰减。综上所述,化合物 6 具有成为荧光材料的潜质。

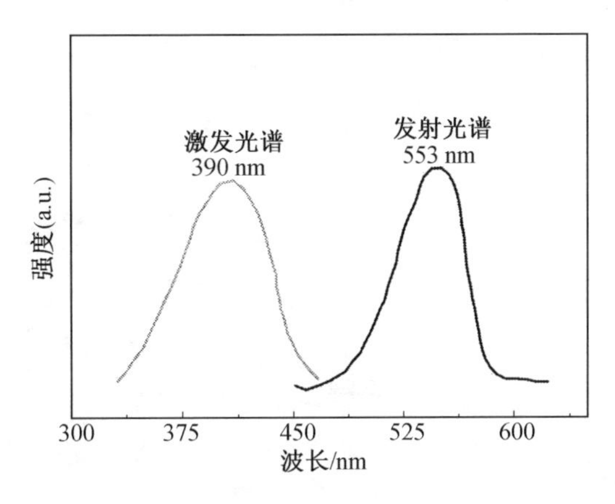

图 3-21 室温下化合物 6 的固态荧光光谱

3.5.2 化合物 3 ~5 的光催化性质

近年来,有机-无机杂化材料在光催化降解有机污染物方面快速发展。大量文献报道了多金属氧酸盐的光催化特性和其独特的结构,以及光谱性质,证明了多金属氧酸盐是一种高效的光催化剂,在光催化降解活性的研究领域引起了广泛关注。在该部分测试中,选取亚基甲蓝(MB)作为靶分子,进行了光催化降解试验,取纯净的 50 mg 晶体样品(不需要研磨)放入 100 mL的 MB 溶液中($C_0 = 10$ mg/L),在暗室放置 30 min 后达到吸附平衡后,将混合溶液在 UV 光照射下并持续搅拌,每隔 15 min 取 5 mL 样品。随后将样品数次离心,取其上层清液做 UV 光谱测试。与此同时,对化合物 3 ~5 进行空白对照试验,在相同条件下不加入任何催化剂的 MB 溶液进行了 UV 光谱测试,与光催化降解试验进行比较。试验结果表明,UV 光照射的条件下,不加入光催化剂的空白试验中有机染料 MB 在 UV 光照射 135 min 后仍很难降解,而加入催化剂后其降解效率有明显的提高。在 UV 光照射 135 min后,化合物 3 ~ 5 对有机染料 MB 的降解率($1 - C/C_0$)分别为 92.64%、93.40%、94.13%(图 3-22)。上述试验结果表明,化合物 3 ~5 在 UV 光的照射下对有机染料 MB 具有明显的光催化降解活性。

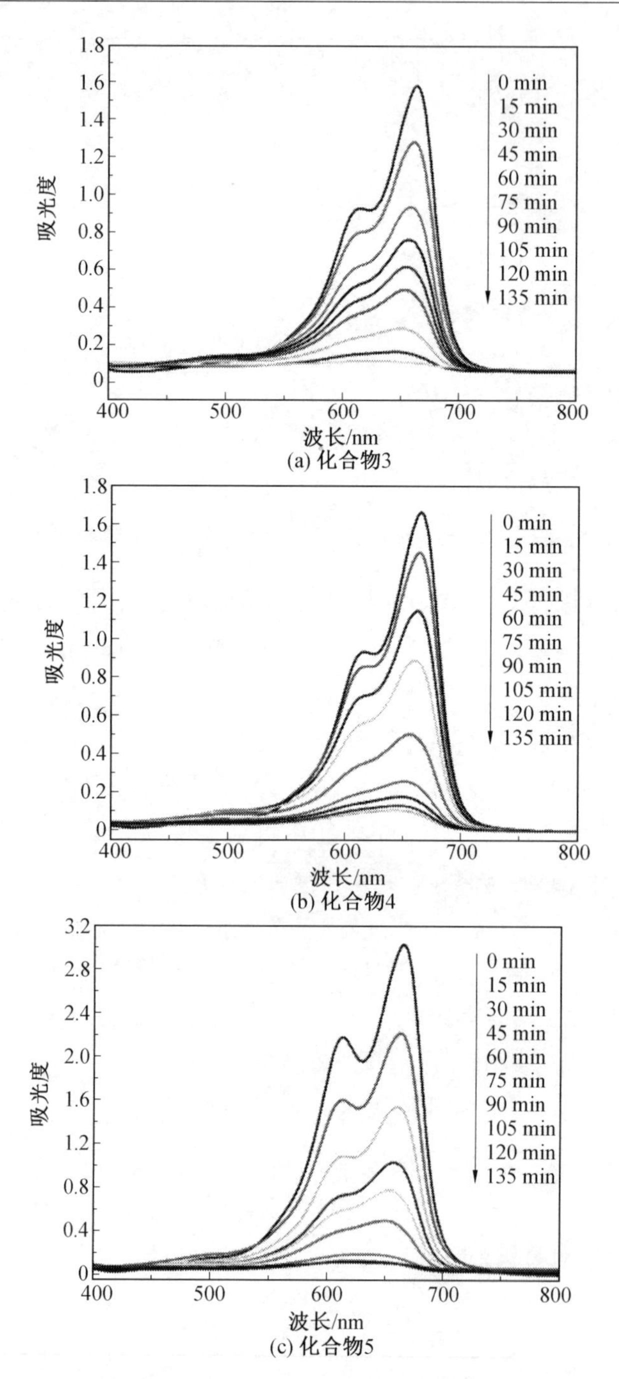

(a) 化合物3

(b) 化合物4

(c) 化合物5

图3-22 化合物3~5对亚甲基蓝在降解过程中的吸收光谱

3.5.3 电化学性质

1. 化合物 1～5 的电化学性质

化合物 1～5 既不溶于水也不溶于常见的有机溶剂（如乙醇、乙二醇、甲醇、丙酮等），将化合物分别制为碳糊修饰电极(1-CPE～5-CPE)。碳糊电极既能够具有展现多金属氧酸盐本体的电化学性质，又具有较高的稳定性。如图 3-23 所示，化合物 1～5 在-0.8～1.5 V 电势内，扫描速率为 20 mV/s 时，其表现均为三对可逆的氧化还原峰 Ⅰ－Ⅰ′、Ⅱ－Ⅱ′ 和 Ⅲ－Ⅲ′、1-CPE 的半波电位$E_{1/2}=(E_{pa}+E_{pc})/2$分别为 670 mV（Ⅰ－Ⅰ′）、229 mV（Ⅱ－Ⅱ′）、-373 mV（Ⅲ－Ⅲ′）；2-CPE 的半波电位 $E_{1/2}=(E_{pa}+E_{pc})/2$ 分别为 764 mV（Ⅰ－Ⅰ′）、361 mV（Ⅱ－Ⅱ′）、-149 mV（Ⅲ－Ⅲ′）；3-CPE 的半波电位 $E_{1/2}=(E_{pa}+E_{pc})/2$ 分别为 773 mV（Ⅰ－Ⅰ′）、366 mV（Ⅱ－Ⅱ′）、-80 mV（Ⅲ－Ⅲ′）；4-CPE 的半波电位 $E_{1/2}=(E_{pa}+E_{pc})/2$ 分别为 779 mV（Ⅰ－Ⅰ′）、338 mV（Ⅱ－Ⅱ′）、-91 mV（Ⅲ－Ⅲ′）；5-CPE 的半波电位 $E_{1/2}=(E_{pa}+E_{pc})/2$ 分别为 660 mV（Ⅰ－Ⅰ′）、238 mV（Ⅱ－Ⅱ′）、-367 mV（Ⅲ－Ⅲ′）。在化合物 1～5 中，这三对氧化还原峰均归属为$\{MAs_6Mo_6\}$多酸阴离子中 Mo(Ⅵ/Ⅴ)的可逆氧化还原电子转移过程。

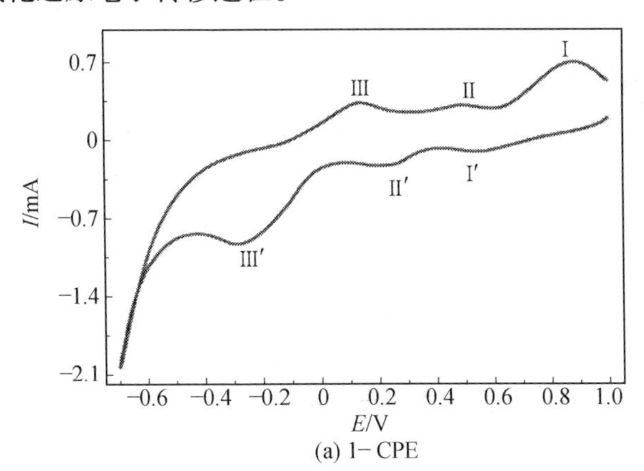

(a) 1- CPE

图 3-23 1-CPE～5-CPE 在 1.0 mol/L H_2SO_4溶液中以 20 mV/s 扫描速率的循环伏安曲线

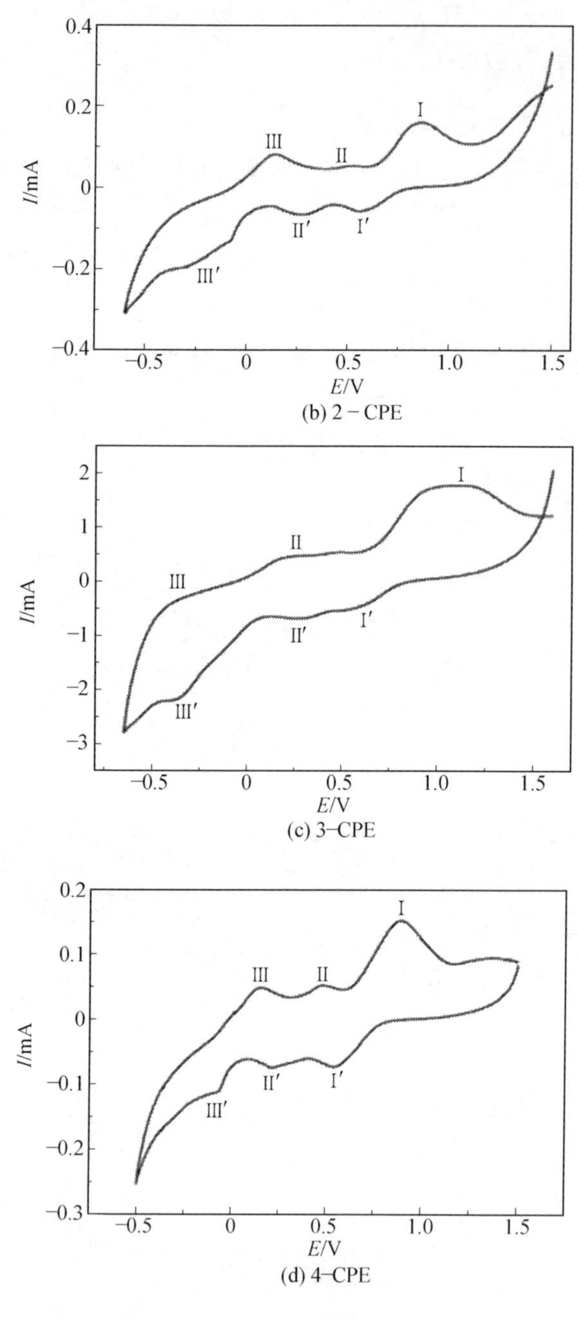

(b) 2 − CPE

(c) 3−CPE

(d) 4−CPE

续图 3−23

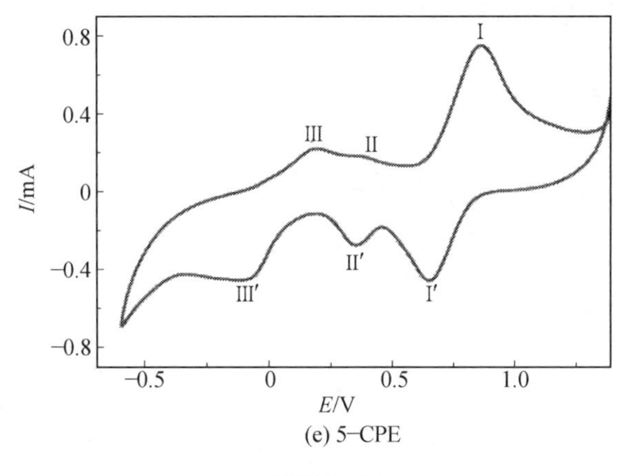

(e) 5-CPE

续图 3-23

当扫描速率逐渐加大时(20 mV/s、40 mV/s、60 mV/s、80 mV/s、100 mV/s、120 mV/s、140 mV/s、170 mV/s、200 mV/s、230 mV/s、260 mV/s、290 mV/s),阳极峰逐渐向正极方向移动,阴极峰逐渐向负极方向移动,阳极峰和阴极峰之间的距离逐渐加大,但是平均峰电流值并没有发生变化。当扫描速度低于 140 mV/s 时,峰的范围与扫描速度相对应,这说明了 1-CPE ~ 5-CPE 的还原过程是受表面效应控制;然而,当扫描速度比 140 mV/s 高时,峰值与扫描速度的平方根相符,展示 1-CPE ~ 5-CPE 的还原过程是渗透效应的影响。

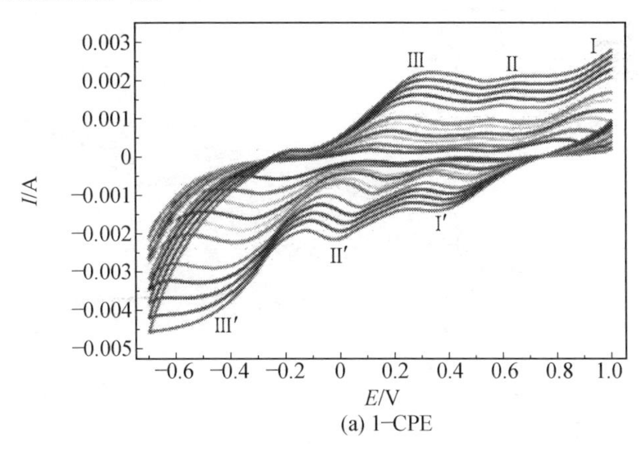

(a) 1-CPE

图 3-24 1-CPE ~ 5-CPE 在 1.0 mol/L H_2SO_4溶液随扫描速率变化的循环伏安曲线
(从内到外依次为 20 mV/s,40 mV/s,60 mV/s,80 mV/s,100 mV/s,120 mV/s,140 mV/s,170 mV/s,200 mV/s,230 mV/s,260 mV/s,290 mV/s)

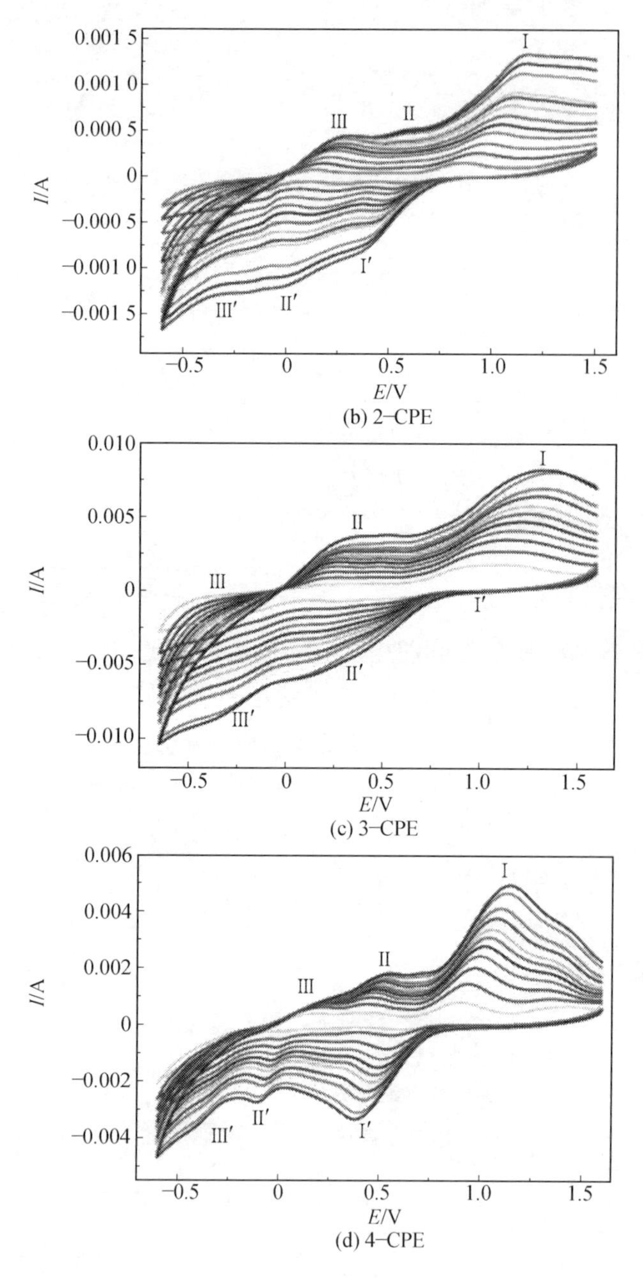
0.001 5
0.001 0
0.000 5
0
−0.000 5
−0.001 0
−0.001 5
I/A
I
II
III
I′
II′
III′
−0.5
0
0.5
1.0
1.5
E/V
(b) 2−CPE
0.010
0.005
0
−0.005
−0.010
I/A
I
II
III
I′
II′
III′
−0.5
0
0.5
1.0
1.5
E/V
(c) 3−CPE
0.006
0.004
0.002
0
−0.002
−0.004
I/A
I
II
III
I′
II′
III′
−0.5
0
0.5
1.0
1.5
E/V
(d) 4−CPE

续图 3-24

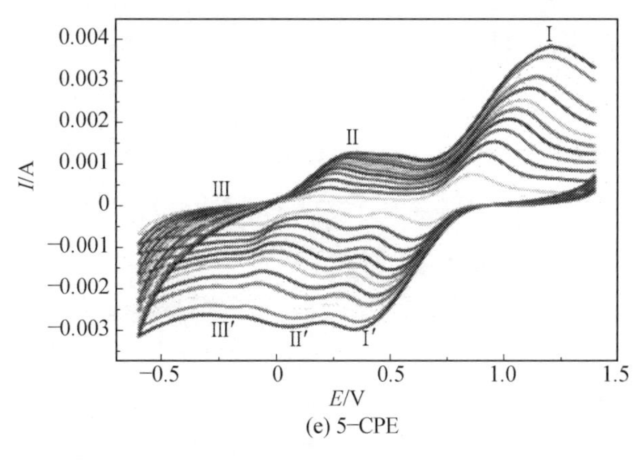

(e) 5-CPE

续图 3-24

2. 化合物 6 的电化学性质

如图 3-25 所示为 6-CPE 在 1 mol/L 的 H_2SO_4溶液中不同扫描速率的循环伏安曲线。从图 3-25 可以看出，化合物 6 出现三对氧化还原峰 I - I′、II - II′、III - III′。通过电化学测试得到：在扫描速率均为 20 mV/s 时，6-CPE 的三组半波电位 $E_{1/2}=(E_{pa}+E_{pc})/2$ 分别为 488 mV、159 mV、-206 mV。在化合物 6 中出现的这三组氧化还原峰，它们均归属为多酸阴离子当中 Mo(VI/V) 的电子转移过程。值得注意的是，在 100 ~ 200 mV 并未出现所期待的 Cu (II/I) 氧化还原峰，原因可能是其被 Mo 的氧化还原峰所掩盖。

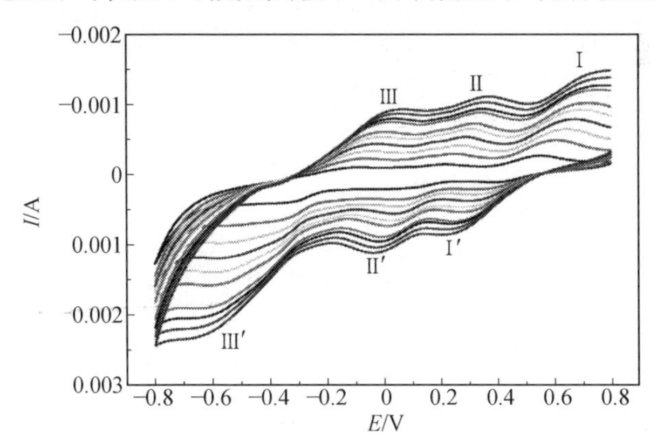

图 3-25 6-CPE 在 1 mol/L H_2SO_4溶液中不同扫描速率的循环伏安曲线

(从内到外依次为 20 mV/s, 40 mV/s, 60 mV/s, 80 mV/s, 100 mV/s, 120 mV/s, 140 mV/s, 170 mV/s, 200 mV/s, 230 mV/s, 260 mV/s, 290 mV/s)

3.5.4 电催化性质

1. 化合物1～5的电催化性质

多金属氧酸盐能进行可逆的多电子氧化还原过程，因此具有良好的电化学和电催化性质。在1.0 mol/L H_2SO_4溶液中，扫描速度为50 mV/s，如图3-26所示，随着$NaNO_2$溶液浓度的逐渐增加，还原峰电流逐渐增加，其对应的氧化峰电流逐渐减小，结果表明化合物1～5对NO_2^-具有良好的电催化还原活性。

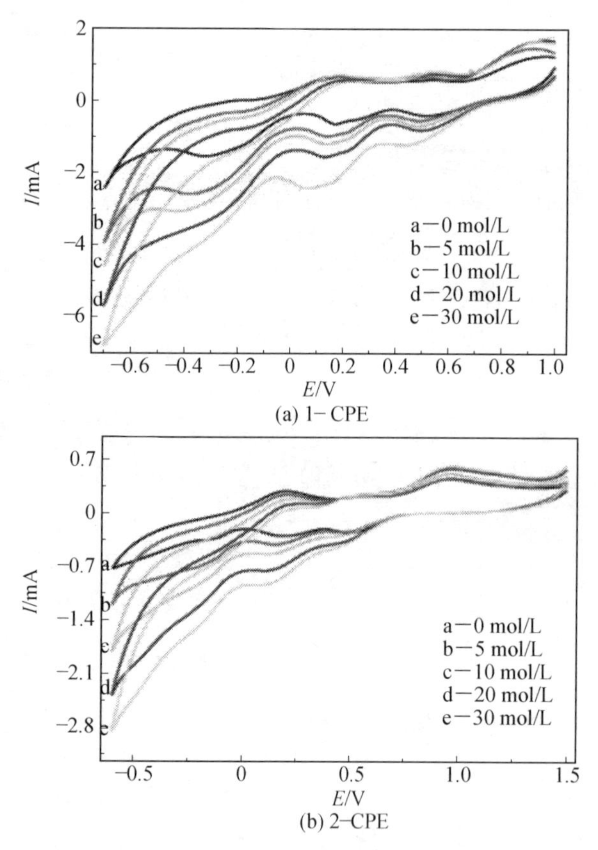

图3-26 1-CPE～5-CPE 50 mV/s扫描速率在1.0 mol/L H_2SO_4溶液中电催化还原$NaNO_2$的循环伏安曲线

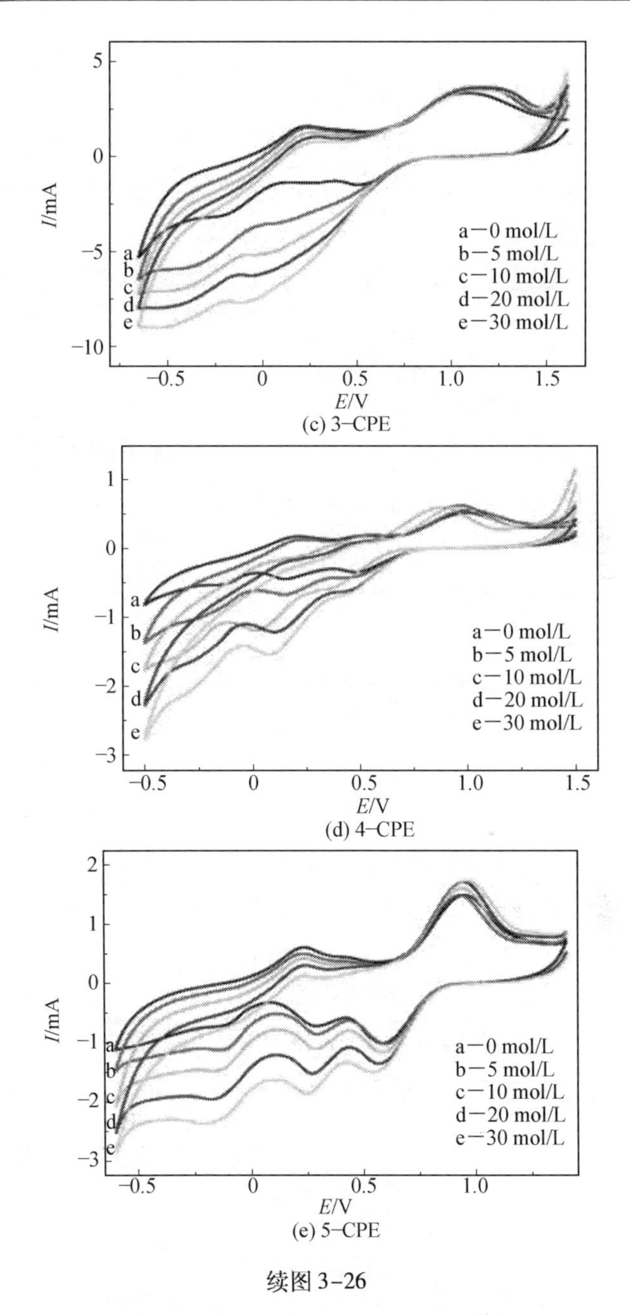

(c) 3-CPE

(d) 4-CPE

(e) 5-CPE

续图 3-26

2. 化合物 6 的电催化性质

如图 3-27 所示为化合物 6 修饰的碳糊电极 6-CPE 在 1 mol/L H_2SO_4水溶液中电催化还原 NO_2^-的循环伏安曲线。当扫描速率为 50 mV/s 时，随着

NO_2^-浓度的不断上升，6-CPE所有的还原峰的峰电流值逐渐增加，而对应的氧化峰的峰电流值不断降低，相比较而言，NO_2^-在裸电极上的还原需要较大的电势，在0.8～1 V范围内对于NO_2^-的还原在裸电极上没有得到响应。因此，试验测试结果表明，化合物6的晶体对于NO_2^-具有明显的电催化还原的活性。

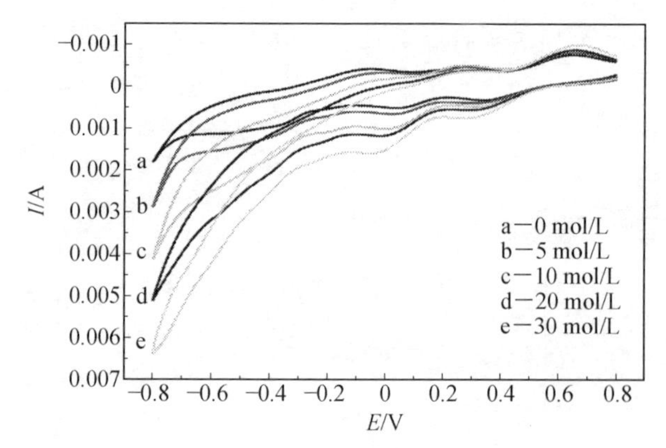

图3-27 6-CPE在1 mol/L H_2SO_4溶液中电催化不同浓度NO_2^-的循环伏安曲线（扫描速率为50 mV/s）

通过水热一步合成法，选取$NaAsO_2$作为As源，$(NH_4)_6Mo_7O_{24}\cdot 4H_2O$作为Mo源，不同的过渡金属（Cu、Co、Zn）和刚性有机配体合成了五种结构新颖且均具有{MAs_6Mo_6}多酸阴离子的砷钼化合物。对这五种化合物在结构上的不同连接方式和其光催化降解与电催化性质研究，得出如下结论：

（1）化合物3～5在UV光照射条件下，对有机染料MB具有明显的光催化降解活性，在135 min时其降解率均能达到92%以上。

（2）化合物1～5对$NaNO_2$的水溶液具有较好的电催化还原活性。

（3）对5例化合物在室温条件下进行了荧光性质测试，试验结果表明化合物1～5均是潜在的发光材料。

（4）对化合物1～5进行了电化学性质和电催化性质研究，试验结果表明均具有良好的循环伏安稳定性。

（5）化合物6具有成为荧光材料的潜质。

第4章 $\{As_2Mo_{18}\}$型功能配合物

4.1 概 述

$\{As_2Mo_{18}\}$型多阴离子为 Wells-Dawson 构型，是多金属氧酸盐一类经典结构。Wells-Dawson 型多阴离子具有较多优势，它具有丰富的潜在配位点，18 个端氧原子和 36 个二桥氧原子，可以与过渡金属配合物连接进而构筑不同维数结构。此外，在该多酸阴离子上含有赤道位和极位，能诱导非对称配位，且这类化合物具有较好的电化学性能和光催化性质。但是，目前所报道的含有$\{As_2Mo_{18}\}$型多阴离子的砷钼多金属氧酸盐十分有限，而且大多数都为零维结构，其合成经验上并没有文献进行系统性报道。Wells-Dawson 型多阴离子由于较大的空间位阻可能影响了其在空间维数的拓展。

本章共分为以$\{As_2Mo_{18}\}$为建筑单元的功能配合物的合成实例与结构、$\{As_2Mo_{18}\}$为建筑单元的功能配合物的合成实例与结构和$\{As_2Mo_{18}\}$基功能配合物的性质与应用三部分。通过使用 $Na_2MoO_4 \cdot 2H_2O$ 替代 $(NH_4)_6Mo_7O_{24} \cdot 4H_2O$，以 $NaAsO_2$ 为 As 源，改变了合成策略以及合成方案。选取最简单的五元环刚性含氮有机配体吡唑和不同长度的柔性有机含氮配体 bpp、dpt 和 btp 拓展其空间维数。此外，选择过渡金属 Cu 和 Ag 作为合成原子，调节溶液体系的 pH，在相同的反应温度下，合成了五例结构新颖，具有$\{As_2Mo_{18}\}$型多阴离子的砷钼化合物并系统性讨论了$\{As_2Mo_{18}\}$型化合物在有机配体选取、反应温度和体系 pH 调控中的影响。值得一提的是，化合物 3 和化合物 4 是由 d^{10} 过渡金属构建的三维结构，化合物 5 是第一例由柔性配体修饰的三维多酸基金属有机框架砷钼化合物，本章对这些化合物进行了荧光性质、电化学性质和光催化性质研究。此外，将化合物 5 首次作为锂离子电池负极材料，并对其充放电性能进行了研究。

4.2 $\{As_2Mo_{18}\}$型功能配合物的合成

相比于另一种 Wells-Dawson 型多阴离子 P_2Mo_{18}，As_2Mo_{18}作为无机建筑单元构筑功能配合物的实例很少。在该类$\{As_2Mo_{18}\}$功能配合物中，多酸阴离子作为无机建筑单元提供大量氧原子与金属-有机片段配位，构筑了新奇结构。本节介绍近几年所报道的，以$\{As_2Mo_{18}\}$为建筑单元的配合物合成实例与结构特点。

五种化合物为：

$$(bpp)_2[As_2^{III}As_2^{V}Mo_{18}O_{62}]\cdot 2H_2O \tag{1}$$

$$(4,4'\text{-bpy})_4[As_2^{III}As_2^{V}Mo_{18}O_{62}] \tag{2}$$

$$[Cu(pyr)_2]_6[As_2Mo_{18}O_{62}] \tag{3}$$

$$[Ag(pyr)_2]_6[As_2Mo_{18}O_{62}] \tag{4}$$

$$[\{Cu(btp)_2\}_3\{As_2Mo_{18}O_{62}\}] \tag{5}$$

4.2.1 化合物1的合成

将 $Na_2MoO_4\cdot 2H_2O$ (0.687 5 g，2.84 mmol)、$NaAsO_2$(0.353 6 g，2.72 mmol)、bpp (0.304 g，1.533 mmol)和 18 mL 蒸馏水在室温条件下搅拌 30 min，用 1.0 mol/L HCl 将溶液的 pH 调节至 1.5 左右，然后将溶液转移至 25 mL 反应釜中在 160 ℃晶化 6 天。待缓慢冷却至室温后，有黑色块状晶体生成，室温过滤干燥后，产率为 50%(以 Mo 计)。化合物 1 的元素分析结果表明，该化合物的分子式为 $C_{26}H_{30}As_4Mo_{18}N_4O_{63}$($M_r$ = 3 432.12)。理论值(%)：C，9.11；H，0.78；N，1.63。试验值(%)：C，9.13；H，0.81；N，1.59。

4.2.2 化合物2的合成

将 $Na_2MoO_4\cdot 2H_2O$ (0.887 5 g，3.68 mmol)、$NaAsO_2$(0.443 3 g，3.41 mmol)、dpt (0.185 5 g，0.91 mmol)和 18 mL 蒸馏水在室温条件下搅拌 30 min，用 1.0 mol/L HCl 将溶液的 pH 调节至 1.5 左右，然后将溶液转移至 25 mL 反应釜中在 160 ℃晶化 6 天。待缓慢冷却至室温后，有深绿色块状晶体生成，室温过滤干燥后，产率为 48%(以 Mo 计)。化合物 2 的元素分析结果表明，该化合物的分子式为 $C_{11}H_{16}As_2Mo_9N_4O_{31}$($M_r$ = 1713.58)。理论值(%)：C，7.70；H，0.94；N，3.27。试验值(%)：C，7.63；H，0.95；N，3.26。

4.2.3 化合物3的合成

将 $Na_2MoO_4 \cdot 2H_2O$ (0.720 0 g, 2.97 mmol)、$NaAsO_2$ (0.415 2 g, 3.196 mmol)、pyr (0.242 0 g, 3.56 mmol)、$Cu(NO_3)_2 \cdot 3H_2O$ (0.365 5 g, 1.51 mmol)和 20 mL 蒸馏水在室温条件下搅拌 30 min,用 1.0 mol/L HCl 将溶液的 pH 调节至 2.0～3.0,然后将溶液转移至 25 mL 反应釜中在 160 ℃晶化 6 天。待冷却至室温,经去离子水冲洗后,有深蓝色块状晶体生成,过滤干燥后,产率为 38% (以 Mo 计)。化合物 3 的元素分析结果表明,该化合物的分子式为 $C_{18}H_{24}AsCu_3Mo_9N_{12}O_{31}$ (M_r=2 023.52)。理论值(%):C,10.63; H,1.19; N,8.27。试验值(%):C,10.52; H,1.15;N,8.29。

4.2.4 化合物4的合成

化合物 4 的合成方法与化合物 3 的合成方法类似,仅用 $AgNO_3$ (0.481 5 g,2.83 mmol)替换了 $Cu(NO_3)_2 \cdot 3H_2O$,其余合成条件均一致。待冷却至室温,经去离子水冲洗后,有深蓝色块状晶体生成,过滤干燥后,产率为 32% (以 Mo 计)。化合物 4 的元素分析结果表明,该化合物的分子式为 $C_{18}H_{24}AsAg_3Mo_9N_{12}O_{31}$ (M_r=2 166.48)。理论值(%):C,9.98;H,1.12; N,7.76。试验值(%):C,10.02; H,1.08;N,7.68。

4.2.5 化合物5的合成

将 $Na_2MoO_4 \cdot 2H_2O$ (0.822 4 g,3.40 mmol)、$NaAsO_2$ (0.405 6 g, 3.12 mmol)、btp (0.242 0 g, 3.56 mmol)、$Cu(CH_3COO)_2 \cdot H_2O$ (0.482 1 g, 2.41 mmol)和 18 mL 蒸馏水在室温条件下搅拌 30 min,用 1.0 mol/L HCl 将溶液的 pH 调节至 3.8 左右,然后将溶液转移至 25 mL 反应釜中在 160 ℃晶化 6 天。待冷却至室温,经去离子水冲洗后,有绿色块状晶体生成,过滤干燥后,产率为 39% (以 Mo 计)。化合物 5 的元素分析结果表明,该化合物的分子式为 $C_{42}H_{60}As_2Cu_3Mo_{18}N_{36}O_{62}$ (M_r=4 128.63)。理论值(%):C,12.21;H, 1.46; N,12.20。试验值(%):C,12.17; H,1.49;N,12.16。

4.3 {As_2Mo_{18}}型功能配合物的晶体结构

在化合物1~5中挑选高透、形状规则的单晶,分别将单晶粘于玻璃丝上,室温条件下用Bruker SMART CCD APEX(Ⅱ)衍射仪收集衍射数据,采用Mo-Kα (λ=0.710 73 Å)。晶体结构利用SHELXL-97程序以直接法解出,通过全矩阵最小二乘法进行精修。化合物1~5均采用理论加氢的方法得到氢原子的位置,化合物1~5的晶体数据见表4-1。

表4-1 化合物1~5的晶体数据

化合物	1	2	3	4	5
分子式	$C_{26}H_{27}As_4Mo_{18}N_4O_{63}$	$C_{40}H_{33}As_4Mo_{18}N_8O_{62}$	$C_{18}H_{24}AsCu_3Mo_9N_{12}O_{31}$	$C_{18}H_{24}AsAg_3Mo_9N_{12}O_{31}$	$C_{14}H_{20}As_{0.67}CuMo_6N_{12}O_{20.67}$
分子质量	3 430.12	3 637.8	2 033.49	2 166.48	1 376.21
晶系	单斜晶系	三斜晶系	正交晶系	正交晶系	正交晶系
空间群	P2(1)/c	P-1	R-3	R-3	R-3
a /Å	22.928(4)	14.427 4(6)	22.196 7(8)	22.345 0(9)	25.311 4(6)
b /Å	25.749(4)	14.469 7(6)	22.773 4(8)	22.345 0(9)	25.311 4(6)
c /Å	12.496(2)	20.753 5(9)	34.780(3)	34.548 8(15)	14.368 5(7)
α /(°)	90	101.010)	90	90	90
β /(°)	90	94.2 (10)	90	90	90
γ /(°)	90	95.5(10)	120	120	120
体积/Å^3	7 377(2)	4 213.9(3)	14 840.1(19)	14 939.1(16)	7 972.1(5)
Z	4	1	12	12	9
μ/mm^{-1}	4.843	4.249	4.223	4.094	3.357
Rint	0.057	0.061 2	0.041 4	0.045 1	0.026 1
GOF on F^2	1.015	1.015	1.137	1.089	1.051
final R indices $I>2\sigma(I)$	R_1 = 0.058 2 wR_2 = 0.157 2	R_1 = 0.046 4 wR_2 = 0.156 7	R_1 = 0.038 1^a wR_2 = 0.096 1	R_1 = 0.032 4^a wR_2 = 0.075 5	$^aR_1$ = 0.032 4 wR_2 = 0.088 1

注:$R_1 = \sum || F_o | - | F_c || / \sum | F_o |$, $wR_2 = \{Rw[(F_o)^2 - (F_c)^2]^2 / Rw[(F_o)_2]_2\}^{1/2}$

4.3.1 化合物 1 的晶体结构

化合物 1 的不对称单元结构如图 4-1 所示，该化合物是由两个$[As^{III}As^{V}Mo_9O_{31}]^{3-}$多阴离子和一个水分子(O1W)和两个有机配体 bpp 组成的，从图 4.1 可以看到，As3 和 As4 以“帽”的形式扣在$[As_2MO_{18}O_{62}]^{6-}$多阴离子上。经 BVS 分析，多酸阴离子上的所有 Mo 原子均为+Ⅵ氧化态，处于中心的 As1 和 As2 均为+Ⅴ氧化态，在帽上的 As3 和 As4 原子上为+Ⅲ氧化态，这一结果与 XPS 光电子能谱结果一致。两个有机配体 bpp 游离在多酸阴离子外部，在有机配体与多酸阴离子上的端氧原子之间存在大量氢键(表 4-2)。通过氢键 C(4)—H(4)…O(38)= 3.203(8) Å，有机配体 bpp 与多酸阴离子$[As_2MO_{18}O_{62}]^{6-}$上的端氧原子相连，形成了如图 4-2 所示叶子状的一维无限链状结构。每条相近一维链之间通过氢键 C(9)—H(9)…O(44)= 3.231(15) Å 作用连接形成二维层状结构，在层与层之间，通过氢键和超分子作用连接成如图 4-3 所示的三维超分子结构。

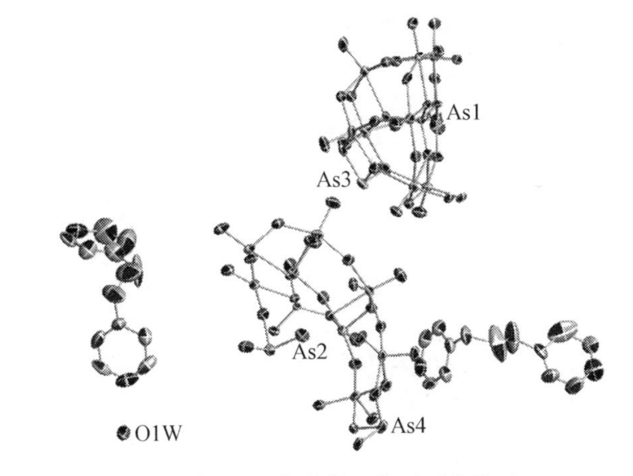

图 4-1 化合物 1 的不对称单元

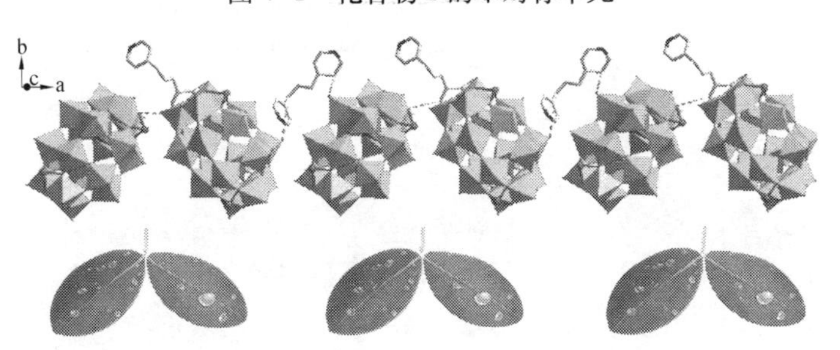

图 4-2 化合物 1 基于有机配体 bpp 和$[As_2MO_{18}O_{62}]^{6-}$多酸阴离子的一维链状结构

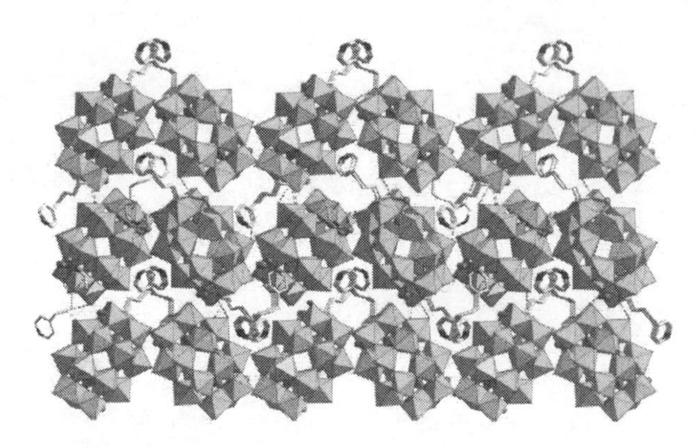

图4-3 化合物1的三维超分子结构

表4-2 化合物1的氢键

D—H…A	d(D…H)/Å	d(H…A)/Å	d(D…A)/Å	∠(DHA)/(°)
C(4)—H(4)…O(38)#1	0.93	2.41	3.203(8)	144
C(5)—H(5)…O(37)#2	0.93	2.60	3.237(9)	126
C(9)—H(9)…O(44)#3	0.93	2.35	3.231(15)	158
C(15)—H(15)…O(34)#1	0.93	2.40	3.246(9)	152
C(16)—H(16)…O(24)#1	0.93	2.45	3.280(10)	149

注:用于生成等效原子的对称变换，#1 表示 $1/2-x,-1/2+y,3/2-z$；#2 表示 $x,y,1+z$；#3 表示 $1-x,1-y,2-z$。

4.3.2 化合物2的晶体结构

化合物2的不对称单元如图4-4所示，由一个多酸阴离子$[As^{III}As^{V}Mo_9O_{31}]^{3-}$与四个有机配体4,4′-bipy组成,As3和As4原子以“帽”的形式扣在多酸阴离子上。经BVS分析,多酸阴离子上的所有Mo原子均为+Ⅵ氧化态,处于中心的As1均为+Ⅴ氧化态,处于“帽”位置的As3和As4原子为+Ⅲ氧化态,这一结果与X射线光电子能谱结果一致。

如图4-5所示,两个相邻的Dawson簇通过有机配体上的C原子和多酸阴离子上的表面氧原子(超分子弱作用C)连接,形成了一条无限的一维链状结构。在多酸阴离子与游离的有机配体之间存在大量氢键,氢键信息见表4-3。相邻近的一维链之间通过氢键C(6)…O(23)#1=3.135(11) Å作用,形成如图4-6所示的二维层状堆积结构。层与层之间通过氢键C(1)—H(1)…O(22)#1=3.255(11) Å, C(19)—H(19)…O(21) =3.334(9) Å

和超分子作用形成如图 4-7 所示的三维超分子结构。

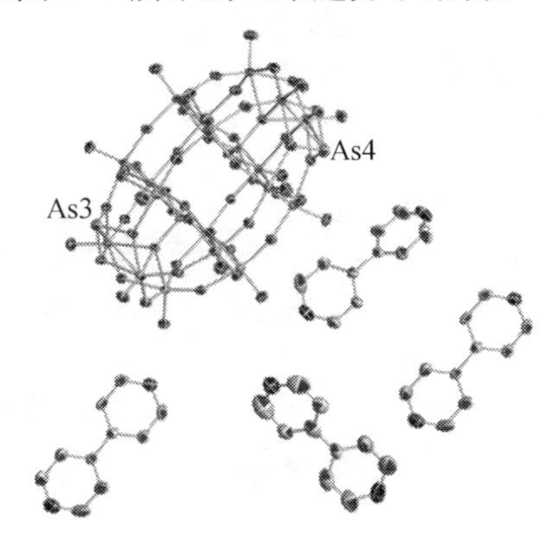

图 4-4 化合物 2 的不对称单元

图 4-5 化合物 2 的一维链状结构

表 4-3 化合物 2 的氢键信息

D—H···A	d(D···H)/Å	d(H···A)/Å	d(D···A)/Å	∠(DHA)/(°)
C(1)—H(1) ···O(13)#1	0.93	2.52	3.347(14)	148
C(1)—H(1) ···O(22)#1	0.93	2.46	3.255(11)	144
C(17)—H(17)···O(3)#3	0.93	2.54	3.178(13)	126
C(17)—H(17)···O(3A)#3	0.93	2.49	3.229(13)	137
C(19)—H(19)···O(21)#2	0.93	2.48	3.334(9)	152
C(24)—H(24B)···O(21)#4	0.97	2.50	3.387(18)	153

注:用于生成等效原子的对称变换，#1 表示 $1-x,-y,1-z$；#2 表示 $1/2+x,3/2-y,-1/2+z$；#3 表示 $2-x,2-y,1-z$；#4 表示 $1/2-x,-1/2+y,3/2-z$。

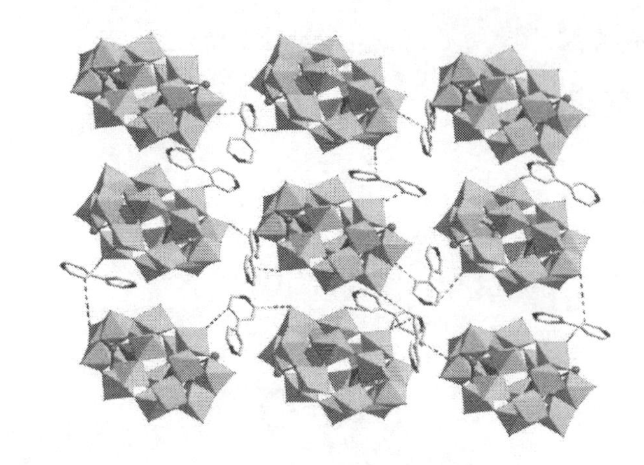

图4-6 化合物2的二维层状堆积结构

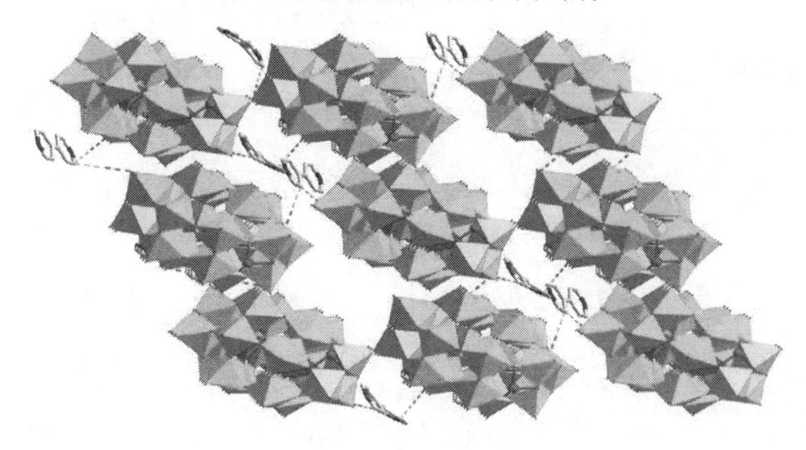

图4-7 化合物2的三维超分子堆积结构

4.3.3 化合物3和化合物4的晶体结构

化合物3与化合物4的晶体结构是同构的,差异仅为过渡金属(Cu/Ag)不同,在此以化合物3的晶体结构进行描述。如图4-8所示,其不对称结构单元是由六分之一的$[As_2Mo_{18}O_{62}]^{6-}$多阴离子、两个晶体学独立的Cu原子(Cu1和Cu2)和两个吡唑分子构成。

Cu1原子采取四配位的菱形几何配位方式与有机配体吡唑分子上的两个氮原子,来自$\{MoO_6\}$八面体上的两个端氧原子配位;Cu2原子的配位方式与Cu1原子类似,同样以4配位的连接方式与两个有机配体吡唑分子上的氮原子和来自$\{MoO_6\}$八面体上的两个桥氧原子配位。Cu—N键的键长为

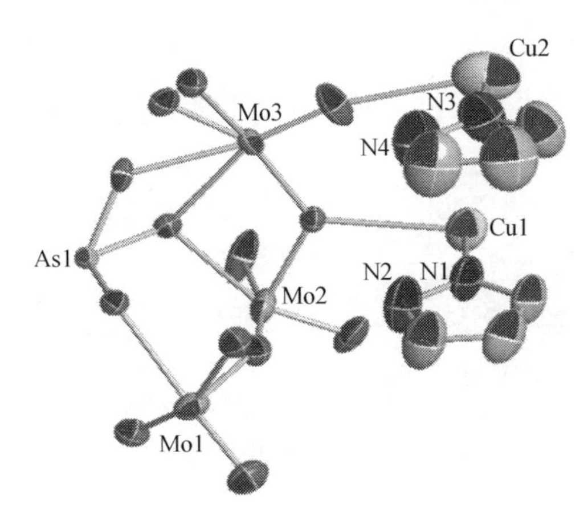

图 4-8 化合物 3 的不对称单元

1.870 ~ 1.876 Å，Cu—O 键的键长为 2.598 ~ 2.612 Å。化合物 4 中的 Ag—N 键的键长为 2.106 ~ 2.115 Å，Ag—O 的键长为 2.658 ~ 2.708 Å。通过 BVS 确认了化合物 3 中，所有的 Mo 原子为+Ⅵ氧化态，As 原子为+Ⅴ氧化态，Cu 原子为+Ⅰ氧化态，价键计算的结果与晶体结构分析和 XPS 光电子能谱测试结构一致。如图 4-9(a) 所示，每个金属配合物$\{Cu(pyr)_2\}$与赤道位上的$\{MoO_6\}$八面体上的 O_b 和 O_t 原子隔位相连接，构成了一个有趣的“风火轮”结构（图 4-9(b)）。金属配合物$\{Cu(pyr)_2\}$进而和多酸阴离子上的配位形成了三维框架，如图 4-10(a)所示。在多酸阴离子和有机配体之间存在若干氢键从而使得化合物更加稳定，氢键信息见表 4-4 和表 4-5。为了更好地理解化合物 3 的晶体结构，分别将每个$[As_2Mo_{18}O_{62}]^{6-}$多阴离子、Cu1 和 Cu2 原子看为 12-、4-、4-连接节点，这样就构成了如图 4-10(b)所示的拓扑结构

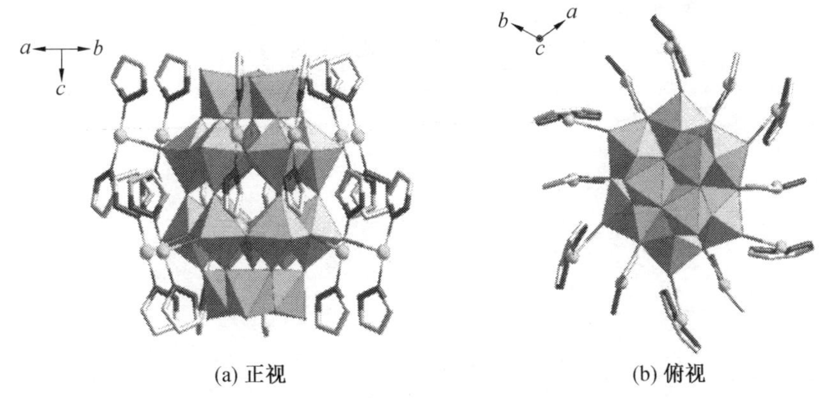

(a) 正视　　(b) 俯视

图 4-9 化合物 3 的多面体结构单体

框架,其拓扑符号为$\{8^{12}\cdot12^3\}\{8\}^3$。值得一提的是,在化合物3中$[As_2Mo_{18}O_{62}]^{6-}$多阴离子作为十二齿连接器与Cu原子相连,形成了一种结构新颖的蜂巢状框架,目前文献报道中还未见过具有此框架的Wells-Dawson型砷钼化合物。

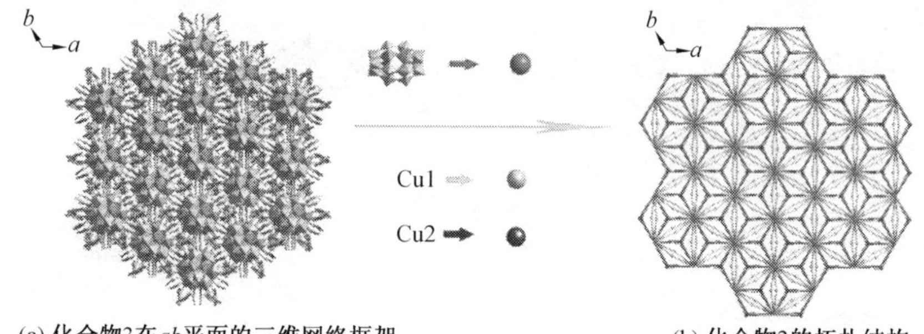

(a) 化合物3在ab平面的三维网络框架　　(b) 化合物3的拓扑结构

图4-10　金属配合物与多酸阴离子上的配值形成三维框架

表4-4　化合物3的氢键信息

D—H···A	d(D···H)/Å	d(H···A)/Å	d(D···A)/Å	∠(DHA)/(°)
N(2)—H(2) ···O(4)	0.86	2.24	2.982(11)	144
N(2)—H(2) ···O(3)$^{\#1}$	0.86	2.54	3.198(10)	134
N(4)—H(4) ···O(8)	0.86	2.42	3.019(12)	127
C(1)—H(1) ···O(9A)$^{\#2}$	0.93	2.44	3.023(14)	120
C(1)—H(1) ···O(11)$^{\#3}$	0.93	2.58	3.318(16)	136
C(5)—H(5) ···O(6)$^{\#4}$	0.93	2.44	3.279(18)	150

注:用于生成等效原子的对称变换, #1 表示 $-x+y,1-x,z$; #2 表示 $4/3-x,2/3-x+y,7/6-z$; #3 表示 $2/3-x+y,1/3+y,-1/6+z$; #4 表示 $1+x-y,x,1-z$。

表4-5　化合物4的氢键信息

D—H···A	d(D···H)/Å	d(H···A)/Å	d(D···A)/Å	∠(DHA)/(°)
N(4)—H(4)···O(4)	0.86	2.59	3.381(10)	153
N(4)—H(4)···O(5)	0.86	2.48	3.105(8)	130
C(4)—H(4A)···O(2)	0.93	2.56	3.245(14)	130
C(5)—H(5)···O(10)$^{\#1}$	0.93	2.50	3.245(13)	137

注:用于生成等效原子的对称变换, #1 表示 $2-x,1-y,1-z$。

4.3.4 化合物5的晶体结构

化合物5的不对称单元结构如图4-11所示,该化合物由六分之一的

$[As_2Mo_{18}O_{62}]^{6-}$多酸阴离子、二分之一的 Cu 原子和一个有机配体 btp 组成。

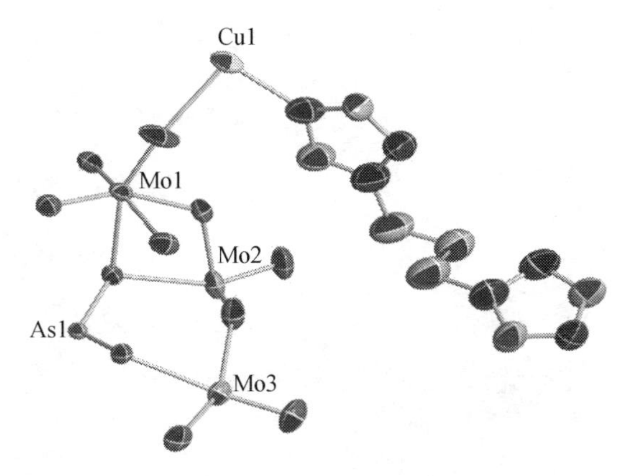

图 4-11 化合物 5 的热椭球图

通过 BVS 确认了化合物 5 中所有的 Mo 原子为+Ⅵ氧化态，As 原子为+Ⅴ氧化态，Cu 原子为+Ⅱ氧化态，价键计算的结果与晶体结构分析和 XPS 光电子能谱测试结构一致。Cu1 原子的配位方式为一个变形的八面体，其分别与两个不同有机配体上的四个氮原子和来自多阴离子$[As_2Mo_{18}O_{62}]^{6-}$上$\{MoO_6\}$八面体的两个端氧原子配位。Cu—N 键的键长为 2.057(5) Å，Cu—O 键的键长为 2.315(3) Å。如图 4-12(a)所示，有机配体 btp 在最长的 N1 和 N6 原子间(其距离为 8.188 Å)，展现了一个反式和间扭式构象，在两个三唑环之间的二面角为 70.007°（图 4-12(b)）。

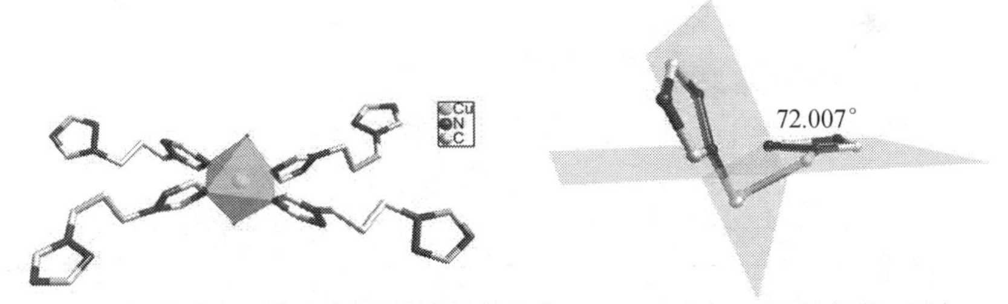

(a) Cu原子与有机配体和端氧原子的连接方式　(b) 两个三唑环之间的二面角

图 4-12 Cu 原子与有机配体和端氧原子的连接方式及两个三唑环之间的二面角

如图 4-13 所示，化合物 5 的一个有趣特征为 Cu 原子和四个有机配体 btp 分子形成了一个具有较大孔道的金属有机框架，其孔道尺寸为 15.378 Å×17.473 Å。$[As_2Mo_{18}O_{62}]^{6-}$多酸阴离子作为六齿连接器通过端氧原子 O_t嵌入{Cu-btp}金属有机框架中形成了结构新颖的三维多酸金属有机框架。化合物 5 也表明了$[As_2Mo_{18}O_{62}]^{6-}$多酸阴离子同样能够作为二级建造单元去构建新型框架。

对化合物 5 的结构进行简化,将$[As_2Mo_{18}O_{62}]^{6-}$多酸阴离子和 Cu1 原子分别作为(6,6)节点,从而得到了如图 4-14 所示的三维拓扑框架,其拓扑符号为$\{4^6 \cdot 5^5 \cdot 6^2 \cdot 7^2\}^3\{4^6 \cdot 5^6 \cdot 7^3\}$。此外,值得一提的是化合物 5 为目前第一例由柔性配体修饰的基于 Wells-Dawson 构型的砷钼化合物。

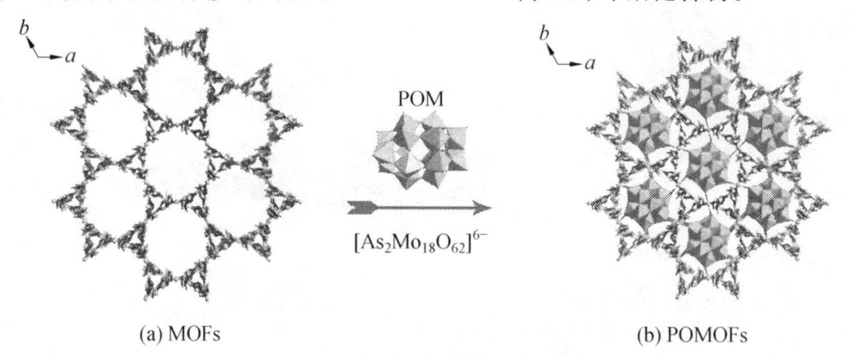

图 4-13　Cu-Btp 形成的金属有机骨架及由 Wells-Dawson 多酸阴离子和 Cu-btp 金属配合物构成的三维多酸基金属有机骨架结构

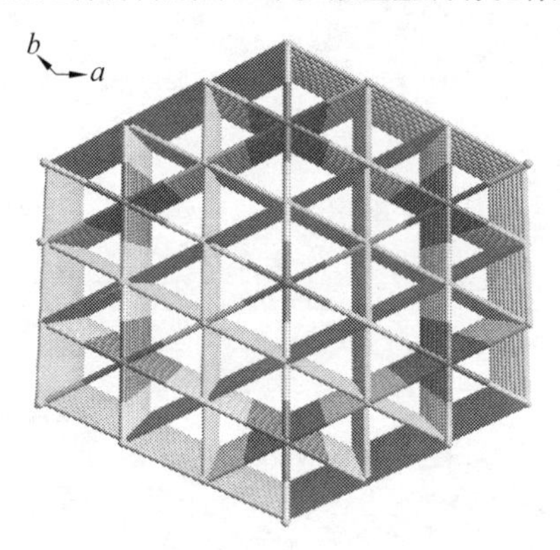

图 4-14　化合物 5 的三维拓扑框架

4.4　$\{As_2Mo_{18}\}$型功能配合物的结构表征

4.4.1　红外分析

如图 4-15 所示,化合物 1(吸收峰为 953 cm^{-1},885 cm^{-1},789 cm^{-1},689 cm^{-1})、化合物 2(吸收峰为 944 cm^{-1},839 cm^{-1},767 cm^{-1},705 cm^{-1})、化

合物3(吸收峰为946 cm^{-1},869 cm^{-1},766 cm^{-1},675 cm^{-1}),化合物4(吸收峰为946 cm^{-1},869 cm^{-1},766 cm^{-1},675 cm^{-1}),化合物5(吸收峰为962 cm^{-1},851 cm^{-1},792 cm^{-1},699 cm^{-1})的四个吸收峰均属于 $v(As—O_a)$、$v(Mo—O_t)$、$v(Mo—O_b)$、$v(Mo—O_c)$的特征振动峰;1 652 ~ 1 047 cm^{-1}范围内的吸收谱带属于含氮有机配体上 v(N—N)、v(C—N)的特征振动峰;在3 450 ~ 3 433 cm^{-1}范围内属于水分子的 v(O—H)的振动峰。

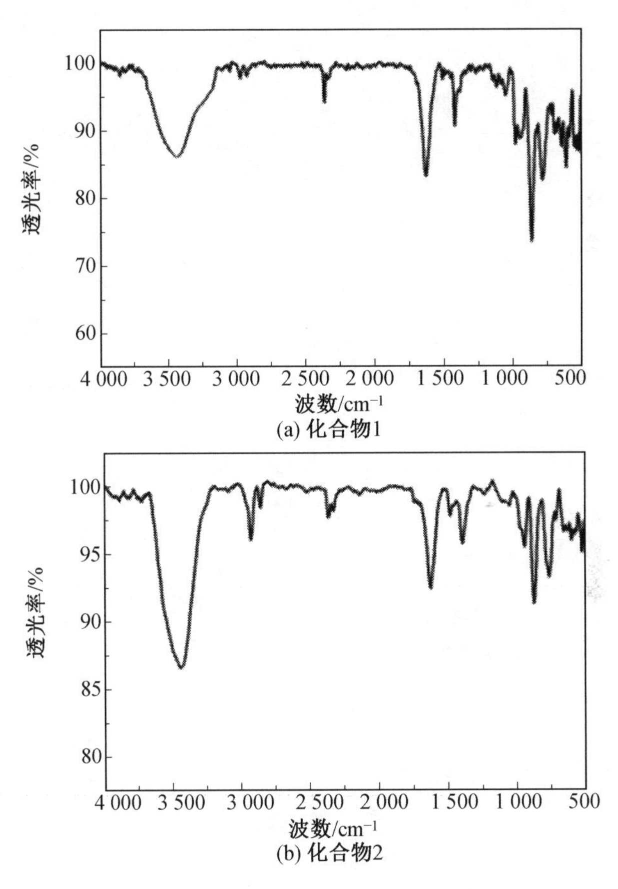

(a) 化合物1

(b) 化合物2

图4-15　化合物1 ~5的红外光谱

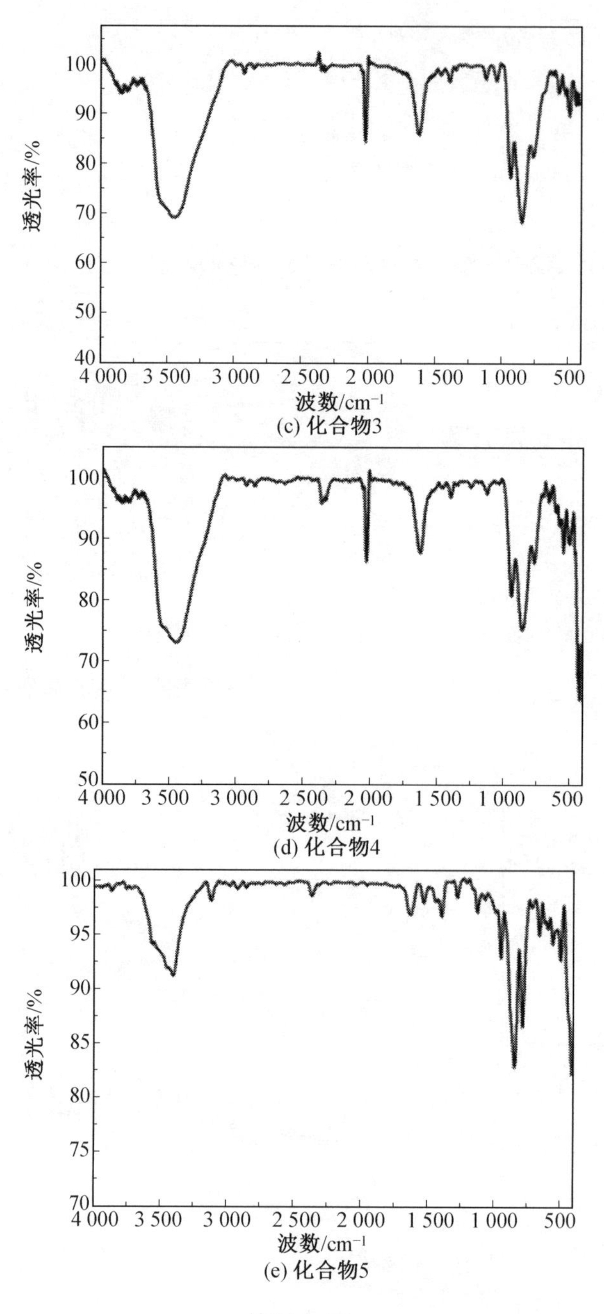

(c) 化合物3

(d) 化合物4

(e) 化合物5

续图 4-15

4.4.2 热稳定性分析

对化合物1～5进行了热稳定性分析,测试结果如图4-16所示。化合物1分为两步失重,第一步失重在125～365 ℃温度范围内,失重为0.43%,理论值为0.54%,属于游离的晶格水分子;第二步失重在365～515 ℃温度范围内,失重为13.1%,理论值为13.3%,属于有机配体bpp和多酸骨架的分解。化合物2为一步失重,在280～565 ℃温度范围内,失重为12.03%,理论值为11.90%,属于有机配体4,4′Bpy和多酸骨架的分解。化合物3分为两步失重,第一步在125～365 ℃范围内,失重为20.15%,理论值为20.08%,属于有机配体吡唑的失去;第二步在445～615 ℃温度范围内,失重为6.58%,理论值为6.88%,属于多酸骨架的分解。化合物4同样为两步失重,第一步在130～360℃温度范围内,其失重为18.65%,理论值为18.90%,其属于有机配体吡唑的失去;第二步失重在温度470～625 ℃,其失重为6.55%,理论值为6.48%,其属于多酸骨架的坍塌。化合物5为一步失重,在300～540 ℃,失重为32.02%,理论值为31.47%,属于有机配体btp、As_2O_3和O_2分子的失去。上述热重曲线分析和化合物1～5的分子式保持一致。

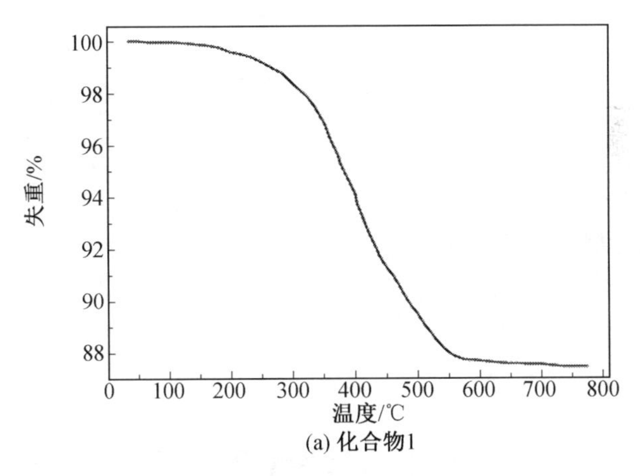

(a) 化合物1

图4-16　化合物1～5的热重曲线

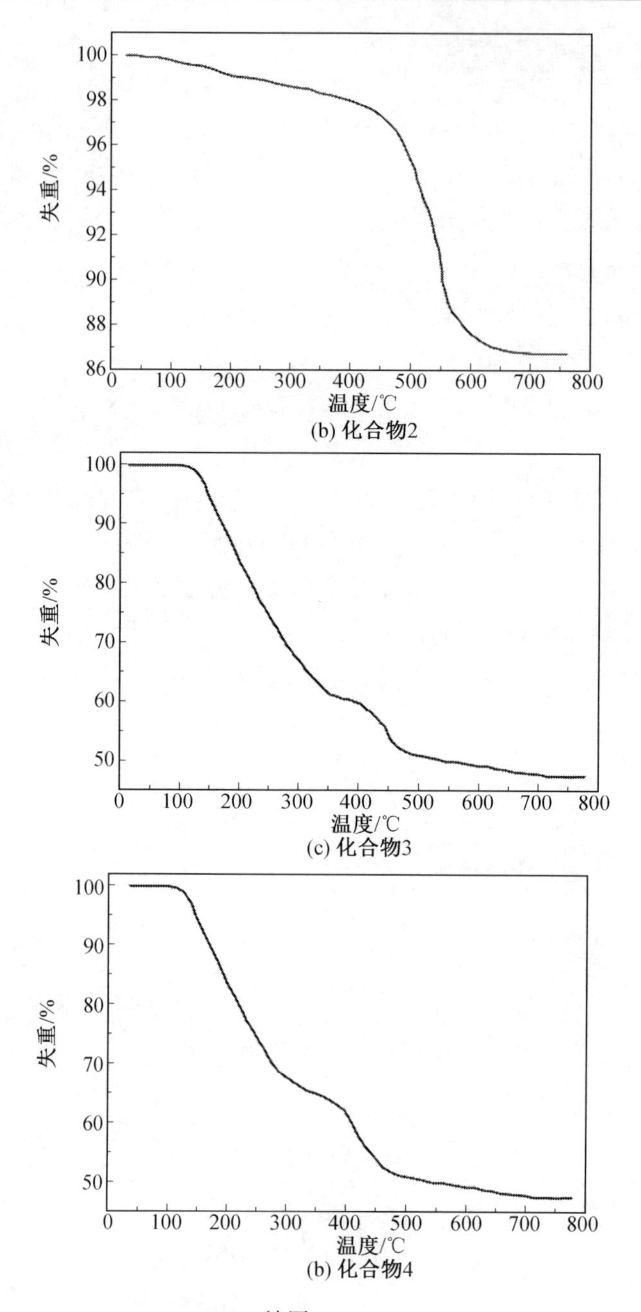

(b) 化合物2

(c) 化合物3

(b) 化合物4

续图 4-16

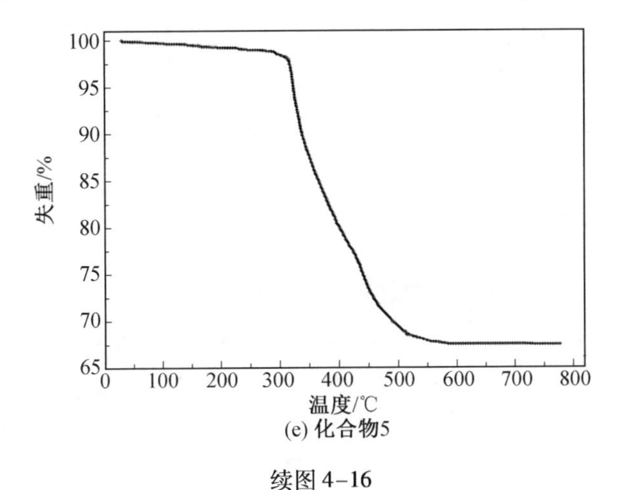

(e) 化合物5

续图 4-16

4.4.3 X 射线衍射分析

如图 4-17 所示为化合物 1 ~ 5 的 X 射线粉末衍射,与 X 射线单晶衍射拟合谱的关键衍射峰位置一致。其中,衍射峰的强度略有差别,这是由单晶的粉末择优取向导致的,测试结果表明,化合物用于性质测试的化合物 1 ~ 5 均为纯相。

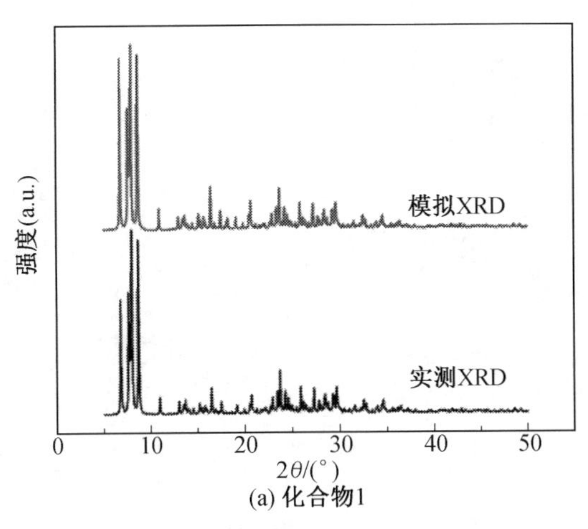

(a) 化合物1

图 4-17 化合物 1 ~ 5 的 XRD 图

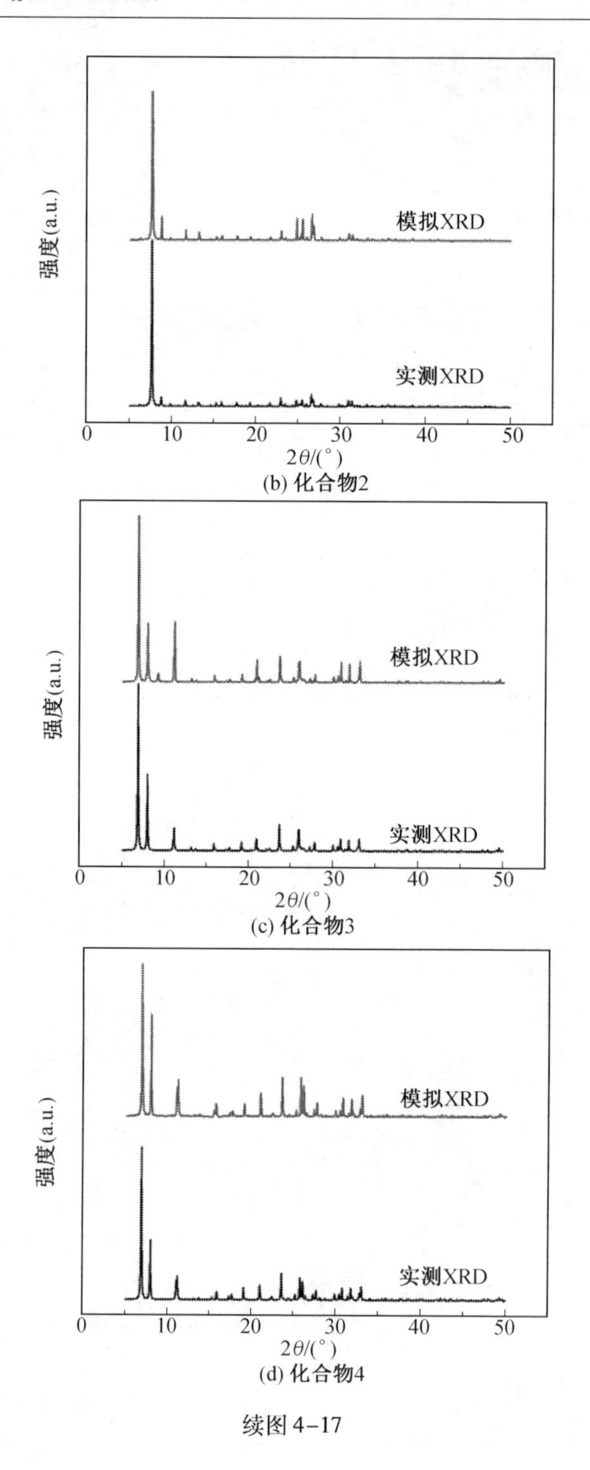

(b) 化合物2

(c) 化合物3

(d) 化合物4

续图 4-17

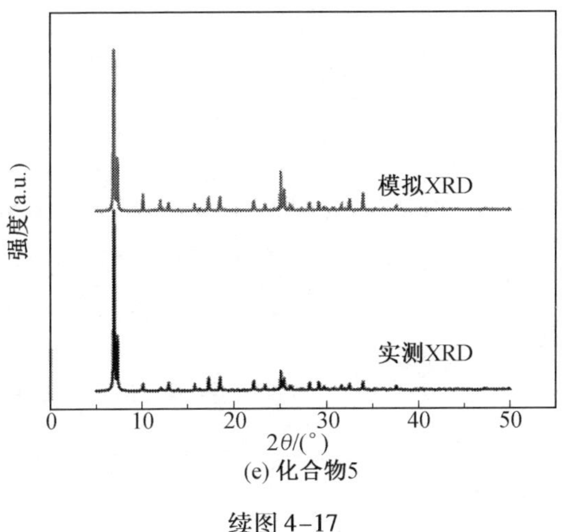

(e) 化合物5

续图 4-17

4.4.4 光电子能谱分析

化合物 1 ~5 的 XPS 光电子能谱如图 4-18 ~ 图 4-22 所示。在 231.9 ~ 232.3 eV 和 235.0 ~235.9 eV 出现的信号峰均为 $Mo^{6+}(3d_{5/2})$和 $Mo^{6+}(3d_{3/2})$的特征信号,这证明了化合物 1 ~5 中 Mo 原子均为+Ⅵ氧化态;39.0 eV 和 39.1 eV、43.3 eV 和 43.3 eV 这两组信号峰均为 $As^{3+}(3d_{5/2})$ 和 $As^{3+}(3d_{3/2})$的特征信号,其余 40.0 ~40.8 eV 和 44.5 ~45.8 eV 的信号峰属于 $As^{5+}(3d_{5/2})$ 和 $As^{5+}(3d_{3/2})$的特征信号;此外,952.7 eV 和 932.5 eV 的两个特征信号属于 $Cu^{+}(2p_{1/2})$ 和 $Cu^{+}(2p_{2/3})$的特征信号,933.6 eV 和 953.6 eV 的两个特征信号属于 $Cu^{2+}(2p_{2/3})$和 $Cu^{2+}(2p_{1/2})$的特征信号。XPS 测试结果表明了 As、Mo、Cu 元素的存在,测试结果与化合物 1 ~5 的元素分析测试、BVS 及它们的分子式电荷平衡是一致对应的。

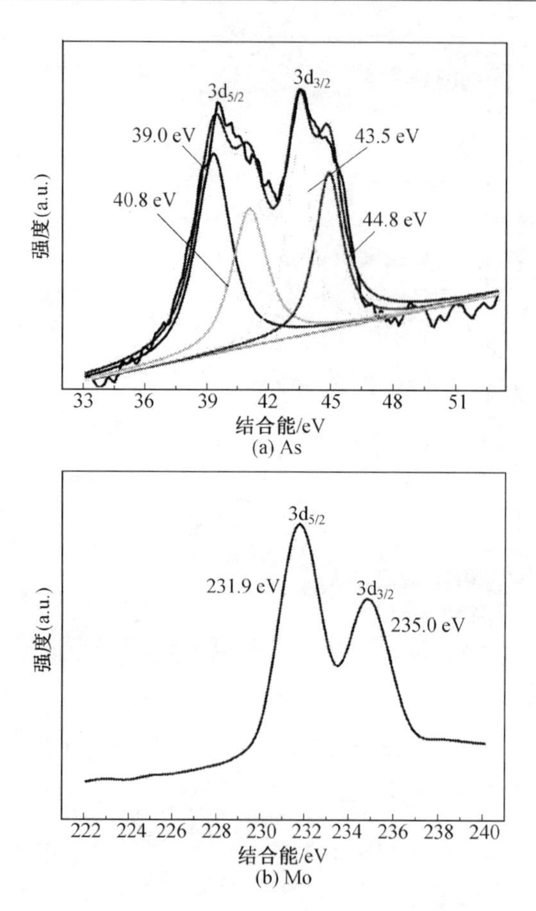

图 4-18　化合物 1 的光电子能谱

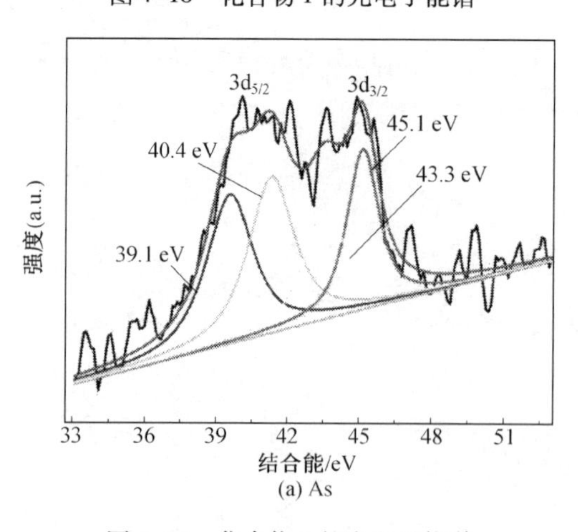

图 4-19　化合物 2 的光电子能谱

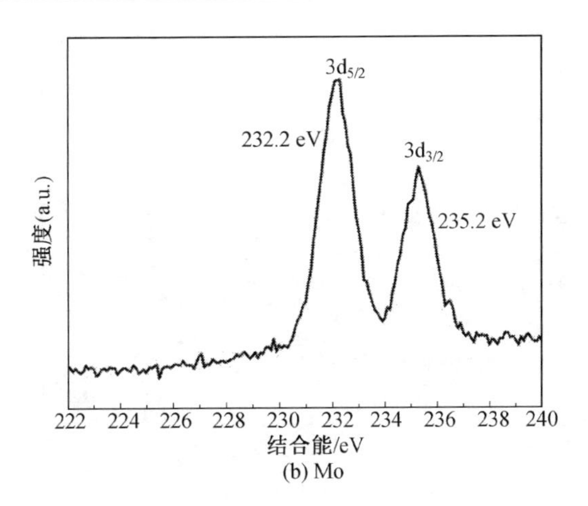

(b) Mo

续图 4-19

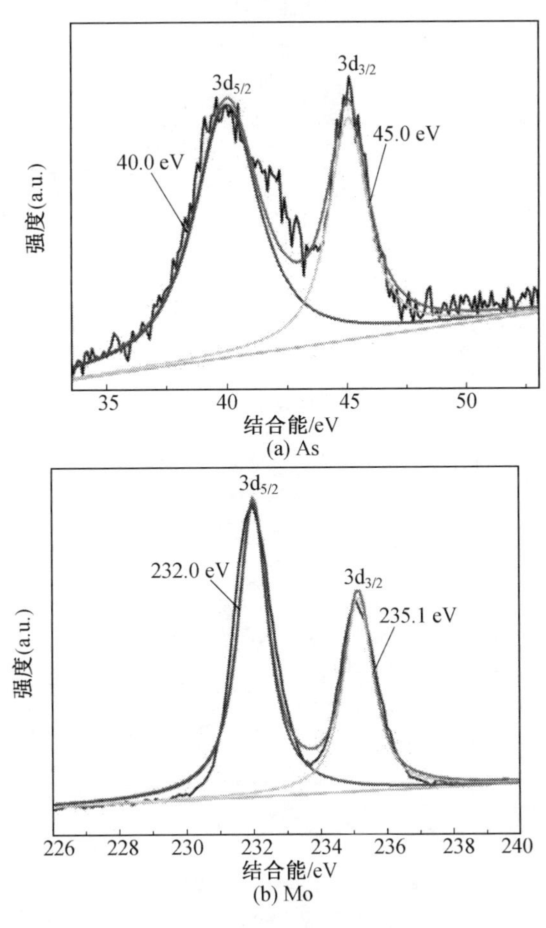

(b) Mo

图 4-20　化合物 3 的光电子能谱

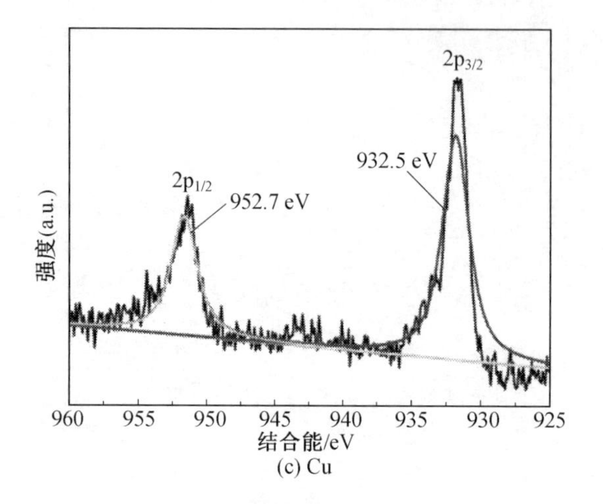

(c) Cu

续图 4-20

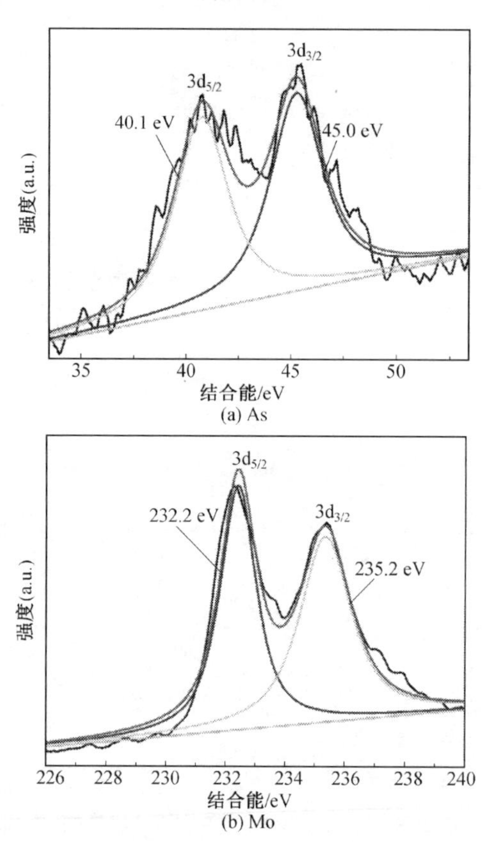

(b) Mo

图 4-21 化合物 4 的光电子能谱

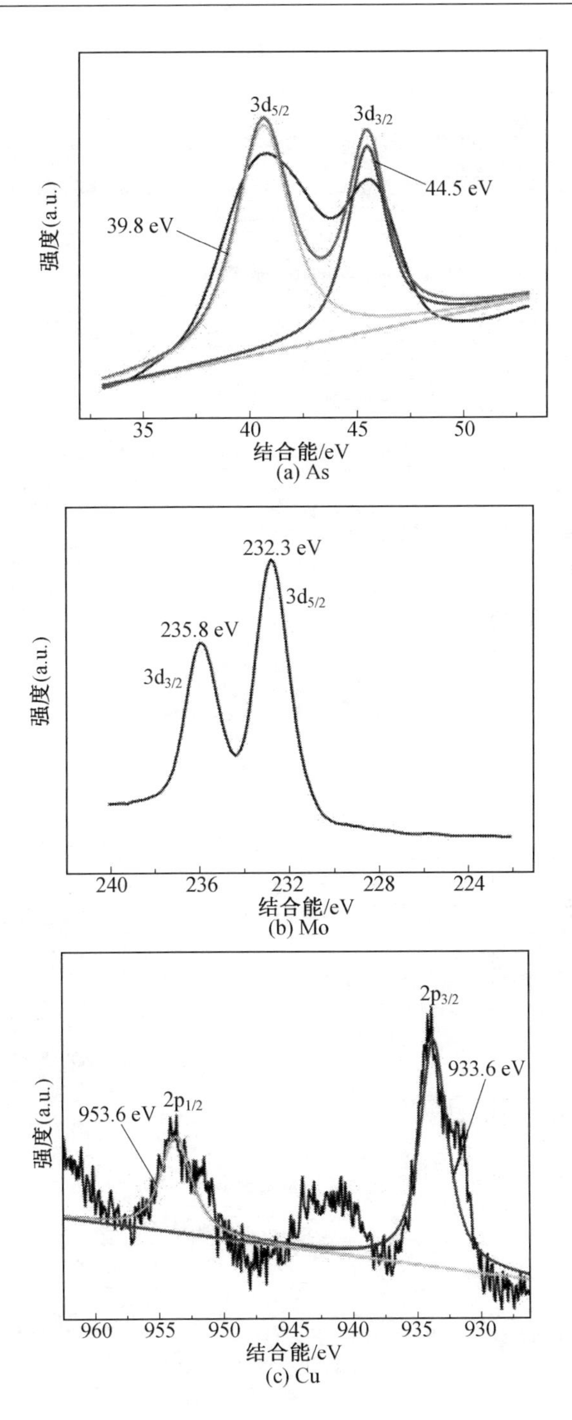

图 4-22 化合物 5 的光电子能谱

4.4.5　紫外分析

化合物 1 ~5 的紫外吸收光谱如图 4-23 所示,从图 4-23 可以看到两个明显的紫外吸收峰,第一个吸收峰在 203 ~214 nm 范围内,其属于 Mo ═O 键的 $p\pi(O_t)-d\pi*(Mo)$电荷转移,第二个吸收峰在 288 ~297 nm 范围内,属于 Mo—O—Mo 键能级 dπ-pπ-dπ 的荷移跃迁。

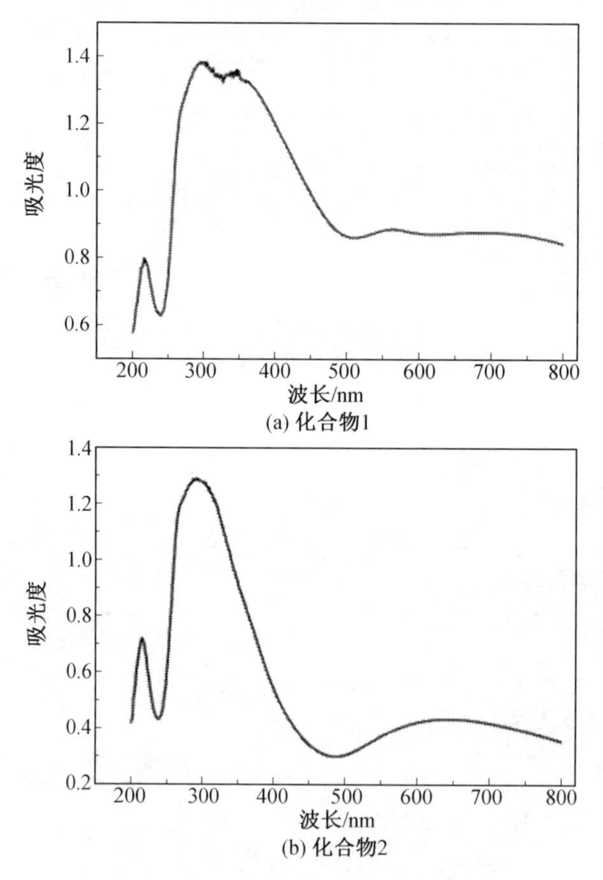

图 4-23　化合物 1 ~5 的紫外吸收光谱

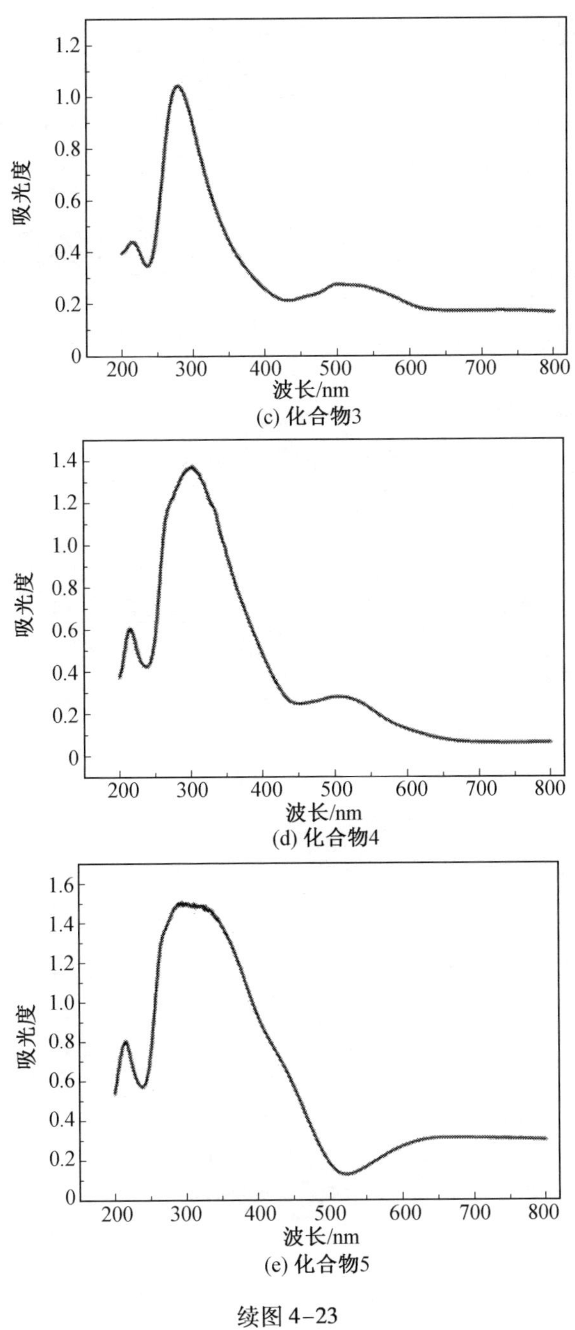

(c) 化合物3

(d) 化合物4

(e) 化合物5

续图 4-23

如图 4-24 所示为化合物 1 ~5 的 Kubelka-Munk（K-M）对能量 E 的函数图像。被确定的能量轴（x 轴）与能谱边缘切线的交点分别为：2.21 eV，2.85 eV，2.98 eV，3.00 eV，2.79 eV。化合物 1 ~5 的紫外吸收光谱显示了化合物的光学带隙和半导体性能的存在。因此，化合物 1 ~5 将是潜在的光催化剂。

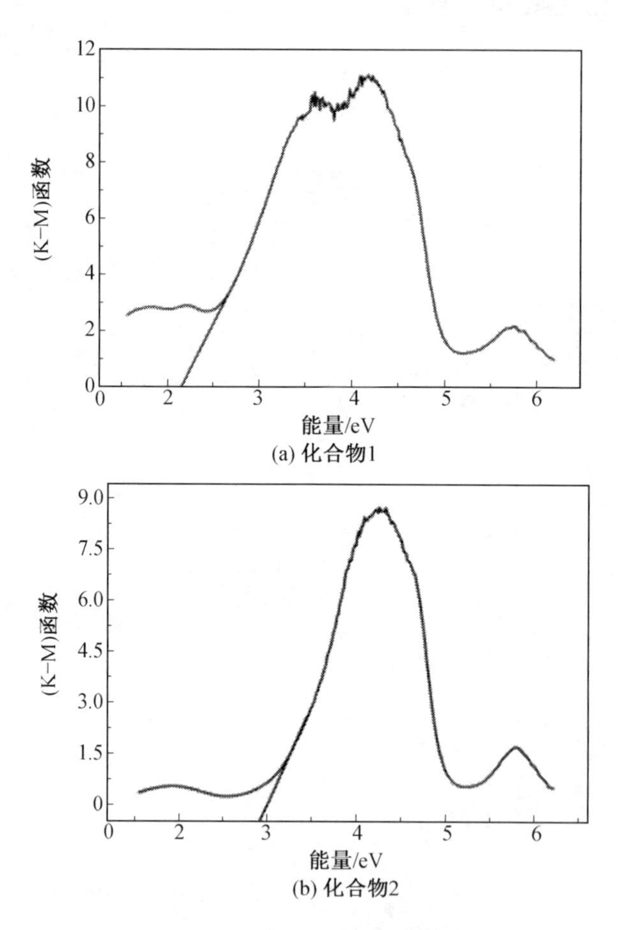

图 4-24 化合物 1 ~5 的紫外吸收光谱

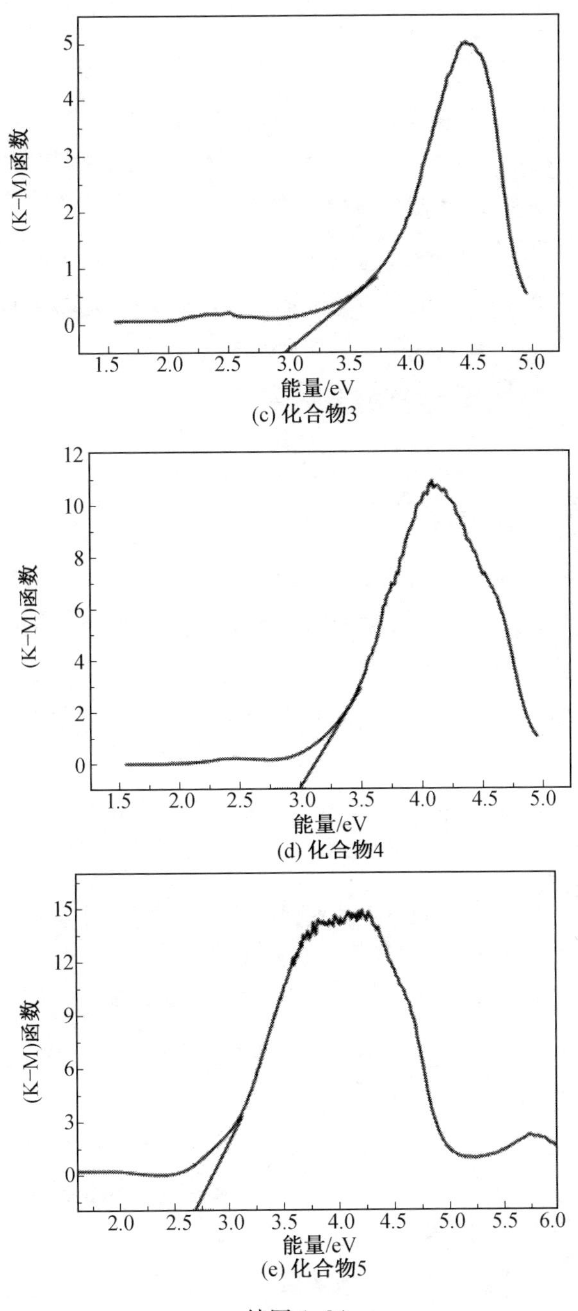

续图 4-24

4.5 {As_2Mo_{18}}型功能配合物的性质与应用

选择合适的过渡金属、有机配体和 As_2Mo_{18} 多酸来构筑孔状配合物，可以使 As_2Mo_{18} 功能配合物作为孔材料，对甲醇和乙醇等小的溶剂分子具有一定的吸附作用。Wells-Dawson 型多酸 As_2Mo_{18} 具有良好的氧化还原性能，因此展现了优异的电化学活性。该类化合物的荧光性能，大多也由引入的具有荧光性能的第二过渡金属或有机配体造成。本节仅对一些有代表性的性质如电化学、磁性、吸附和荧光等进行简要介绍。

4.5.1 荧光性质

室温条件下对化合物 1 ~ 5 进行了荧光性质测试，测试结果如图 4-25 所示。化合物 1 的激发波长为 λ_{ex} = 368 nm，发射峰位于 439 nm；化合物 2 的激发波长为 λ_{ex} = 295 nm，发射峰位于 378 nm。有机配体 bpp 和 4,4′-bipy 的发射峰分别为 438 nm（λ_{ex} = 368 nm）和 379 nm（λ_{ex} = 295 nm）。这一结果是由于有机配体 bpp 和 dpt 分子内部的 $\pi \rightarrow \pi^*$ 发生电子转移。化合物 3 与化合物 4 的发射峰是一致的，均为 437 nm，其激发波长 λ_{ex} = 388 nm。为了更好地解释这一现象，在相同条件下对有机配体吡唑分子进行了荧光测试，激发波长同样为 λ_{ex} = 388 nm，发射波长与化合物 3 和化合物 4 一致（437 nm）。试验结果表明，这一现象归因为有机配体内的 $\pi \rightarrow \pi^*$ 电子转移。化合物 5 的发射峰位于 342 nm，其激发波长 λ_{ex} = 280 nm。有机配体 btp 分子的荧光光谱最大发射峰位于 381 nm，激发波长 λ_{ex} = 280 nm。和单纯有机配体 btp 分子相比较，发现发射波长蓝移了 39 nm，这一现象是由于：(1) 金属 Cu 离子和有机配体配位，导致配体到过渡金属 Cu 的电荷转移；(2) 过渡金属 Cu 离子配位后，导致最高占有轨道到最低未占有轨道间的距离发生了改变。也就是说，蓝移是由于过渡金属 Cu 和有机配体 btp 分子之间发生了相互作用，因此导致了最高占有轨道到最低未占有轨道发生了改变。综上所述，化合物 1 ~ 5 是一种潜在的荧光材料。

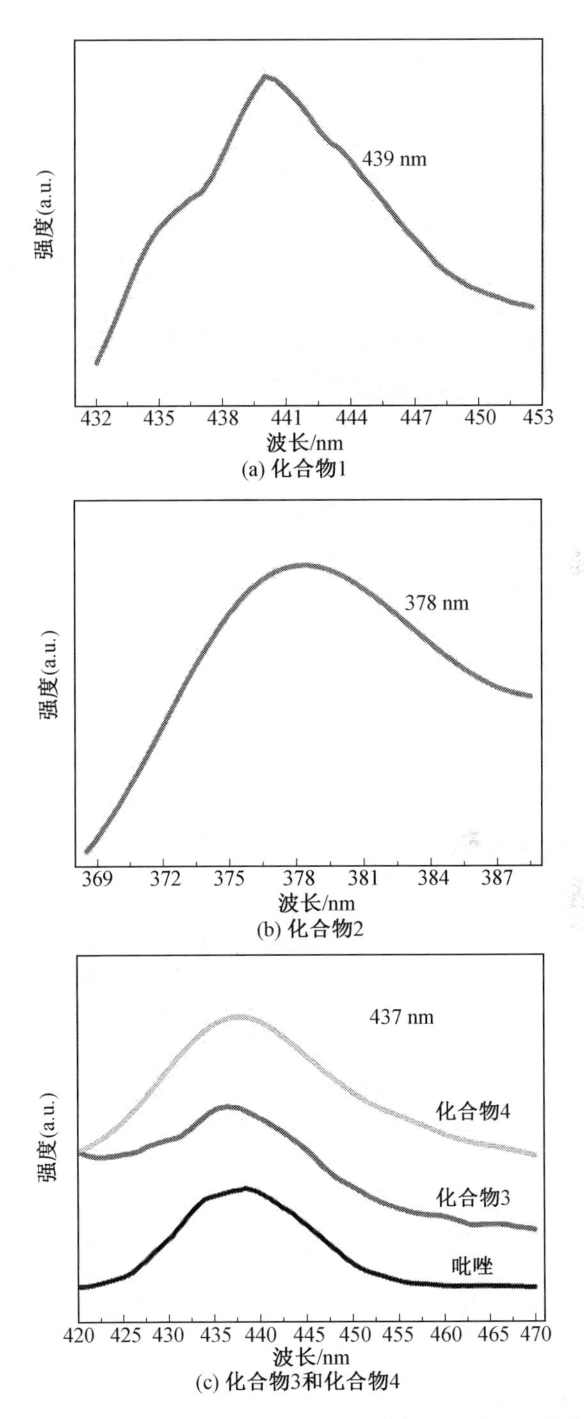

图 4-25 室温条件下化合物 1 ~ 5 和有机配体吡唑分子的荧光光谱

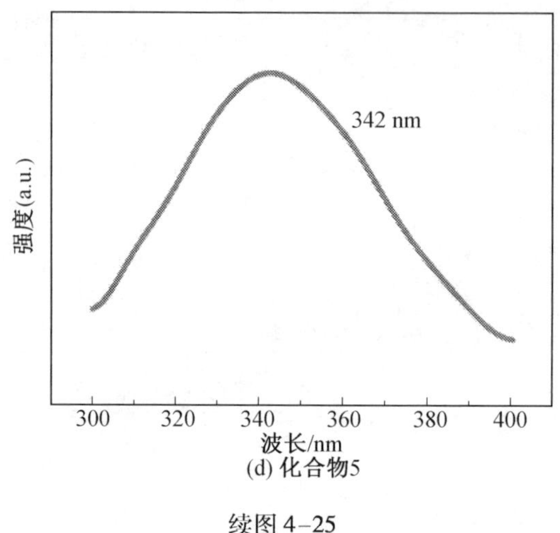

(d) 化合物5

续图 4-25

4.5.2 光催化性质

1. 化合物1和化合物2的光催化性质

对化合物1和化合物2进行了光催化性质研究,选用MB溶液作为目标染料进行光降解活性的研究。取50 mg纯净单晶样品溶于100 mL的MB溶液,其质量浓度 $C_0=10$ mg/L,暗室中吸附30 min后,在UV光照射下充分搅拌。每隔5 min取出4 mL样品,数次离心后取上层清液用于紫外测试。与此同时,相同条件下对没有加入任何催化剂的MB溶液进行紫外光下照射作为对照试验。如图4-26所示,随着时间的增加,MB溶液的紫外吸收峰由高逐渐降低,结果表示MB在逐渐降解。经计算,在化合物1和化合物2的催化作用下MB的降解率分别为61.24%和71.24%。此外,光催化试验结束后,对样品1和样品2进行了回收,洗涤后过滤干燥,对回收样品进行了红外测试。如图4-27所示,化合物1和化合物2在光催化降解试验后,其官能团结构并未发生改变。

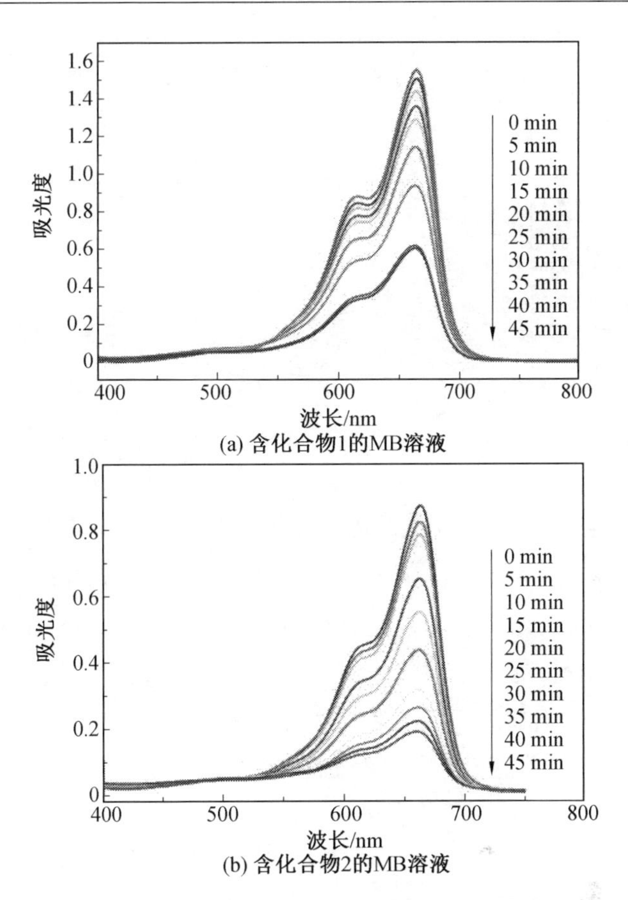

(a) 含化合物1的MB溶液

(b) 含化合物2的MB溶液

图 4-26　含化合物 1 和化合物 2 的 MB 溶液在降解过程中的吸收光谱

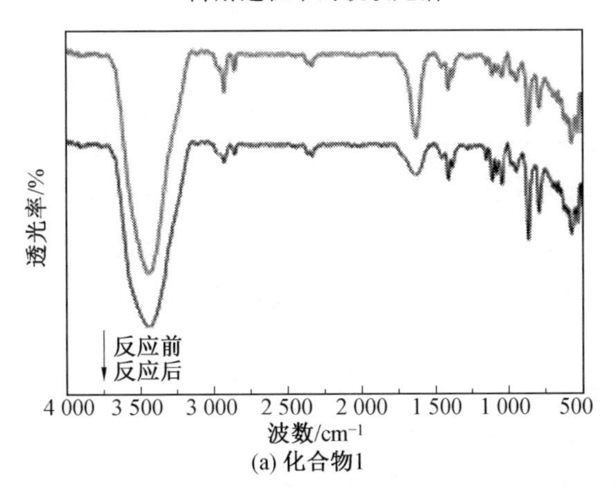

(a) 化合物1

图 4-27　光催化前后化合物 1 和化合物 2 的红外光谱

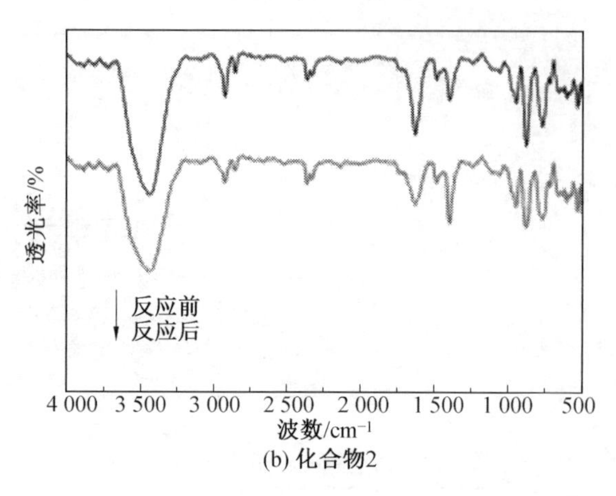

(b) 化合物2

续图 4-27

2. 化合物 3 和化合物 4 的光催化性质

对化合物 3 和化合物 4 进行了光催化性质研究,分别选用了五种不同有机染料:MB、RhB、MO、AP 和刚果红(Congo Red,CR)作为目标染料进行降解,对其光降解活性进行了充分研究,试验操作步骤同上。相同条件下,对没有加入任何催化剂的不同五种有机染料进行紫外光下照射作为对照试验。如图 4-28 所示,随着时间的增加,有机染料的紫外吸收峰由高逐渐降低,结果表明有机染料在逐渐降解。经计算其降解率($1-C/C_0$)可知,45 min 后,化合物 3 对 MB 的降解率为 96.32%,对 RhB 的降解率为 94.42%;135 min后化合物 3 对 MO 的降解率为 92.49%,对 AP 的降解率为 92.49%,对 CR 的降解率为 90.77%。如图 4-29 所示,45 min 后化合物 4 对 MB 的降解率为 95.57%,对 RhB 的降解率为 95.07%;135 min 后,化合物 4 对 MO 的降解率为 92.54%,对 AP 的降解率为 92.25%,对 CR 的降解率为 90.03%。此外,光催化试验结束后,对样品 3 和样品 4 进行了回收,洗涤后过滤干燥,对回收样品进行了红外测试。如图 4-30 所示,化合物 3 和化合物 4 在光催化降解试验后,其官能团结构并未发生改变。相比化合物 1 和化合物 2,化合物 3 和化合物 4 具有更好的光催化降解能力,这是由于金属配合物 Cu-pyr 作为光敏剂,促进了多酸表面的电子转移并增加了其光降解活性。

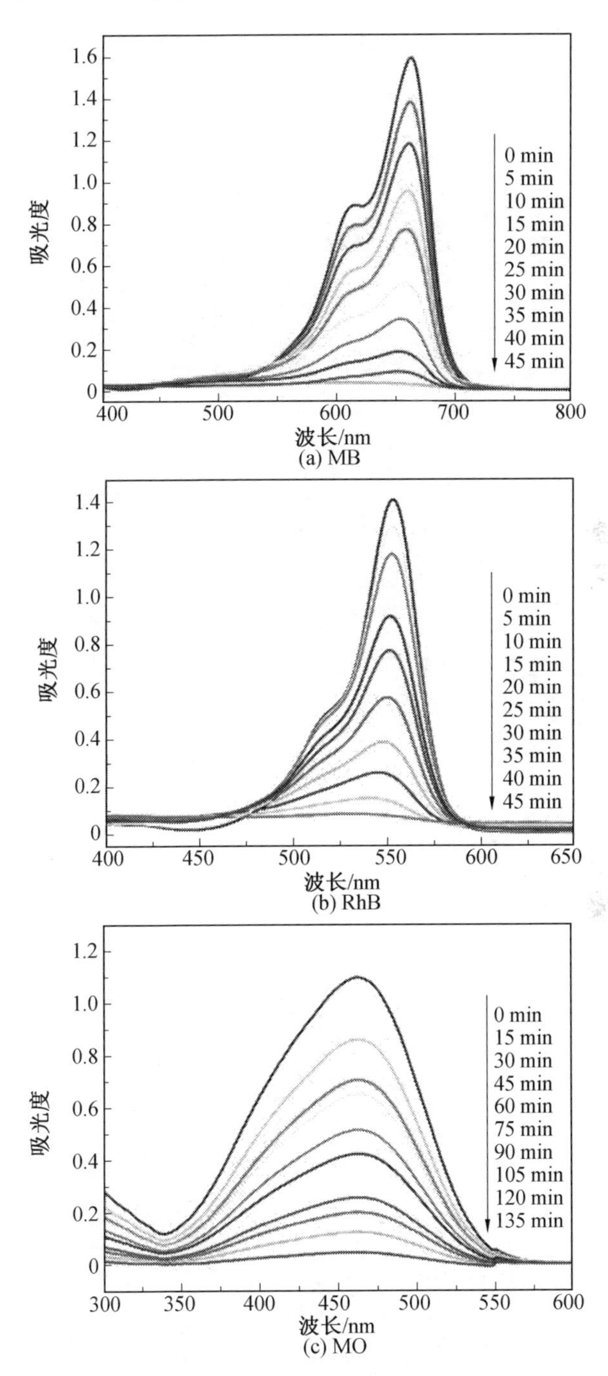

图 4-28　化合物 3 对五种不同有机染料(MB、RhB、MO、AP、CR)在降解过程中的吸收光谱

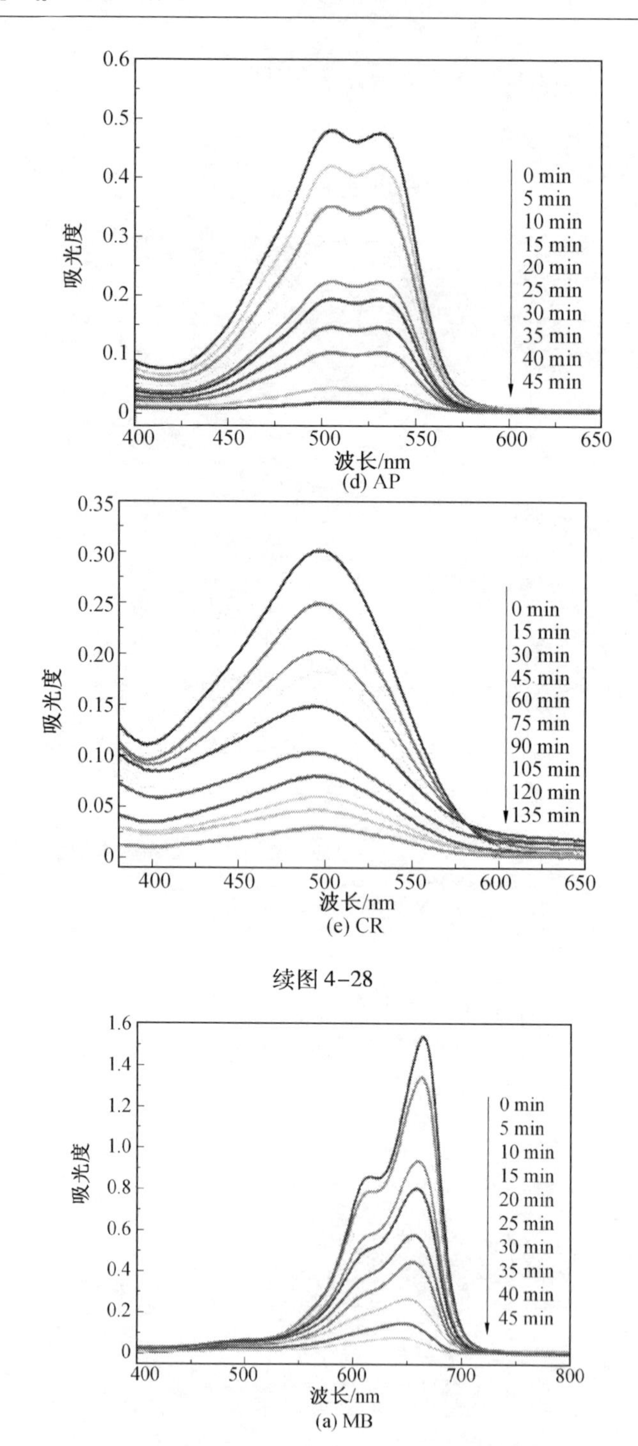

(d) AP

(e) CR

续图 4-28

(a) MB

图 4-29 化合物 4 对五种有机染料(MB、RhB、MO、AP、CR)在降解过程中的吸收光谱

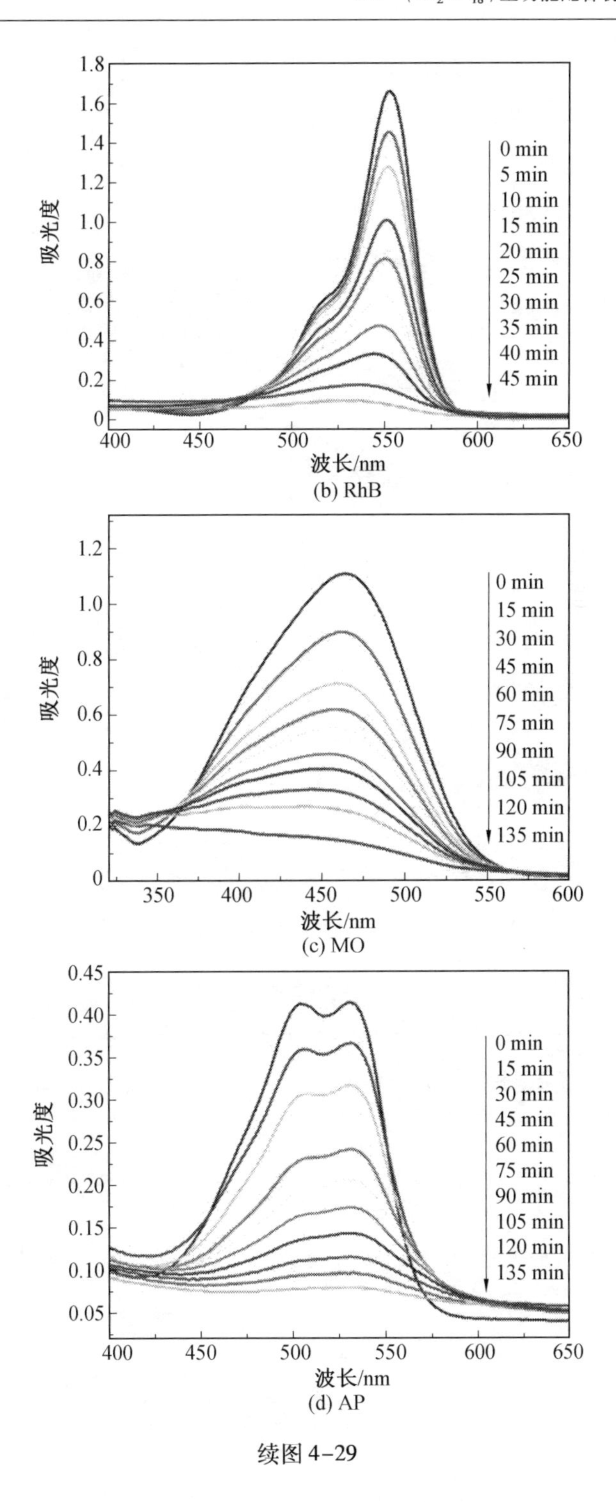

(b) RhB

(c) MO

(d) AP

续图 4-29

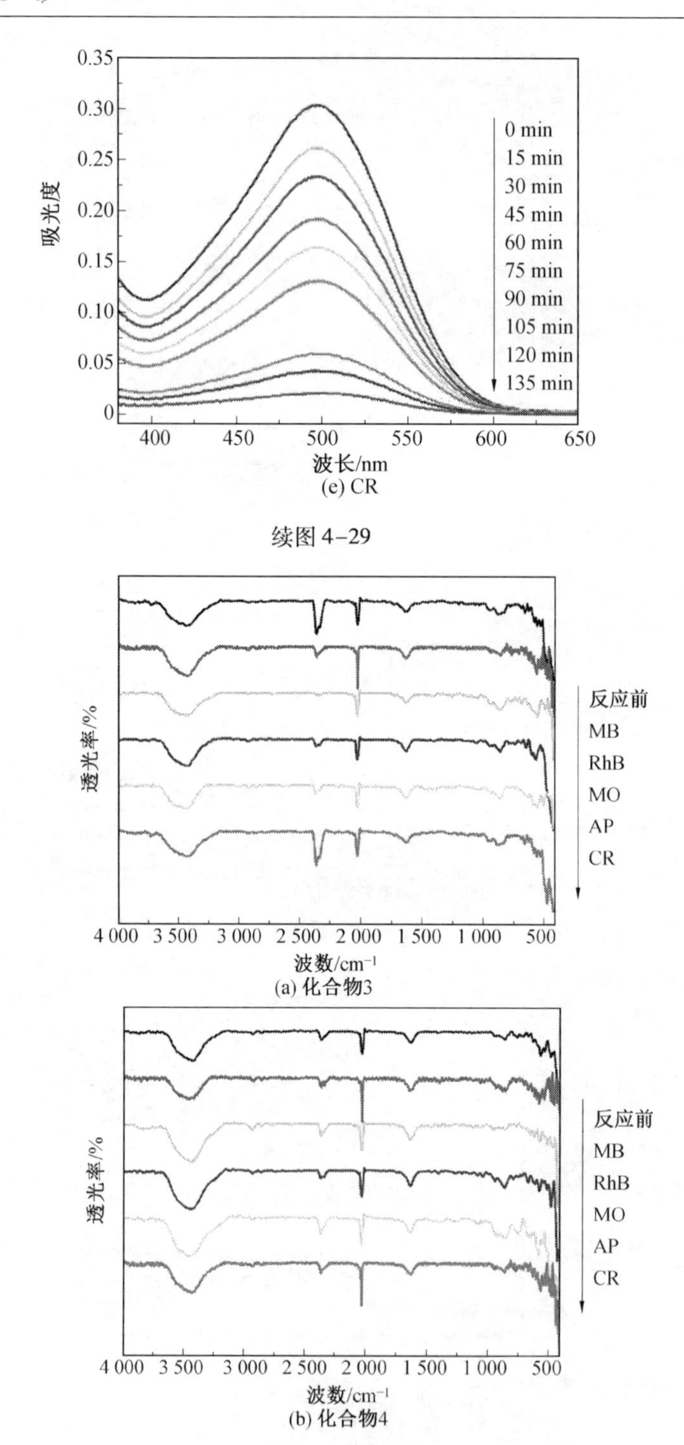

(e) CR

续图 4-29

(a) 化合物3

(b) 化合物4

图 4-30 光催化前后化合物 3 和化合物 4 的红外光谱

3. 化合物 5 的光催化性质

对化合物 5 进行了光催化性质研究，分别选用 MB 和 RhB 作为目标染料进行光降解活性的研究。试验过程和上述一致。如图 4-31 所示，随着时间的增加，MB 和 RhB 溶液的紫外吸收峰由高逐渐降低，结果表明有机染料在逐渐降解。根据公式 $D=1-C/C_0$ 计算其降解率，40 min 后，化合物 5 对 MB 和 RhB 溶液的降解率均保持在 96% 左右。和目前已经报道的一些Wells-Dawson 型杂化物在 180 min 时对 MB 的降解率仅为 49%，RhB 的降解率仅为 55% 相比，化合物 5 之所以在紫外光照射下具有高效的光降解活性是由于 Cu-btp 形成的金属有机骨架可作为光敏剂，促进了光电子转移。该化合物的比表面积比普通的 Keggin 和 Dawson 型杂化物高很多，可能增强了催化剂和底物之间的接触面积，促进了更多的活性物质参与到光催化反应进程。

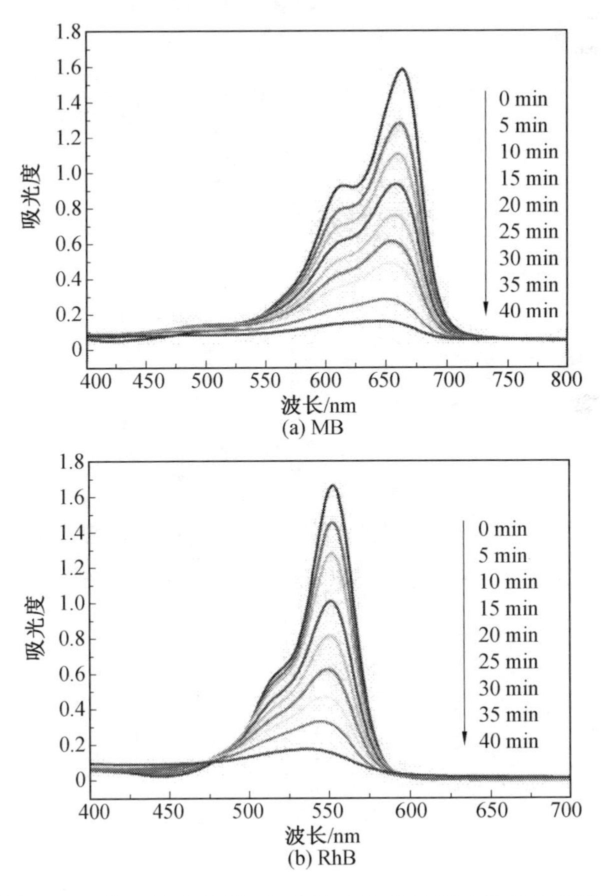

图 4-31 化合物 5 对 MB 和 RhB 在降解过程中的吸收光谱

此外,对化合物 5 进行了光催化循环寿命测试,如图 4-32 所示。在 UV 光照射下,循环 5 次后其降解效率基本保持不变,结果证明了其具有较好的稳定性和可重复使用性。与此同时,对残余催化剂进行了回收处理,经过滤干燥后,进行红外测试。如图 4-33 所示,测试结果证明了其结构并未发生改变。

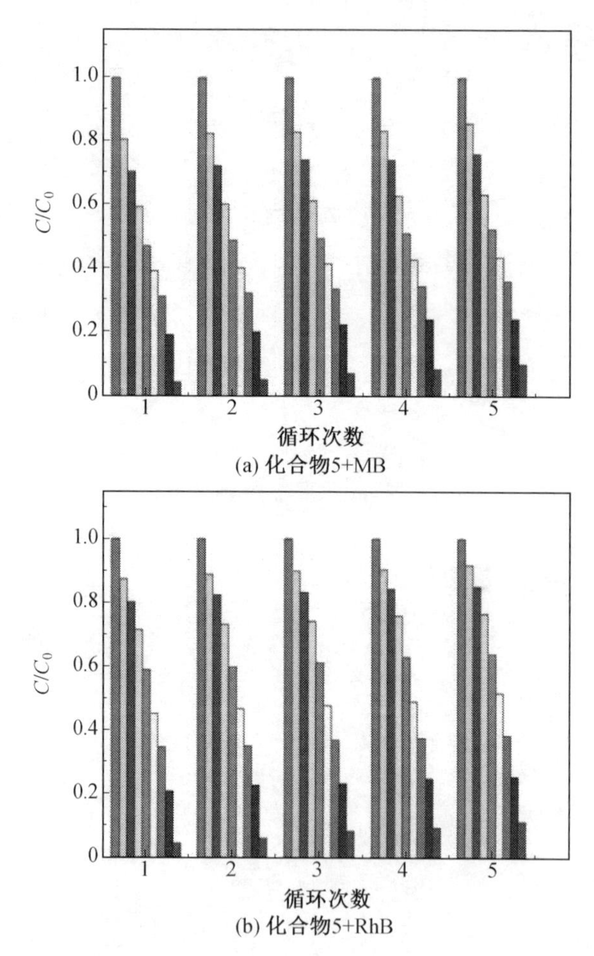

图 4-32　化合物 5 在不同时间内不同循环次数内对 MB 和 RhB 降解的浓度比变化（从左至右依次为 0 min、5 min、10 min、15 min、20 min、25 min、30 min、35 min、40 min）

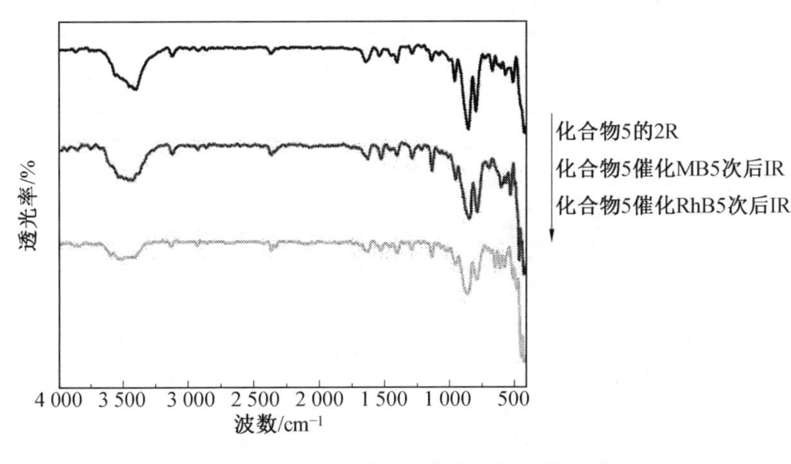

图 4-33 光催化前后化合物 5 的红外光谱

4.5.3 电化学性质

1. 化合物 1 ~ 4 的电化学性质

如图 4-34 所示为化合物 1 ~ 4 在 1 mol/L H_2SO_4溶液中的循环伏安曲线,化合物 1 ~4 均出现三对可逆的氧化还原峰:Ⅰ-Ⅰ′、Ⅱ-Ⅱ′、Ⅲ-Ⅲ′。根据公式 $E_{1/2}=(E_{pa}+E_{pc})/2$ 分别计算出 1-CPE ~ 4-CPE 的半波电位。1-CPE:-220 mV(Ⅰ-Ⅰ′)、20 mV(Ⅱ-Ⅱ′)、540 mV(Ⅲ-Ⅲ′);2-CPE:-288 mV(Ⅰ-Ⅰ′)、-80 mV(Ⅱ-Ⅱ′)、625 mV(Ⅲ-Ⅲ′);3-CPE:-130 mV(Ⅰ-Ⅰ′)、173 mV(Ⅱ-Ⅱ′)、426 mV(Ⅲ-Ⅲ′);4-CPE:-125 mV(Ⅰ-Ⅰ′)、190 mV(Ⅱ-Ⅱ′)、434 mV(Ⅲ-Ⅲ′)。这三对氧化还原峰全部归属为$\{As_2Mo_{18}\}$多阴离子上 Mo 原子(Ⅵ/Ⅴ)的氧化还原过程。当扫描速率由 20 mV/s 增加到 290 mV/s 时,阳极峰电流和对应地阴极峰电流相对应地增大,而峰位的变化恰好相反,阳极峰逐渐向正值方向移动,阴极峰电流逐渐向负值方向移动,氧化还原过程逐渐由可逆变为不可逆。

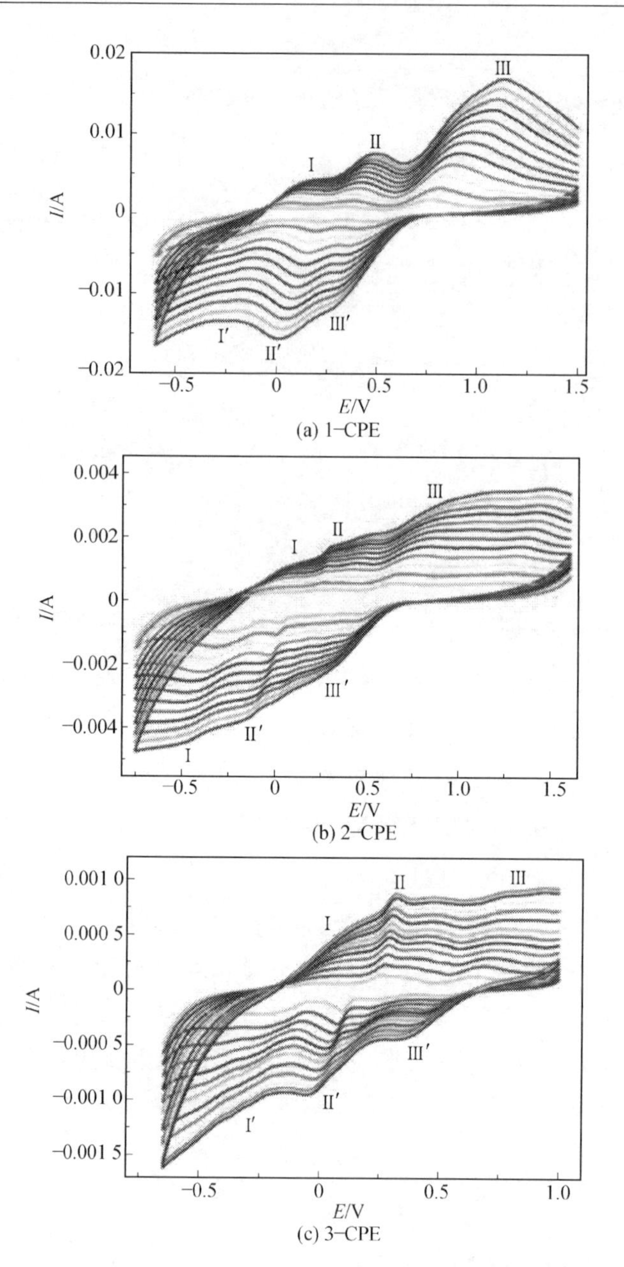

(a) 1−CPE

(b) 2−CPE

(c) 3−CPE

图4-34　1-CPE～4-CPE在1 mol/L H_2SO_4溶液中不同扫描速率的循环伏安曲线
（从内到外为20 mV/s、40 mV/s、60 mV/s、80 mV/s、100 mV/s、120 mV/s、140 mV/s、170 mV/s、200 mV/s、230 mV/s、260 mV/s、290 mV/s）

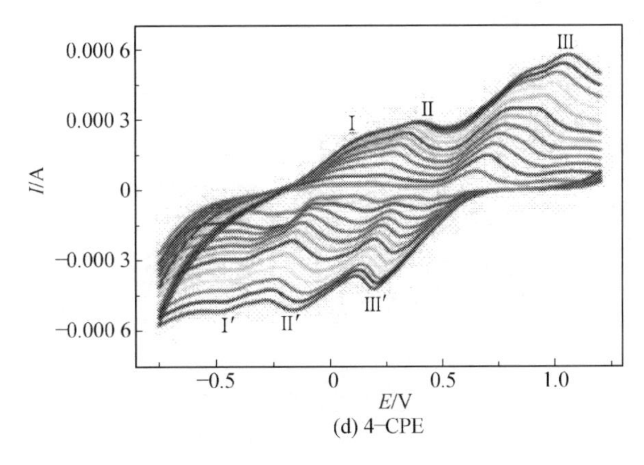

(d) 4−CPE

续图 4−34

2. 化合物 1 ~ 4 的电催化性质

对化合物 1 ~ 4 的碳糊电极 1−CPE ~ 4−CPE 在 1 mol/L H_2SO_4溶液中进行了电催化还原 H_2O_2测试，如图 4−35 所示，随着 H_2O_2浓度的增加，所有的还原峰电流逐渐增加，而相应的氧化峰电流相应下降，这一试验结果表明了化合物 1 ~ 4 对 H_2O_2具有较好的电催化还原活性。随着多阴离子还原程度的增加，对 H_2O_2的电催化还原作用变得更好。

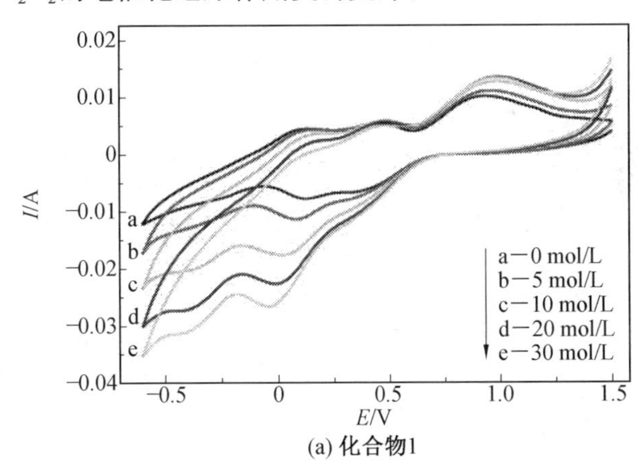

(a) 化合物1

图 4−35　1−CPE ~ 4−CPE 在 1 mol/L H_2SO_4溶液中电催化不同浓度的 H_2O_2还原反应的循环伏安曲线（扫描速率为 50 mV/s）

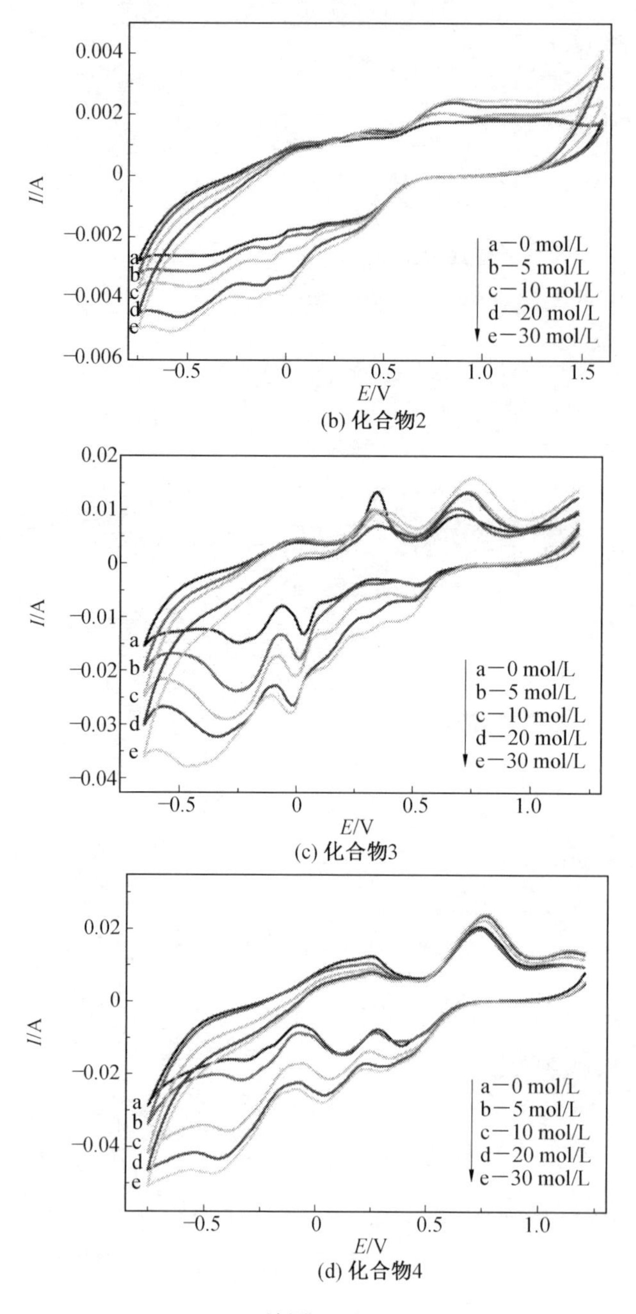

(b) 化合物2

(c) 化合物3

(d) 化合物4

续图 4-35

3. 化合物 5 的电化学性质

对化合物 5 进行电化学性质测试，如图 4-36(a)所示在相对较低的电流密度 100 mA/g 不同循环次数的恒电流充放电曲线，化合物 5 第一个周期的放电和充电容量分别为 1 555 mA/g 和 1 052 mA/g，初始库伦率为 67.5%。起始的不可逆容量损失是由于电解质形式固体电解质界面(Solid Electorlyte Interface，SEI)膜的分解。除了第一个周期的放电曲线外，可逆容量仍然相对稳定，表明所设计的多酸金属有机框架(POMOF)材料循环性能较好。如图 4-36(b)所示为化合物 5 电极的电流密度由 100 mA/g 增加到 1 000 mA/g 的速率性能。随着电流密度的上升(从 100 mA/g 到 200 mA/g，再到 500 mA/g)，放电容量分别从 1 022 mA/g 降低到 906 mA/g 和743 mA/(h·g)。即使在较高的电流密度(1 000 mA/g)时，其可逆容量仍可保持在 409 mA/(h·g)，这一结果高于传统石墨材料的理论容量[372 mA/(h·g)]。值得注意的是，当电流密度恢复到 100 mA/g 时，可逆容量可以恢复到1 028 mA/(h·g)，这一结果表明该化合物良好的恢复特性。如图 4-36(c)所示，在电流密度为 100 mA/g 时对化合物 5 的循环性能进行了测试。在循环 240 周期以后，制备的电极的可逆容量仍能保持在 878 mA/(h·g)，这一性能约为第 10 周期的 86.5%。此外，在第 10 循环周期到最后的第 240 循环周期时，其库伦率保持近乎 100%。

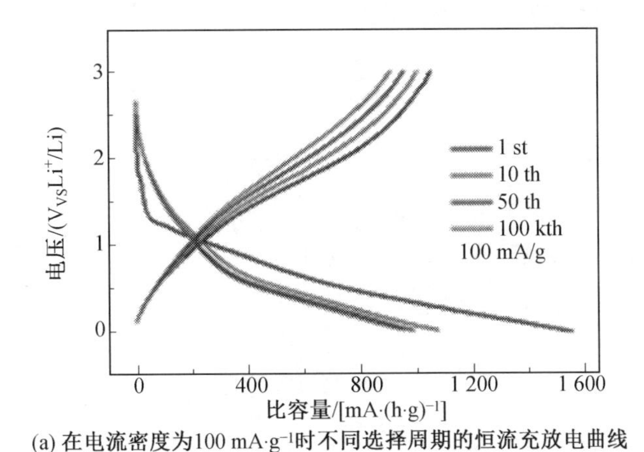

(a) 在电流密度为100 mA·g^{-1}时不同选择周期的恒流充放电曲线

图 4-36 化合物 5 电极的电化学性能(见彩图)

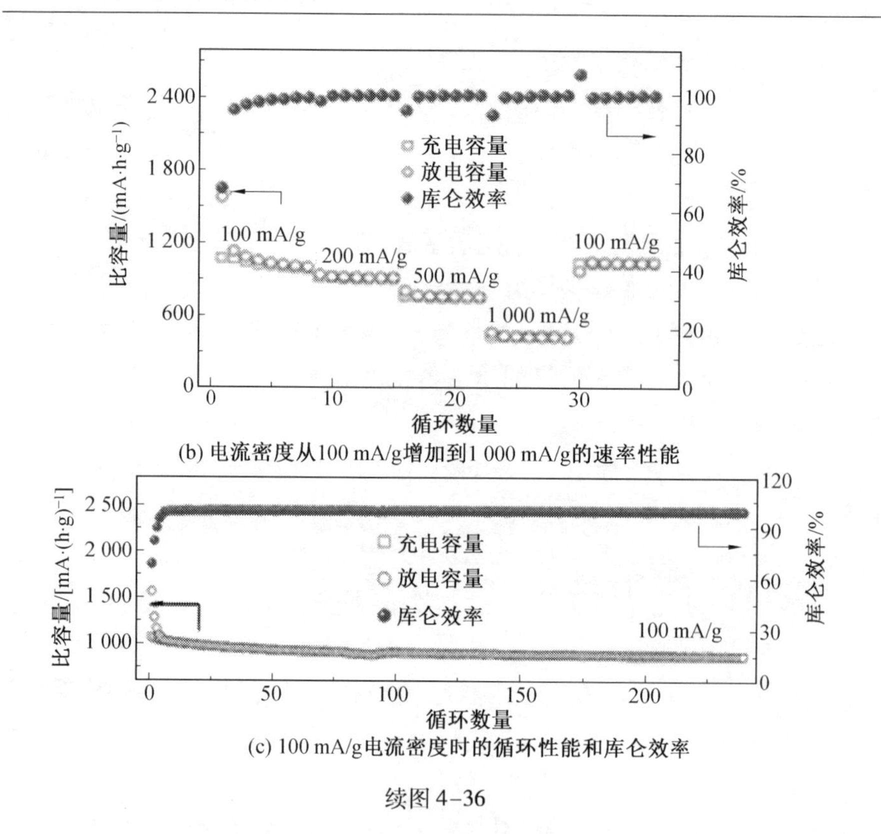

(b) 电流密度从100 mA/g增加到1 000 mA/g的速率性能

(c) 100 mA/g电流密度时的循环性能和库仑效率

续图 4-36

对化合物5进行了循环伏安和电化学阻抗测试。化合物5电极循环测试后以扫描速率为0.2 mV/s,循环伏安曲线如图4-37(a)所示。循环伏安曲线表现出两对阳/阴极峰,分别归属为Mo(1.13 V阴极,1.42 V阳极)和Cu(2.08 V阳极,2.19 V阴极)的氧化还原峰。化合物5电极循环测试后的电化学阻抗如图4-37(b)所示,可以看出,双方的交流阻抗谱由高频率区中凹陷的半圆和在低频区域的一条斜线构建。凹陷的半圆是由两个重叠的半圆组成。第一个半圆与锂离子通过SEI膜的传输有关,第二个半圆与电荷转移反应有关;斜线是由于在化合物5中的Li扩散。用电化学阻抗进一步通过等效电路模拟,如图4-37(c)所示。在等效电路中,R_{Ω}代表欧姆电阻属于能斯特图高频区Z_{re}轴相交,R_1和Q_1表示SEI膜的电阻和与能斯特图半圆形高频区域相对应的松弛电容,R_2和Q_2表示在能斯特图半圆中对应于中频区的电荷转移电阻和双层电容,Q_0代表Warburg阻抗相关的锂离子扩散过程中,化合物5对应的直线在Nyquist图低频区。这里,考虑到显示数据的非理想频率响应,采用常数相位q。基于拟合数据,见表4-6,较高的电导率(1/

R_Ω)和后循环试验确定了化合物 5 电极的较低电荷转移电阻,对应较好的润湿性电极和循环试验后的连通性提高。

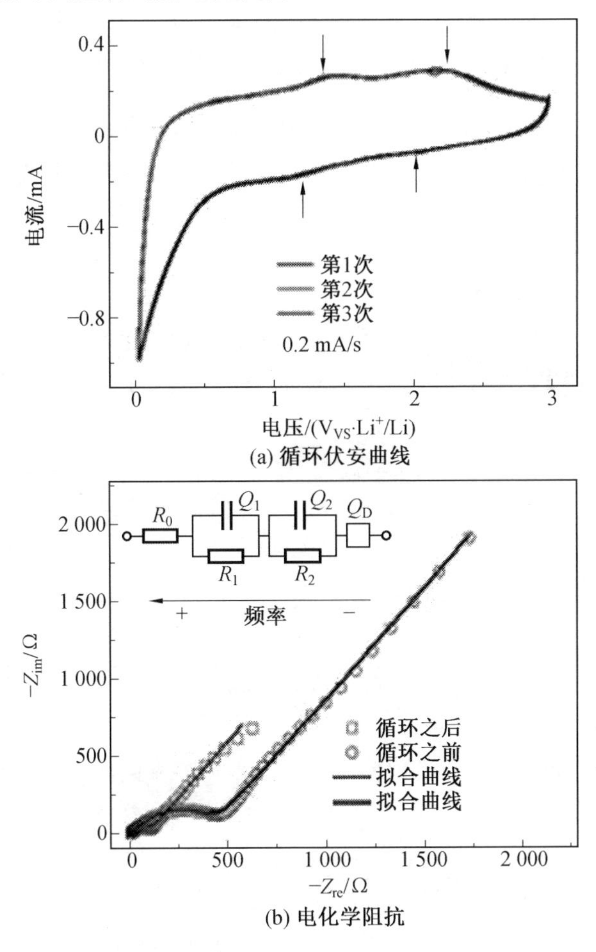

(a) 循环伏安曲线

(b) 电化学阻抗

图 4-37 循环测试后扫描速率为 0.2 mV/s 的循环伏安曲线和循环试验前后在 10^6 ~ 0.01 Hz 频率范围内的电化学阻抗谱及简化等效电路(见彩图)

表 4-6 等效电路中电阻元件的拟合值 $\Omega \cdot cm^{-2}$

电极	R	R_1	R_2	R_{total}
前	1.95	340	64.9	406.9
后	0.21	72.9	13.6	86.7

第5章　{$As_3Mo_8V_4$}型功能配合物

5.1 概　　述

Keggin 构型是多金属氧酸盐一类经典结构。过渡金属取代 Keggin 型砷钼酸盐吸引了科学家的兴趣，因为引入的过渡金属的 Keggin 型砷钼酸盐表现出令人着迷的结构和优异的理化性能。但是目前所报道的含有{$As_3Mo_8V_4$}型多阴离子的砷钼多金属氧酸盐十分有限。

本章介绍以{$As_3Mo_8V_4$}为建筑单元的功能配合物的合成、结构、表征和性质。利用水热合成法，以{$As_3Mo_8V_4$}为建筑单元，选择不同的有机配体和过渡金属 Cu，通过调节反应体系的 pH，合成 4 种{$As_3Mo_8V_4$}型砷钼多金属氧酸盐，并对其荧光以及光催化性质进行研究。

5.2 {$As_3Mo_8V_4$}型功能配合物的合成

相比于经典 Keggin 型多阴离子，过渡金属 V 取代 Keggin 型砷钼酸盐多阴离子很少见报道。最近，课题组合成了 4 种{$As_3Mo_8V_4$}型砷钼多金属氧酸盐，其分子式如下：

$[H_3As_2^{III}As^{V}Mo_8V_4^{IV}O_{40}][Cu(bix)]_2[bix]\cdot 3H_2O$　(1)

$\{[HAs_2^{III}As^{V}Mo_8V_4^{IV}O_{40}][Cu(bib)]_2\}[Cu(bib)]_2$　(2)

$\{[(As_2^{III}As^{V}Mo_8V_4^{IV}O_{40})][Cu_3(H_2O)_2(tib)_2]\}[Cu(tib)(H_2O)]_2\cdot 4H_2O$　(3)

$[HAs_2^{III}As^{V}Mo_8V_4^{IV}O_{40}][Cu_2(bih)]_2$　(4)

(bix = 1,4-bis(imidazol-1-ylmethyl)benzene; bib = 1,3-bis (imidazol-1-ylmethyl)benzene; tib = 1,3,5-tris(1-imidazolyl)benzene; bih = 1,6-bis (imidazol-1-ylmethyl)hexane)

5.2.1 化合物 1 的合成

将 $CuCl_2\cdot H_2O$ (0.341 7 g, 2.0 mmol)、NH_3VO_3 (0.113 6 g,

0.97 mmol)、$NaAsO_2$(0.151 3 g,1.16 mmol)、$MoO_3 \cdot H_2O$ (0.823 7 g, 5.09 mmol)、bix(0.121 4 g, 0.51 mmol) 和 18 mL 蒸馏水在室温条件下搅拌60 min,用1.0 mol/L 的 HCl 调节溶液的 pH 至4.0 后,将混合液转移至反应釜中,并在180 ℃的烘箱中加热晶化72 h,待缓慢冷却至室温后,有无色块状晶体生成,室温过滤干燥后,产率为35%(以 Mo 计)。化合物1 的元素分析结果表明,该化合物的分子式为 $C_{42}H_{50}As_3Cu_2Mo_8N_{12}O_{43}V_4$($M_r$=2 734.08)。经计算,理论值(%):C, 18.45; H,1.84; N, 6.15。试验值(%):C, 18.62; H, 1.91; N, 6.03。

5.2.2 化合物2 的合成

将 $CuCl_2 \cdot H_2O$ (0.332 7 g,1.95 mmol)、NH_3VO_3(0.124 4 g, 1.06 mmol)、$NaAsO_2$(0.154 5 g,1.19 mmol)、$MoO_3 \cdot H_2O$ (0.864 5 g, 5.348 mmol)、bib(0.123 3 g, 0.52 mmol)和 18 mL 蒸馏水在室温条件下搅拌60 min,用1.0 mol/L 的 HCl 调节溶液的 pH 至4.5 后,将混合液转移至反应釜中,并在180 ℃的烘箱中加热晶化72 h,待缓慢冷却至室温后,有蓝色块状晶体生成,室温过滤干燥后,产率为41%(以 Mo 计)。化合物2 的元素分析结果表明,该化合物的分子式为 $C_{56}H_{54}As_3Cu_4Mo_8N_{16}O_{40}V_4$($M_r$ = 3 041.35)。经计算,理论值(%): C, 23.11; H, 1.79; N, 7.37。试验值(%): C, 23.11; H, 1.79; N, 7.37。

5.2.3 化合物3 的合成

将 $CuCl_2 \cdot H_2O$ (0.34 g,1.99 mmol)、NH_3VO_3(0.123 8 g, 1.06 mmol), $NaAsO_2$(0.143 3 g,1.10 mmol)、$MoO_3 \cdot H_2O$ (0.645 6 g, 3.99 mmol)、tib (0.215 6 g, 0.78 mmol)和 18 mL 蒸馏水在室温条件下搅拌 60 min,用1.0 mol/L的 HCl 调节溶液的 pH 至4.0 后,将混合液转移至反应釜中,并在180 ℃的烘箱中加热晶化72 h,待缓慢冷却至室温后,有蓝色块状晶体生成,室温过滤干燥后,产率为35%(以 Mo 计)。化合物3 的元素分析结果表明,该化合物的分子式为 $C_{60}H_{64}As_3Cu_5Mo_8N_{24}O_{48}V_4$($M_r$=3 403.14)。经计算,理论值(%): C, 21.17; H, 1.89; N, 9.89。试验值(%):C, 21.22; H, 1.93; N, 9.92。

5.2.4 化合物4的合成

将 $CuCl_2 \cdot H_2O$（0.362 9 g，2.13 mmol）、NH_3VO_3（0.103 7 g，0.89 mmol）、$NaAsO_2$（0.162 8 g，1.25 mmol）、$MoO_3 \cdot H_2O$（0.850 0 g，5.25 mmol）、bih（0.120 6 g，0.55 mmol）和18 mL蒸馏水在室温条件下搅拌60 min，用1.0 mol/L的HCl调节溶液的pH至5.0后，将混合液转移至反应釜中，并在180 ℃的烘箱中加热晶化72 h，待缓慢冷却至室温后，有蓝色块状晶体生成，室温过滤干燥后，产率为37%（以Mo计）。化合物4的元素分析结果表明，该化合物的分子式为 $C_{32}H_{50}As_6Cu_6Mo_{16}N_{16}O_{89}V_8$（$M_r$=4 856.26）。经计算，理论值（%）：C，7.91；H，1.04；N，4.62；试验值（%）：C，7.96；H，1.10；N，4.70。

5.3 {$As_3Mo_8V_4$}型功能配合物的晶体结构

在化合物1～4中挑选高透、形状规则的单晶，分别将单晶黏于玻璃丝上，室温条件下用Bruker SMART CCD APEX（Ⅱ）衍射仪收集衍射数据，采用Mo-Kα（λ = 0.710 73 Å）。晶体结构利用SHELXL-97程序以直接法解出，通过全矩阵最小二乘法进行精修。化合物1～4均采用理论加氢的方法得到氢原子的位置，化合物1～4的晶体数据见表5-1和表5-2，部分键长和键角见表5-3。

表5-1 化合物1和化合物2的晶体数据

化合物	1	2
分子式	$C_{42}H_{50}As_3Cu_2Mo_8N_{12}O_{43}V_4$	$C_{56}H_{54}As_3Cu_4Mo_8N_{16}O_{40}V_4$
分子质量	2 734.08	3 041.35
晶系	三斜晶系	三斜晶系
空间群	P -1	P -1
a/Å	10.778 2(10)	13.082 1(9)
b/Å	13.416 5(12)	13.626 4(9)
c/Å	13.726 4(13)	14.229 0(10)
α/(°)	114.525 0(10)	65.418 0(10)
β/(°)	92.897 0(10)	89.146 0(10)

续表 5-1

化合物	1	2
γ/(°)	95.048 0(10)	69.139 0(10)
$V/Å^3$	1 790.5(3)	2 128.7(3)
Z	1	1
μ/mm^{-1}	3.908	3.780
$D_c/(mg \cdot cm^{-3})$	2.536	2.372
GOF on F^2	1.137	1.033
final R indices $I > 2\sigma(I)$	R_1 = 0.049 3 wR_2 =0.122 4	R_1 = 0.049 6 wR_2 =0.125 3

注：$R_1 = \sum || F_o | - | F_c || / \sum | F_o |$，$wR_2 = \{Rw[(F_o)^2 - (F_c)^2]^2 / Rw[(F_o)_2]_2\}^{1/2}$,1 Å = 0.1 nm。

表 5-2 化合物 3 和化合物 4 的晶体数据

化合物	3	4
分子式	$C_{60}H_{64}As_3Cu_5Mo_8N_{24}O_{48}V_4$	$C_{48}H_{72}As_3Cu_4Mo_8N_{16}O_{40}V_4$
分子质量	3 403.14	2 963.45
晶系	三斜晶系	单斜晶系
空间群	P −1	P 1 21/n 1
a/Å	12.873 5(10)	13.948 7(12)
b/Å	14.500 1(12)	14.753 6(12)
c/Å	15.323 4(12)	20.583 8(17)
α/(°)	113.356 0(10)	90
β/(°)	100.382 0(10)	96.123 0(10)
γ/(°)	109.265 0(10)	90
$V/Å^3$	2 313.8(3)	4 211.8(6)
Z	1	2
μ/mm^{-1}	3.722	3.817
$D_c/(mg \cdot cm^{-3})$	2.442	2.337
GOF on F^2	1.273	1.024
final R indices $I > 2\sigma(I)$	R_1 = 0.077 5 wR_2 =0.149 1	R_1 = 0.043 9 wR_2 = 0.110 4

注：$R_1 = \sum || F_o | - | F_c || / \sum | F_o |$，$wR_2 = \{Rw[(F_o)^2 - (F_c)^2]^2 / Rw[(F_o)_2]_2\}^{1/2}$,1 Å = 0.1 nm。

表 5-3 化合物 1 ~ 4 部分键长(Å)和键角(o)

化合物 1					
Mo(1)—O(22)	1.645(6)	Mo(1)—O(11)	1.969(12)	Mo(2)—O(20)	1.896(11)
Mo(2)—O(2)	2.379(9)	Mo(3)—O(7)	1.707(11)	Mo(3)—O(14)#1	1.713(14)
Mo(4)—O(17)	1.661(5)	Mo(4)—O(1)	2.432(9)	As(1)—O(5)	1.716(9)
As(1)—O(2)	1.677(9)	As(2)—O(9)	1.776(11)	As(2)—O(10)	1.827(18)
Cu(1)—N(4)#2	1.875(7)	Cu(1)—N(1)	1.871(7)	V(1)—O(7)	1.855(11)
V(1)—O(8)	1.908(13)	V(2)—O(14)	1.883(14)	V(2)—O(1)	2.361(9)
O(22)—Mo(1)—O(11)	109.0(4)	O(22)—Mo(1)—O(6)	113.0(5)	O(3)—Mo(2)—O(2)	69.4(4)
O(20)—Mo(2)—O(10)	151.0(5)	O(19)—Mo(3)—O(11)	108.8(4)	O(7)—Mo(3)—O(10)	133.5(6)
O(17)—Mo(4)—O(3)	92.6(4)	O(12)—Mo(4)—O(3)	150.8(5)	O(2)—As(1)—O(5)	111.0(4)
O(4)—As(1)—O(2)	68.6(4)	O(9)—As(2)—O(3)	81.4(5)	O(11)—As(2)—O(3)	124.3(5)
O(7)—V(1)—O(6)	87.2(5)	O(18)—V(1)—O(6)	111.8(5)	O(16)—V(2)—O(15)	111.2(5)
O(16)—V(2)—O(1)	156.2(4)	N(1)—Cu(1)—N(4)#2	169.6(4)	N(1)—Cu(1)—O(6A)	99.8(4)
用于生成等效原子的对称变换：#1 表示 $-x-1, -y+2, -z+1$；#2 表示 $-x, -y+1, -z$					
化合物 2					
Mo(1)—O(2)#1	2.059(15)	Mo(1)—O(15)	1.740(10)	Mo(2)—O(6)	2.013(8)
Mo(2)—O(11)	1.623(8)	Mo(3)—O(4)	1.944(9)	Mo(3)—O(19)	2.322(7)
Mo(4)—O(7)	1.73(2)	Mo(4)—O(9)	1.639(8)	As(1)—O(19)	1.741(7)
As(1)—O(20)	1.592(7)	As(2)—O(3)	2.134(9)	As(2)—O(6)	1.702(8)
V(1)—O(4)	2.112(9)	V(1)—O(13)	1.981(9)	V(2)—O(9)	1.922(8)

续表 5-3

V(2)—O(10)	1.582(4)	Cu(1)—N(1)	1.887(5)	Cu(1)—N(3)	1.874(6)
O(2)$^{\#1}$—Mo(1)—O(16)	71.3(6)	O(15)—Mo(1)—O(18)	99.1(6)	O(6)—Mo(2)—O(3)	70.6(3)
O(11)—Mo(2)—O(3)	152.8(4)	O(1)—Mo(3)—O(2)92.3(4)	92.3(4)	O(2)—Mo(3)—O(19)	95.5(4)
O(7)—Mo(4)—O(6)	112.4(9)	O(8)—Mo(4)—O(6)	135.9(4)	O(20)—As(1)—O(19)	109.2(3)
O(20)$^{\#1}$—As(1)—O(19)	70.8(3)	O(2)—As(2)—O(3)	82.4(5)	O(6)—As(2)—O(2)	122.8(4)
O(4)—V(1)—O(19)	70.1(3)	O(14)—V(1)—O(15)	112.4(4)	O(9)—V(2)—O(18)	149.5(4)
O(10)—V(2)—O(11)	114.5(3)	N(3)—Cu(1)—N(1)	172.8(2)	N(8)—Cu(3)—N(8)$^{\#2}$	180.0
用于生成等效原子的对称变换:#1 表示 $-x,-y+1,-z+1$;#2 表示 $-x,-y+3,-z$					
化合物 3					
Mo(1)—O(23)	1.662(7)	Mo(1)—O(22)	1.911(18)	Mo(2)—O(20)	1.680(8)
Mo(2)—O(13)	1.974(17)	Mo(3)—O(10)	1.691(15)	Mo(3)—O(11)	1.934(18)
Mo(4)—O(8)	1.699(16)	Mo(4)—O(14)	1.929(15)	As(1)—O(2)	1.698(13)
As(2)—O(5)	1.808(19)	Cu(1)—O(14)	2.446(15)	Cu(1)—N(1)	1.904(10)
Cu(2)—N(6)$^{\#2}$	1.885(9)	Cu(2)—N(4)	1.906(9)	Cu(3)—O(24)	2.464(12)
Cu(3)—N(10)$^{\#2}$	1.893(8)	V(1)—O(17)	1.574(8)	V(1)—O(13)	2.030(17)
V(2)—O(19)	1.556(8)	V(2)—O(2)	2.358(12)	O(23)—Mo(1)—O(3)	92.4(6)
O(23)—Mo(1)—O(12A)	114.5(7)	O(20)—Mo(2)—O(6)	89.5(5)	O(3)—Mo(2)—O(6)	79.4(7)
O(18)—Mo(3)—O(10)	113.8(7)	O(10)—Mo(3)—O(9)	87.0(7)	O(15)—Mo(4)—O(8)	115.9(6)
O(8)—Mo(4)—O(14)	98.8(7)	O(1)$^{\#1}$—As(1)—O(2)	68.5(6)	O(9)—As(1)—O(21)	113.3(6)
O(6)—As(2)—Mo(1)	113.4(5)	O(5)—As(2)—O(3)	124.4(8)	O(14)—Cu(1)—O(15)	62.7(4)

续表 5-3

N(1)—Cu(1)—O(15)	90.8(4)	N(4)—Cu(2)—O(16)	97.1(4)	N(6)$^{\#2}$—Cu(2)—N(4)	160.6(5)
N(7)—Cu(3)—N(10)$^{\#2}$	165.7(4)	N(10)$^{\#2}$—Cu(3)—O(24)	95.7(4)	O(13)—V(1)—O(9)	106.4(6)
O(12)—V(1)—O(11)	98.4(8)	O(19)—V(2)—O(2)	156.0(5)	O(19)—V(2)—O(1)$^{\#1}$	157.0(5)
用于生成等效原子的对称变换：#1 表示 $-x+1,-y+1,-z+1$;#2 表示 $x+1,y,z$					
化合物 4					
Mo(1)—O(3)	1.953(12)	Mo(1)—O(19)	1.660(5)	Mo(2)—O(21)	1.655(4)
Mo(2)—O(7)$^{\#1}$	2.474(8)	Mo(3)—O(9)	1.869(13)	Mo(3)—O(7)	2.404(8)
Mo(4)—O(14)	1.894(12)	Mo(4)—O(15)	2.102(11)	As(1)—O(4)	1.713(7)
As(1)—O(6)	1.614(7)	As(2)—O(10)	2.009(12)	As(2)—O(12)	1.969(15)
Cu(1)—N(1)	1.870(7)	Cu(1)—N(7)$^{\#2}$	1.864(7)	Cu(2)—O(19)	2.467(5)
Cu(2)—N(3)	1.880(6)	V(1)— O(20)	1.577(5)	V(1)—O(2)	1.949(11)
V(2)—O(1)	1.925(10)	V(2)—O(22)	1.573(5)	O(19)—Mo(1)—O(18)	93.1(3)
O(3)—Mo(1)—O(4)	110.2(3)	O(1)—Mo(2)—O(2)	83.0(5)	O(21)—Mo(2)—O(2)	113.5(4)
O(9)—Mo(3)—O(10)	161.8(5)	O(8)—Mo(3)—O(10)	91.6(4)	O(16)—Mo(4)—O(12)	91.9(4)
O(15)—Mo(4)—O(12)	77.2(5)	O(6)—As(1)—O(4)	67.0(4)	O(5)—As(1)—O(7)$^{\#1}$	112.2(4)
O(12)—As(2)—O(10)	83.9(5)	O(15)—As(2)—O(11)	85.5(4)	N(7)$^{\#2}$—Cu(1)—N(1)	163.8(3)
N(1)—Cu(1)—O(16)	108.3(2)	N(3)—Cu(2)—O(19)	94.8(2)	N(3)—Cu(2)—N(6)$^{\#2}$	166.8(3)
O(20)—V(1)—O(3)	92.4(4)	O(2)—V(1)—O(3)	153.5(5)	O(22)—V(2)—O(9)	93.6(4)
O(13)—V(2)—O(4)$^{\#1}$	103.7(4)				
用于生成等效原子的对称变换：#1 表示 $-x+1,-y+1,-z+1$;#2 表示 $x+1/2,-y-1/2,z-1/2$					

5.3.1 化合物 1 的晶体结构

单晶 X 射线衍射分析显示化合物 1 ~ 4 的多阴离子均为{$As_3Mo_8V_4$}、Keggin 型[$As^VMo^{VI}_{12}O_{40}$]$^{3-}$砷钼多阴离子中四个 Mo 原子被四个 V 原子取代，两个{$As^{III}O_4$}簇位于多阴离子的两边，形成双 As^{III} 帽。As^{III}—O 键长为 1.762(10) ~ 2.376(4) Å，As^V—O 键长为 1.614(7) ~ 1.716(9) Å，Mo ═O 键长为 1.644(5) ~ 1.911(8) Å，Mo—O 键长为 1.64(2) ~ 2.489(8) Å，V ═ O 键长为 1.556(8) ~ 1.614(4) Å，V—O 键长为 1.850(10) ~ 2.471(9) Å。

化合物 1 由{$As_3Mo_8V_4$}多阴离子、{Cu-bix}配合物以及水分子组成，如图 5-1 所示。{Cu-bix}配合物与{$As_3Mo_8V_4$}通过弱的铜氧键 Cu1…O6 3.215 Å形成一维链状结构(图 5-2)。

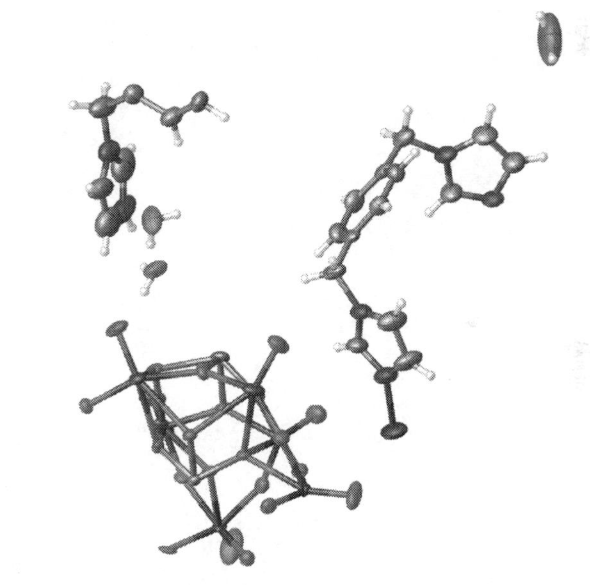

图 5-1　化合物 1 的热椭球图(见彩图)

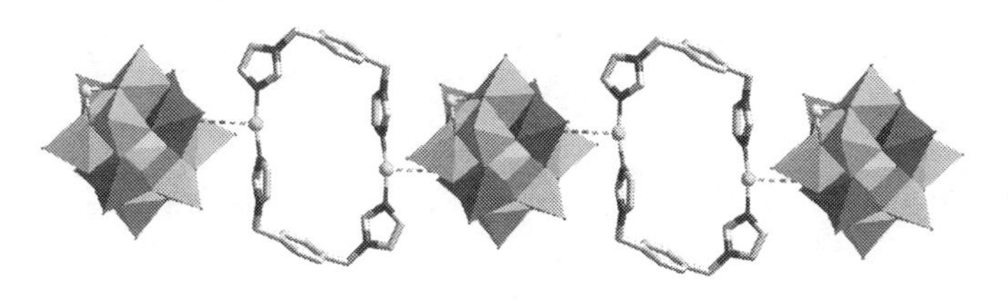

图 5-2　化合物 1 的一维链状结构(见彩图)

5.3.2　化合物 2 的晶体结构

化合物 2 由{$As_3Mo_8V_4$}多阴离子和{Cu-bib}配合物组成，如图 5-3 所示。两个 Cu(1)原子与两个 bib 配体形成一个大的空穴 ca. 6.314 × 11.989 Å，空穴与多阴离子通过 Cu—O 2.620(12)Å 形成一维链，如图 5-4 所示。Cu(2)和 Cu(3)与 bib 配体形成另一种一维链。Cu—N 键长为 1.855(5)~1.887(5) Å。两种一维链互穿，形成三维互穿结构(图 5-5)。

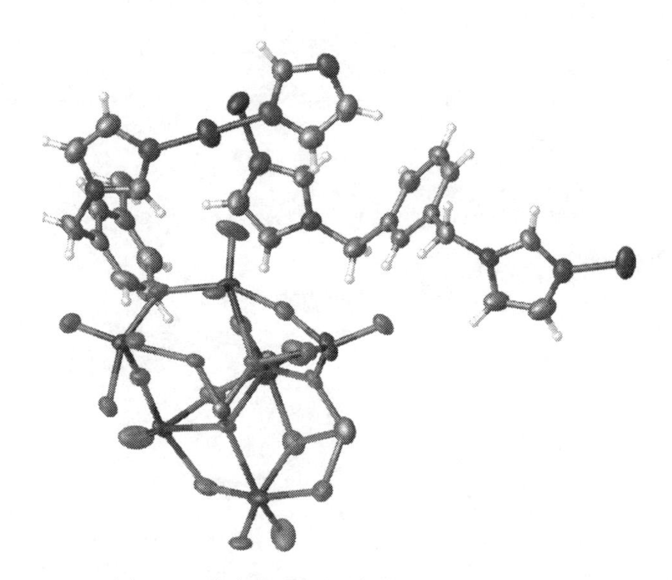

图 5-3　化合物 2 的热椭球图(见彩图)

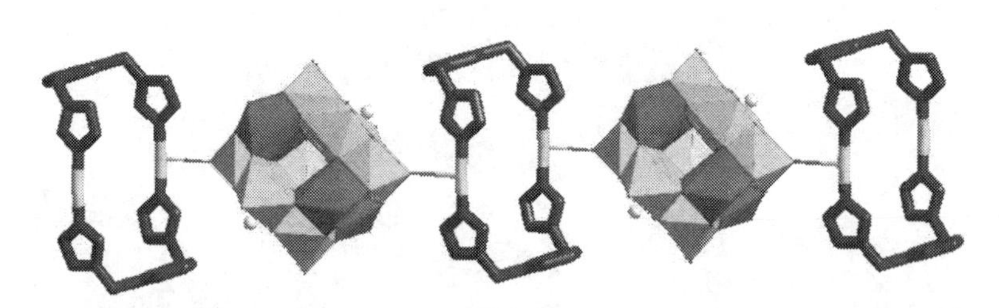

图 5-4　多阴离子与{Cu-bib}配合物形成的一维链状结构(见彩图)

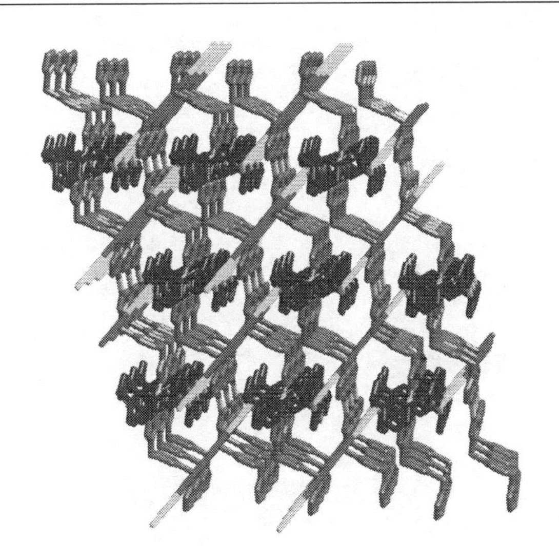

图 5-5 化合物 2 的三维互穿结构(见彩图)

5.3.3 化合物 3 的晶体结构

化合物 3 由$\{As_3Mo_8V_4\}$多阴离子、{Cu-tib}配合物以及水分子组成。Cu(1) 和 Cu(2) 与两个 tib 配体形成空穴 ca. 12.874 × 16.402 Å, $\{As_3Mo_8V_4\}$多阴离子与空穴通过 Cu—O 2.446 ~ 2.636 Å 连接形成一维链,如图 5-6 所示。Cu(3) 与 tib 配体形成一维梯形链,Cu—N 键长为 1.885(9) ~ 1.906(9) Å。两种一维链通过氢键 C(7)—H(7)…O(10) 3.37(2) Å 形成二维层状结构,如图 5-7 所示。

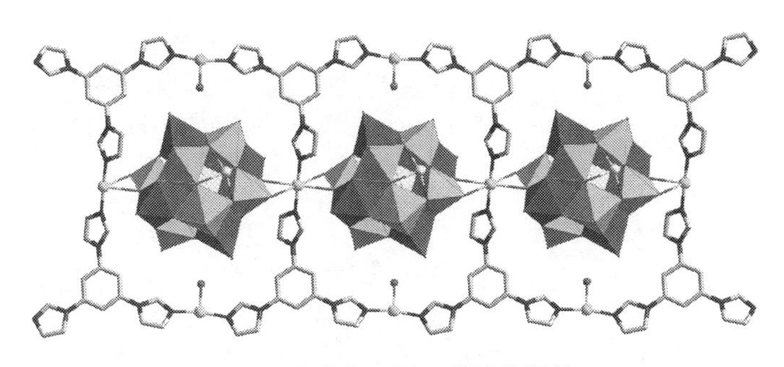

图 5-6 化合物 3 的一维链状结构

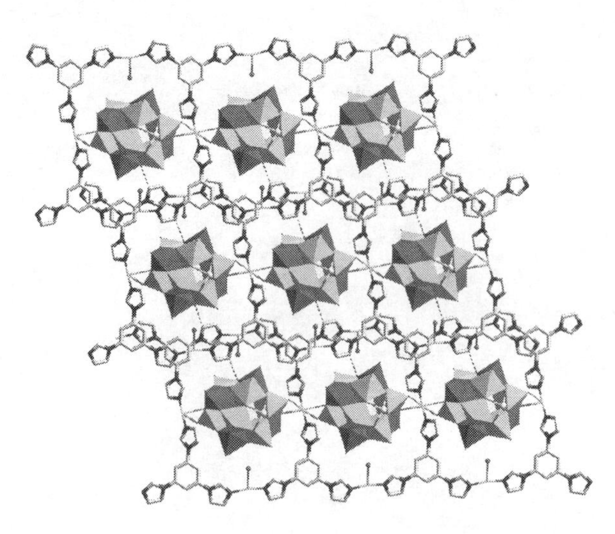

图5-7 化合物3的二维层状结构

5.3.4 化合物4的晶体结构

化合物4由$\{As_3Mo_8V_4\}$多阴离子和{Cu-bih}配合物组成。Cu(1)三配位，Cu(2)四配位,Cu—O键长为2.467(5)~2.574(6) Å，Cu—N键长为1.864(7)~1.892(6)Å 。在化合物4中,$\{As_3Mo_8V_4\}$多阴离子作为亚单元被{Cu-bih}配合物包围形成三维结构,如图5-8所示。$\{As_3Mo_8V_4\}$多阴离子作为6节点,Cu(1)和Cu(2)分别作为3节点和4节点,形成拓扑结构$\{4.6^4.8\}_2\{4^2.6^{13}\}\{4^4.6^4.8^2\}_2$,如图5-9所示。

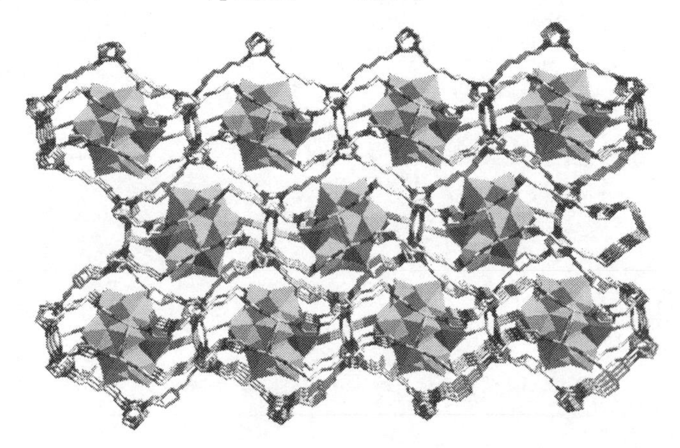

图5-8 化合物4的三维结构

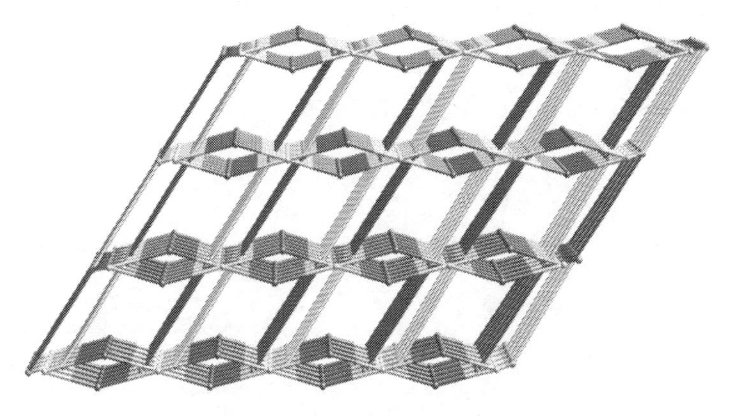

图 5-9 化合物 4 的拓扑结构

5.4 {$As_3Mo_8V_4$}型功能配合物的结构表征

5.4.1 红外分析

如图 5-10 ~ 5-13 所示，化合物 1 ~ 4 的红外光谱中，在 2 975 ~ 1 159 cm^{-1} 范围内属于有机配体的 v(C—N) 和 v(N—N)的特征振动峰。在 980 ~ 949 cm^{-1}内属于 $v(M=O_t)$ (M = Mo 或 V) 的特征振动峰。在 1 058 ~ 1 022 cm^{-1}和 877 ~ 862 cm^{-1}内属于 v(As—O) 的特征振动峰。在 790 ~ 522 cm^{-1}内属于 v(M—O—M) (M = Mo 或 V) 的特征振动峰。这四个吸收峰均属 $v(As—O_a)$，$v(Mo—O_t)$，$v(Mo—O_b)$，$v(Mo—O_c)$ 的特征振动峰。在 3 448 ~ 3 438 cm^{-1}内属于水分子的振动峰。

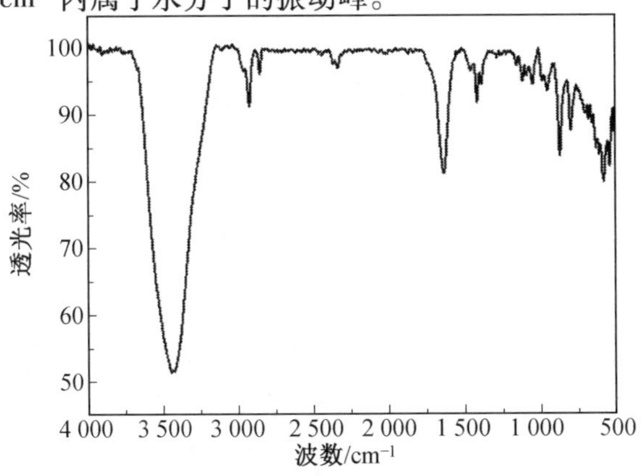

图 5-10 化合物 1 的红外光谱

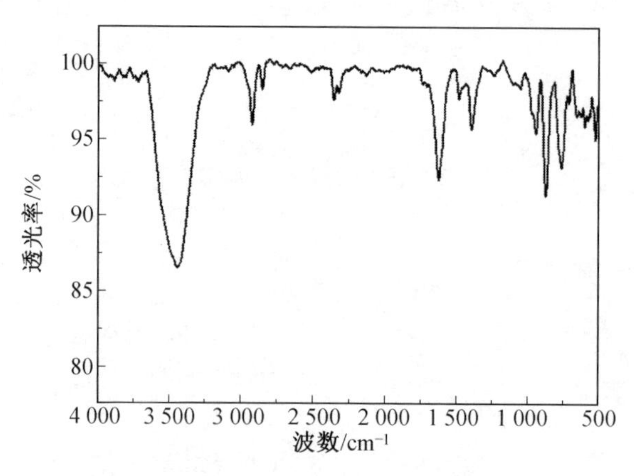

图 5-11 化合物 2 的红外光谱

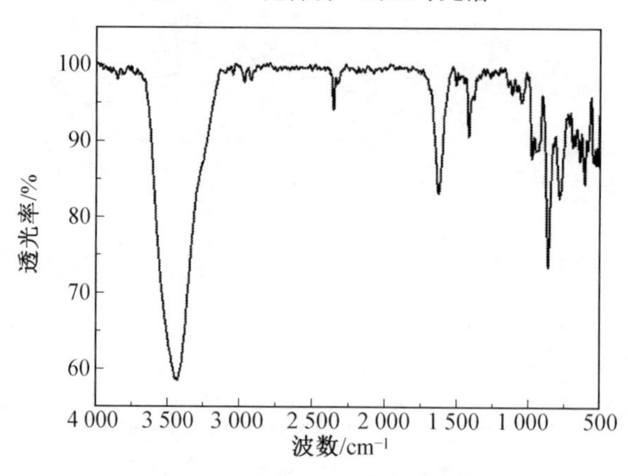

图 5-12 化合物 3 的红外光谱

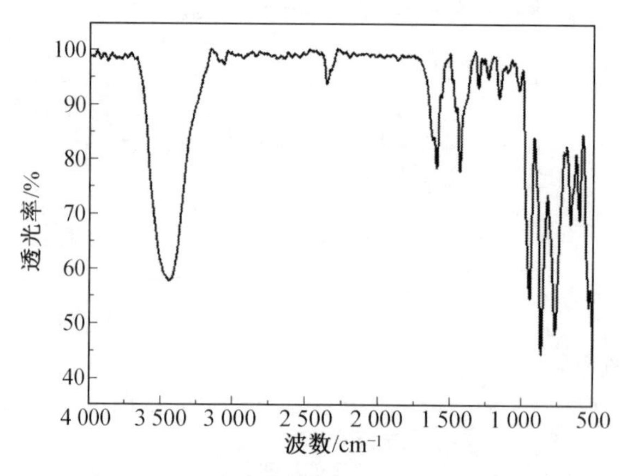

图 5-13 化合物 4 的红外光谱

5.4.2 热稳定性分析

化合物1～4的热重曲线如图5-14～图5-17所示，化合物1的失重过程分为三步，第一步在95～110 ℃内失重为2.06%（理论值为1.98%），属于游离的水分子；第二步在295～350 ℃内失重为26.10%（理论值为26.15%），属于有机配体bix；第三步在410～608 ℃内失重为11.20%（理论值为11.15%），属于多酸阴离子骨架的分解。化合物2的失重过程分为两步，第一步在286～345 ℃内失重为31.32%（理论值为31.27%），属于有机配体bib分子；第二步在411～612 ℃内失重为9.95%（理论值为10.02%），属于多酸阴离子骨架的分解。化合物3在98～180 ℃失重为4.31%（理论值为4.24%），属于游离的水分子；在245～340 ℃失重为32.54%（理论值为32.48%），属于有机配体tib分子；在410～615 ℃内的失

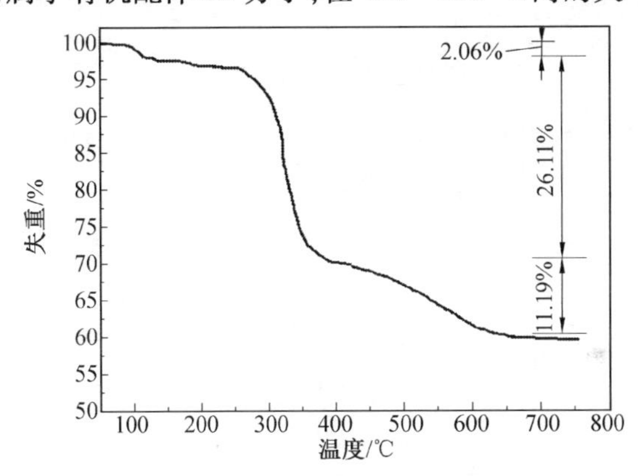

图5-14 化合物1的热重曲线

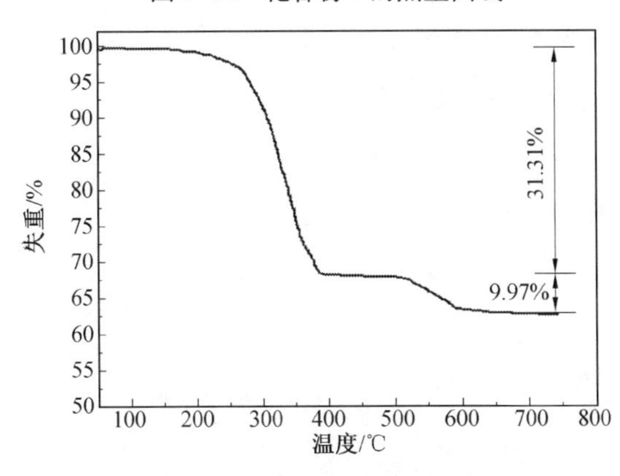

图5-15 化合物2的热重曲线

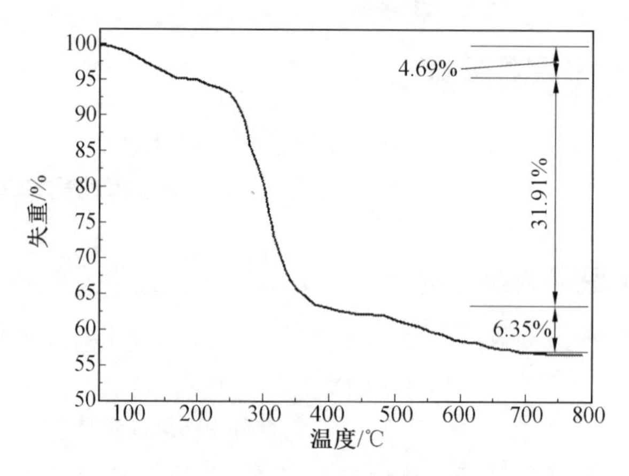

图 5-16　化合物 3 的热重曲线

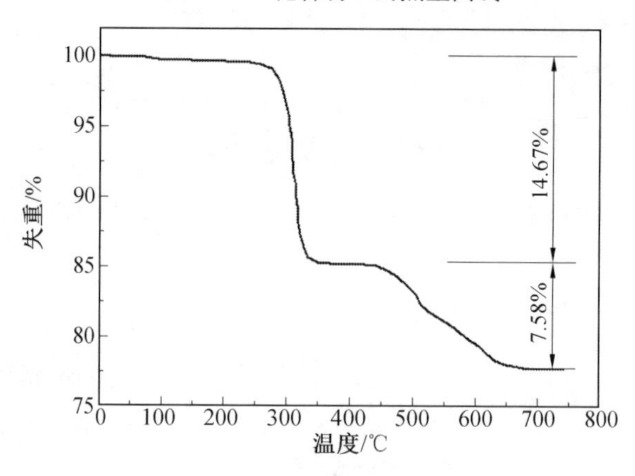

图 5-17　化合物 4 的热重曲线

重为 6.32%（理论值为 6.28%），属于多酸阴离子骨架的分解。化合物 4 的热重曲线分为两步，第一步在温度 275～345 ℃内失重为 14.14 %（理论值为 14.19%），属于有机配体 bih 分子；第二步在温度 415～610 ℃内失重为 7.27%（理论值为 7.22%），属于多酸阴离子{MAs_6Mo_6}骨架的分解。

5.4.3　光电子能谱分析

1. 化合物 1 的光电子能谱分析

化合物 1 的光电子能谱如图 5-18 所示。在 39.0 eV 和 43.5 eV 附近处均显示出 $As^{3+}(3d_{5/2})$ 和 $As^{3+}(3d_{3/2})$ 的特征信号。在 40.8 eV 和 44.5 eV 附近处均显示出 $As^{5+}(3d_{5/2})$ 和 $As^{5+}(3d_{3/2})$ 的特征信号。在 232.3 eV 和 235.3 eV附近处均显示出 $Mo^{6+}(3d_{5/2})$ 和 $Mo^{6+}(3d_{3/2})$ 的特征信号。在

515.6 eV附近处均显示出 $V^{4+}(2p_{3/2})$的特征信号。在933.6 eV 和953.6 eV附近处均显示出 $Cu^{+}(2p_{3/2})$和 $Cu^{+}(2p_{1/2})$的特征信号,因此,光电子能谱测

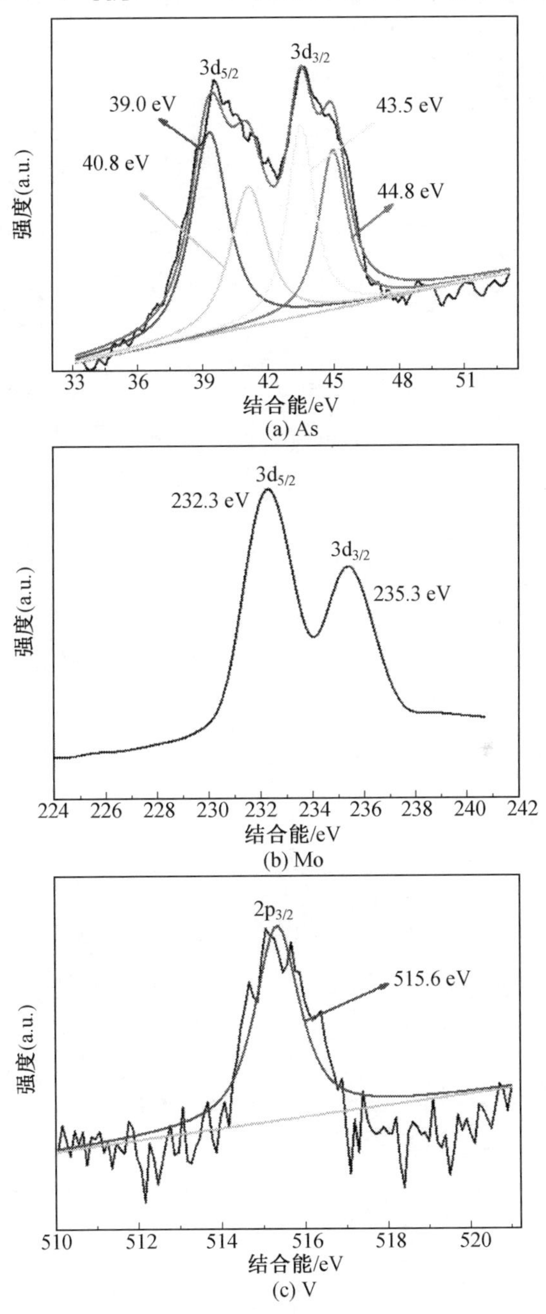

图5-18　化合物1的光电子能谱

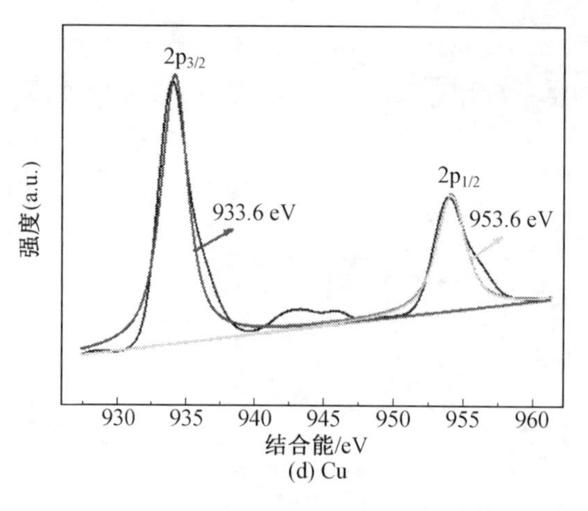

(d) Cu

续图 5-18

试分析结果证实了化合物 1 的晶体成分中均含有 As^{3+}、As^{5+}、Mo^{6+}、V^{4+} 和 Cu^{+} 的存在，且测试结果与这些化合物的价键计算、配位方式及它们的电荷平衡是一致的。

2. 化合物 2 的光电子能谱分析

化合物 2 的光电子能谱如图 5-19 所示。在 39.1 eV 和 43.5 eV 附近处均显示出 $As^{3+}(3d_{5/2})$ 和 $As^{3+}(3d_{3/2})$ 的特征信号。在 40.8 eV 和 45.0 eV 附近处均显示出 $As^{5+}(3d_{5/2})$ 和 $As^{5+}(3d_{3/2})$ 的特征信号。在 232.4 eV 和 235.5 eV附近处均显示出 $Mo^{6+}(3d_{5/2})$ 和 $Mo^{6+}(3d_{3/2})$ 的特征信号。在 516.2 eV附近处均显示出 $V^{4+}(2p_{3/2})$ 的特征信号。在 932.6 eV 和 952.4 eV

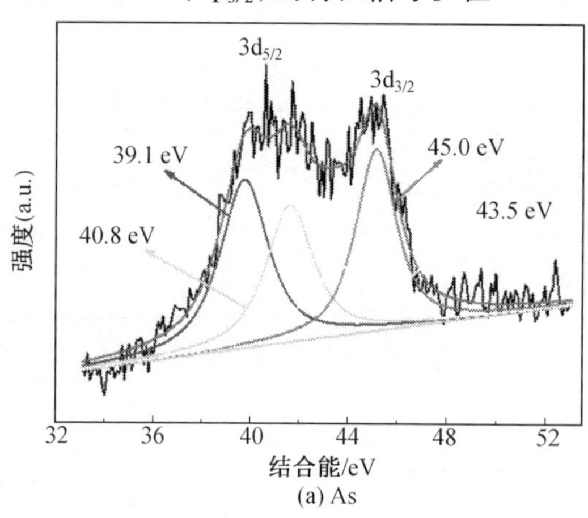

(a) As

图 5-19　化合物 2 的光电子能谱

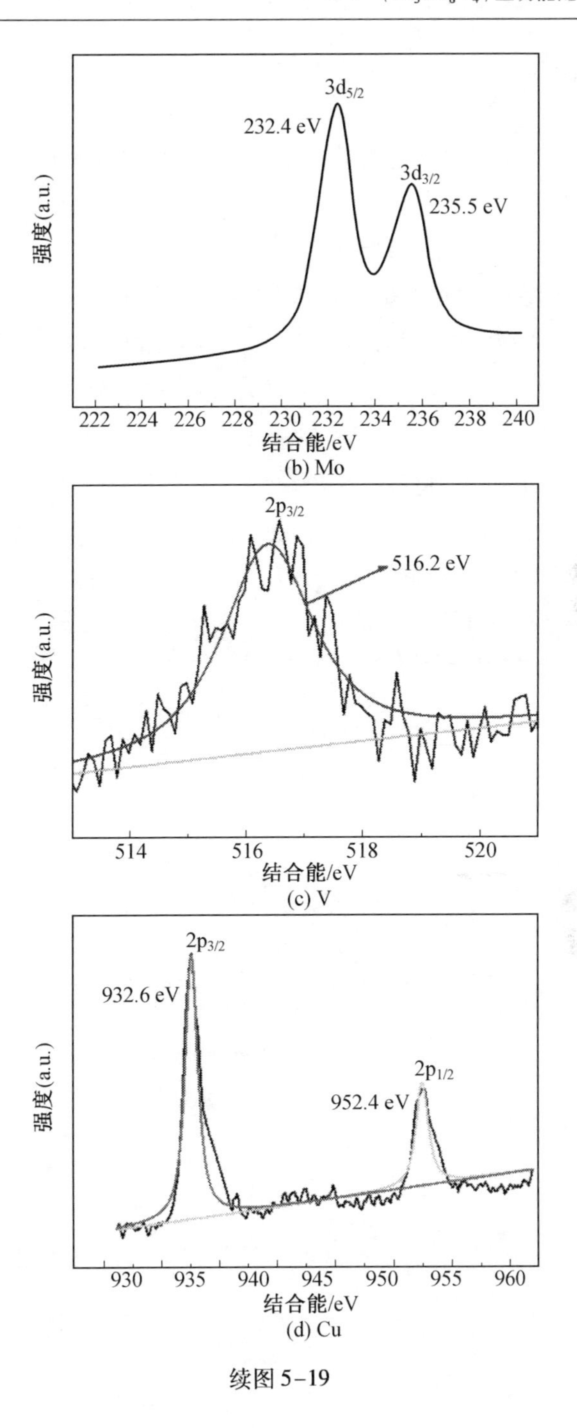

(b) Mo

(c) V

(d) Cu

续图 5-19

附近处均显示出 $Cu^+(2p_{3/2})$ 和 $Cu^+(2p_{1/2})$ 的特征信号，因此，光电子能谱测试分析结果证实了化合物2的晶体成分中均含有 As^{3+}、As^{5+}、Mo^{6+}、V^{4+} 和 Cu^+ 的存在，且测试结果与这些化合物的价键计算、配位方式及它们的电荷平衡是一致的。

3. 化合物3的光电子能谱分析

化合物3的光电子能谱如图5-20所示。在39.1 eV和43.3 eV附近处均显示出 $As^{3+}(3d_{5/2})$ 和 $As^{3+}(3d_{3/2})$ 的特征信号。在40.4 eV和45.1 eV附近处均显示出 $As^{5+}(3d_{5/2})$ 和 $As^{5+}(3d_{3/2})$ 的特征信号。在232.2 eV和235.2 eV附近处均显示出 $Mo^{6+}(3d_{5/2})$ 和 $Mo^{6+}(3d_{3/2})$ 的特征信号。在515.9 eV附近处均显示出 $V^{4+}(2p_{3/2})$ 的特征信号。在933.6 eV和953.5 eV附近处均显示出 $Cu^+(2p_{3/2})$ 和 $Cu^+(2p_{1/2})$ 的特征信号，因此，光电子能谱测试分析结果证实了化合物3的晶体成分中均含有 As^{3+}、As^{5+}、Mo^{6+}、V^{4+} 和 Cu^+ 的存在，且测试结果与这些化合物的价键计算、配位方式及它们的电荷平衡是一致的。

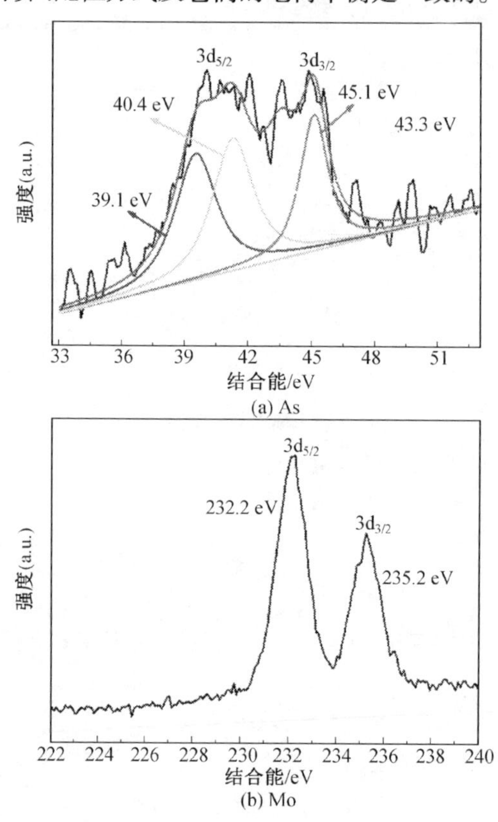

图5-20 化合物3的光电子能谱

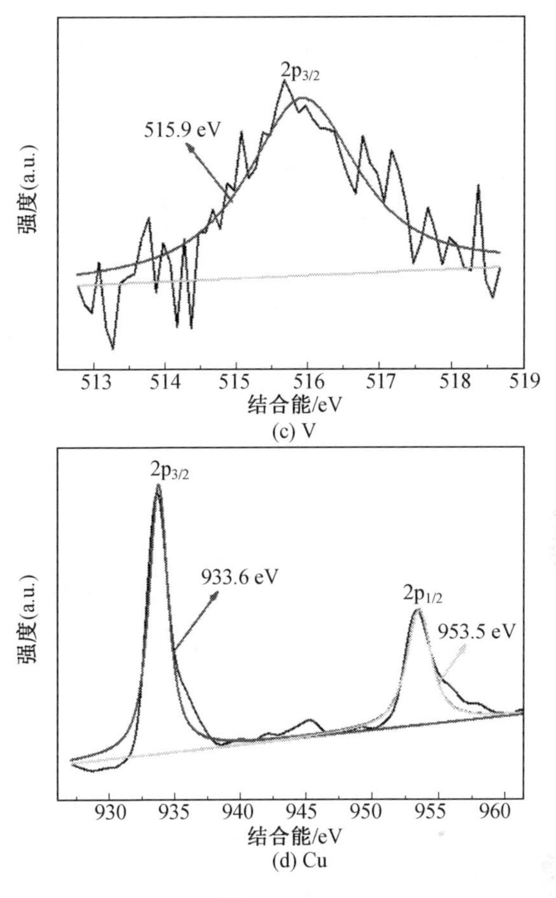

(c) V

(d) Cu

续图 5-20

4. 化合物 4 的光电子能谱分析

化合物 4 的光电子能谱如图 5-21 所示。在 39.1 eV 和 43.3 eV 附近处均显示出 $As^{3+}(3d_{5/2})$ 和 $As^{3+}(3d_{3/2})$ 的特征信号。在 40.9 eV 和 44.7 eV 附近处均显示出 $As^{5+}(3d_{5/2})$ 和 $As^{5+}(3d_{3/2})$ 的特征信号。在 232.3 eV 和 235.1 eV附近处均显示出 $Mo^{6+}(3d_{5/2})$ 和 $Mo^{6+}(3d_{3/2})$ 的特征信号。在 515.7 eV附近处均显示出 $V^{4+}(2p_{3/2})$ 的特征信号。在 933.3 eV 和 953.7 eV 附近处均显示出 $Cu^{+}(2p_{3/2})$ 和 $Cu^{+}(2p_{1/2})$ 的特征信号，因此，光电子能谱测试分析结果证实了化合物 4 的晶体成分中均含有 As^{3+}、As^{5+}、Mo^{6+}、V^{4+} 和 Cu^{+} 的存在，且测试结果与这些化合物的价键计算、配位方式及它们的电荷平衡是一致的。

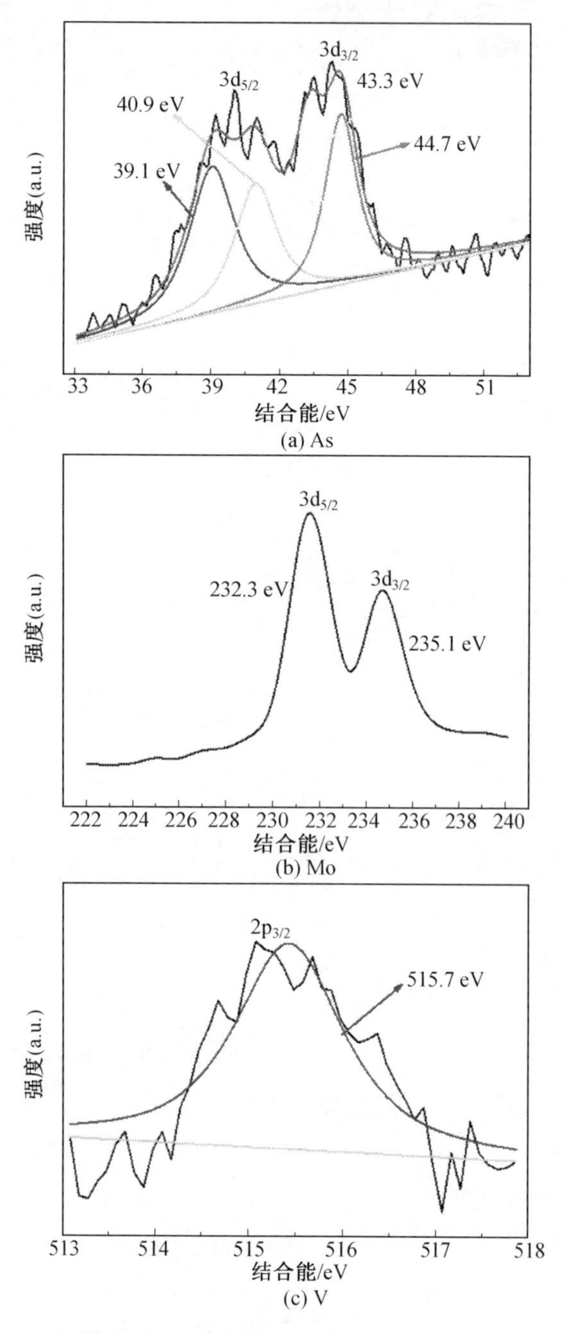

图 5-21　化合物 4 的光电子能谱

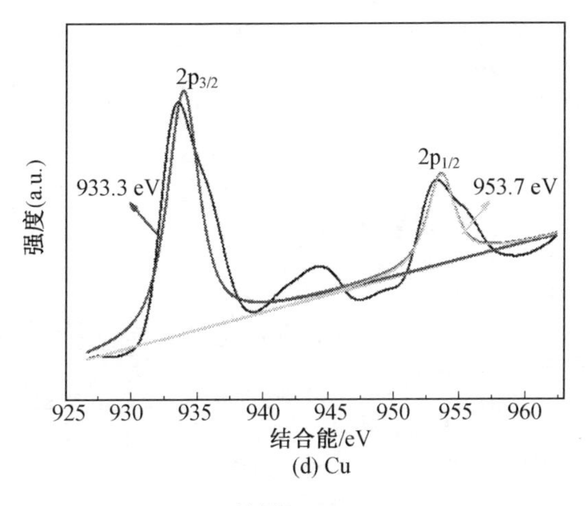

(d) Cu

续图 5-21

5.4.4 紫外分析

图 5-22 所示为化合物 1 ~4 的紫外吸收光谱。被确定的能量轴(x 轴)与能谱边缘切线的交点分别为 2.77 eV、2.91 eV、1.93 eV 和 2.39 eV。化合物 1 ~4 的紫外吸收光谱显示了化合物的光学带隙和半导体性能的存在。因此化合物 1 ~4 将是潜在的光催化剂。

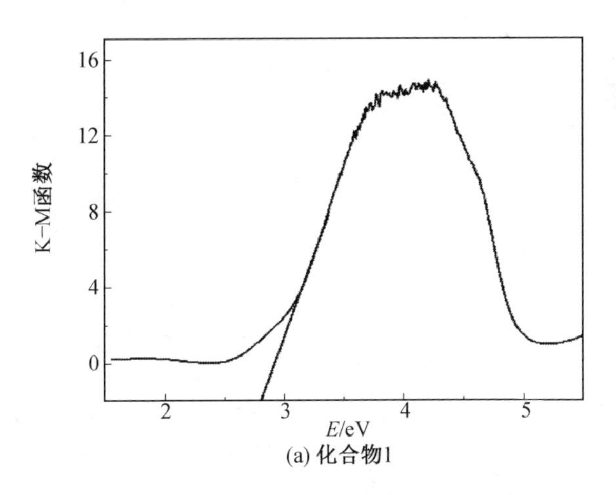

(a) 化合物1

图 5-22　化合物 1 ~4 的紫外吸收光谱

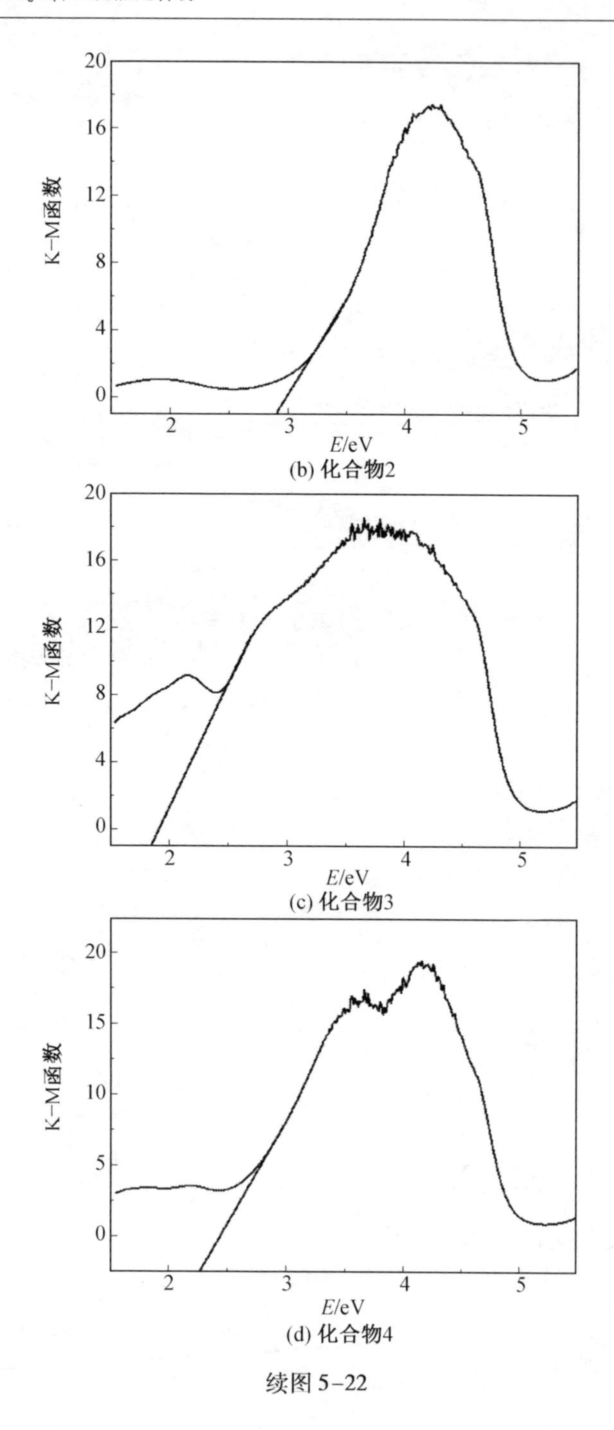

续图 5−22

5.5 $\{As_3Mo_8V_4\}$型功能配合物的性质

5.5.1 荧光性质

在室温条件下,测试了化合物 1 ~ 4 的固态荧光光谱图,如图 5-23 所示。化合物 1 的发射峰在 393 nm,激发波长为 220 nm。有机配体 bix 的荧光光谱在 380 nm 处表现出荧光发射峰,激发波长为 220 nm,化合物 1 与自由有机配体 bix 荧光光谱相比红移 13 nm。化合物 2 的发射峰在 440 nm,激发波长为 397 nm。有机配体 bib 的荧光光谱在 380 nm 处表现出荧光发射峰,激发波长为 220 nm,化合物 2 与自由有机配体 bib 荧光光谱相比蓝移24 nm。这一蓝移现象说明有机配体和 Cu 离子的螯合作用,有效地增加了有机配体的硬度并减少其能量无照射衰减。化合物 3 的发射峰在 403 nm,激发波长为 360 nm。有机配体 tib 的荧光光谱在 408 nm 处表现出荧光发射峰,激发波长为 360 nm,这一现象属于有机配体 tib 内的 $\pi \rightarrow \pi^*$ 电子转移。化合物 4 的发射峰在 408 nm,激发波长为 365 nm,有机配体 bih 的荧光光谱在 379 nm处表现出荧光发射峰,激发波长为 365 nm,化合物 4 与自由有机配体 bih 荧光光谱相比红移 29 nm。化合物 1 和化合物 4 与自由有机配体相比,荧光光谱均发生了红移,这归因于有机配体到过渡金属离子的电子转移。

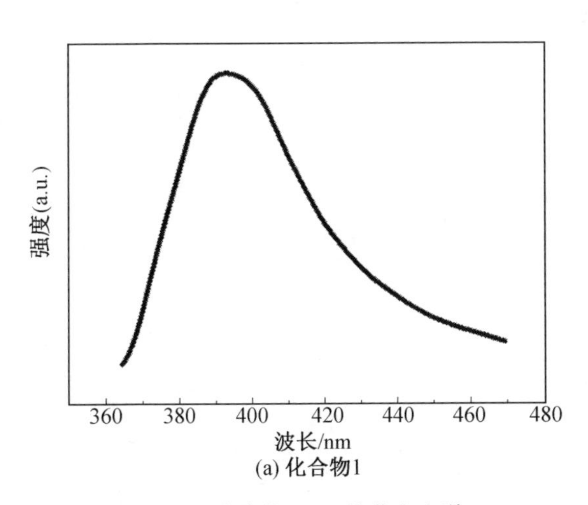

(a) 化合物1

图 5-23　化合物 1 ~ 4 的荧光光谱

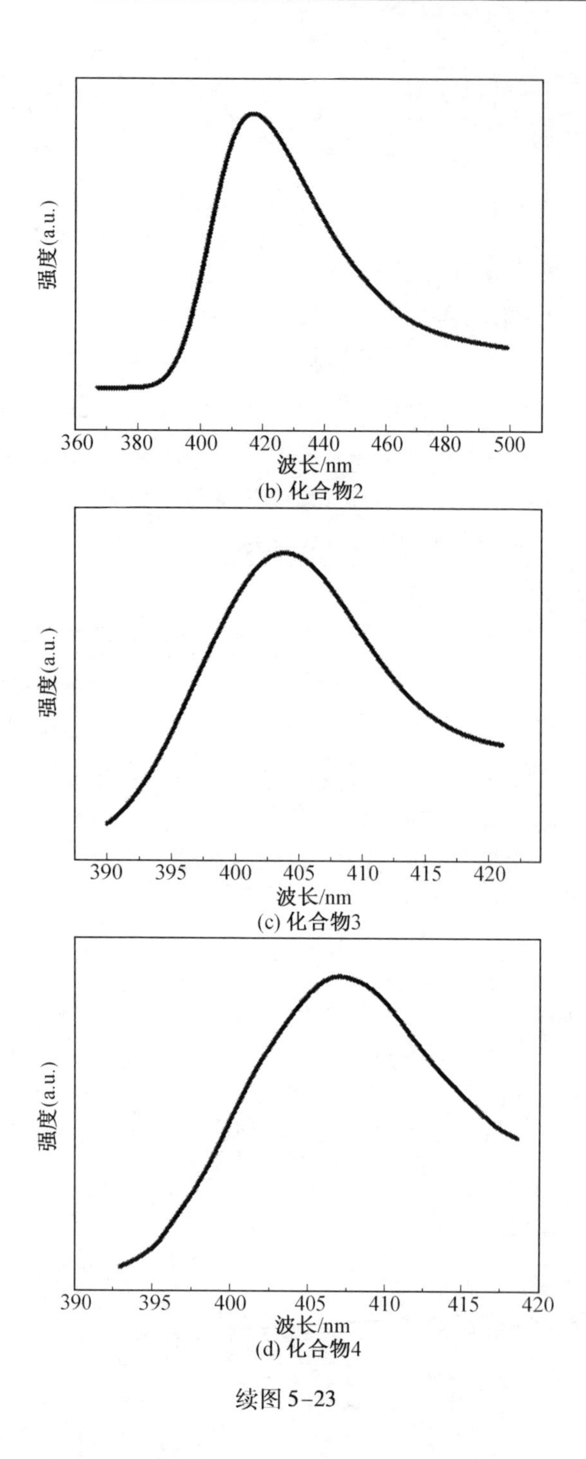
强度(a.u.)
360
380
400
420
440
460
480
500
波长/nm
(b) 化合物2
强度(a.u.)
390
395
400
405
410
415
420
波长/nm
(c) 化合物3
强度(a.u.)
390
395
400
405
410
415
420
波长/nm
(d) 化合物4

续图 5-23

5.5.2 光催化性质

1. 化合物1~4光催化活性

对化合物1~4进行了光催化性质研究,选用MB溶液作为目标染料来进行光降解活性的研究。取出50 mg纯净单晶样品溶于100 mL的MB溶液,其质量浓度C_0= 10 mg/L,暗室中吸附30 min后,在UV光照射下充分搅拌。每隔5 min取出4 mL样品,数次离心后取上层清液用于紫外测试。与此同时,相同条件下对没有加入任何催化剂的MB溶液进行紫外光下照射作为对照试验。如图5-24所示,随着时间的增加,MB溶液的紫外吸收峰由高逐渐降低,结果表明MB在逐渐降解。经计算MB的降解率($1-C/C_0$)得知,120 min后,化合物1~4的降解率分别为92.9%、95.8%、96.6%和97.7%,如图5-25所示。

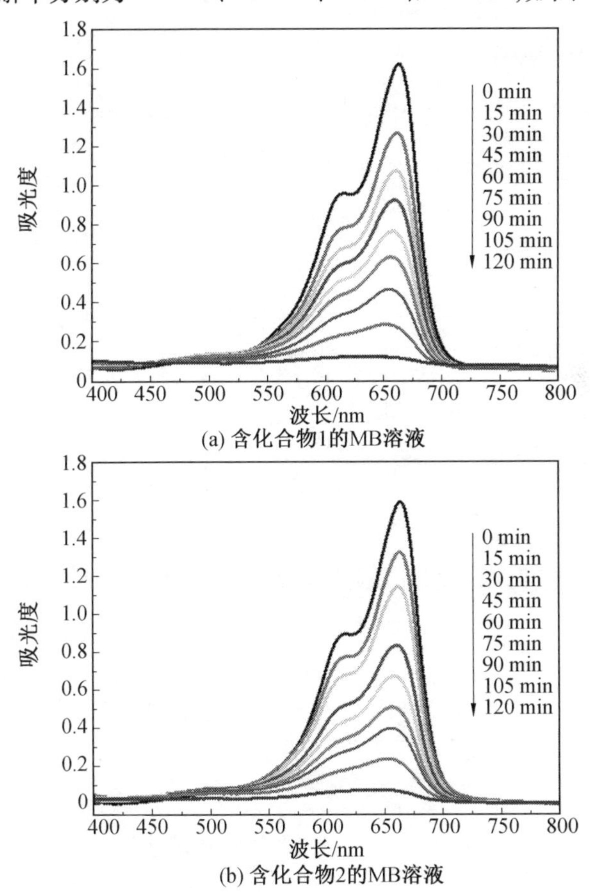

(a) 含化合物1的MB溶液

(b) 含化合物2的MB溶液

图5-24 含化合物1~4的MB溶液在降解过程中的吸收光谱

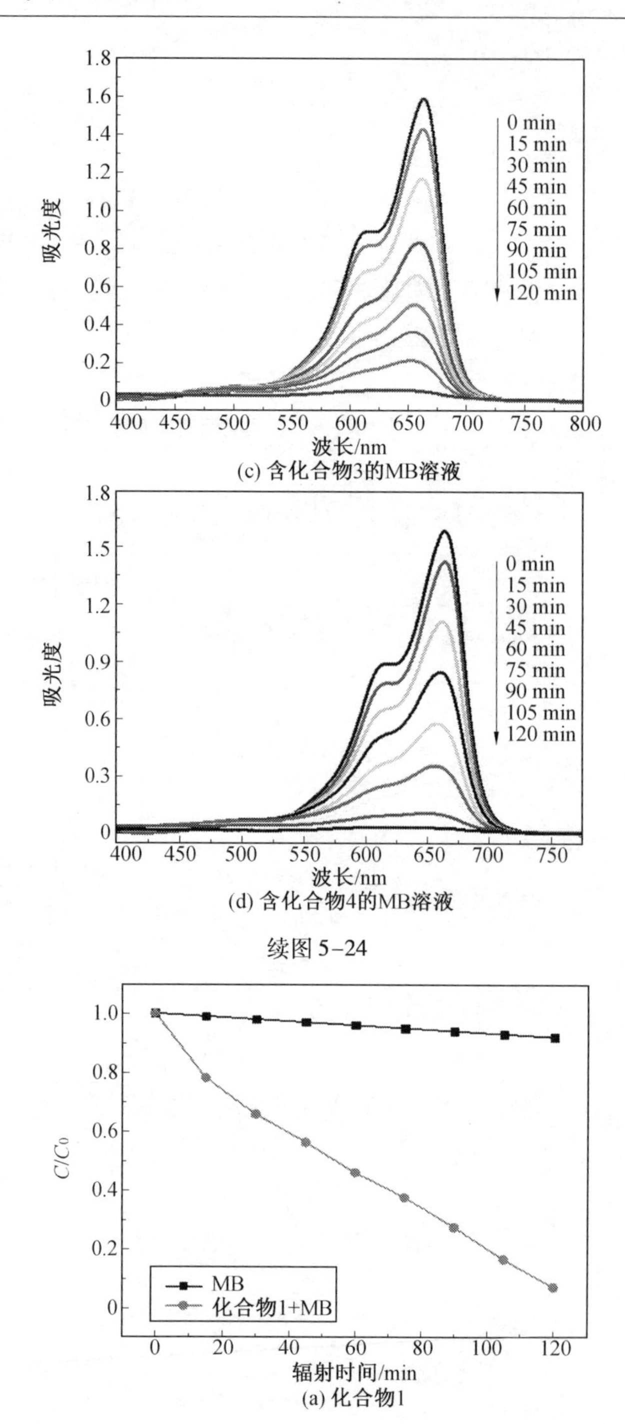

(c) 含化合物3的MB溶液

(d) 含化合物4的MB溶液

续图 5-24

(a) 化合物1

图 5-25 化合物 1 ~ 4 对 MB 溶液的降解率

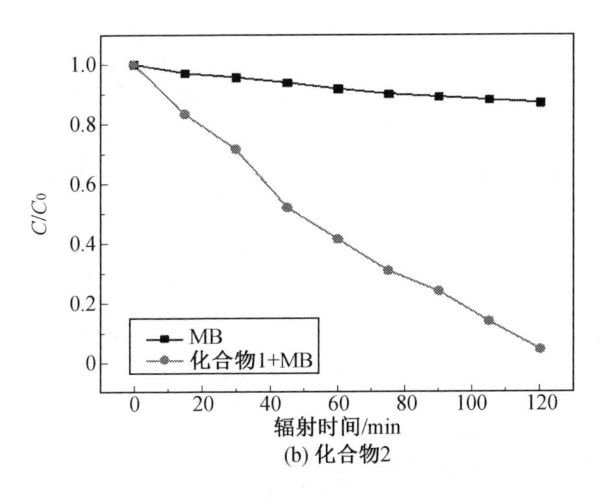

(b) 化合物2

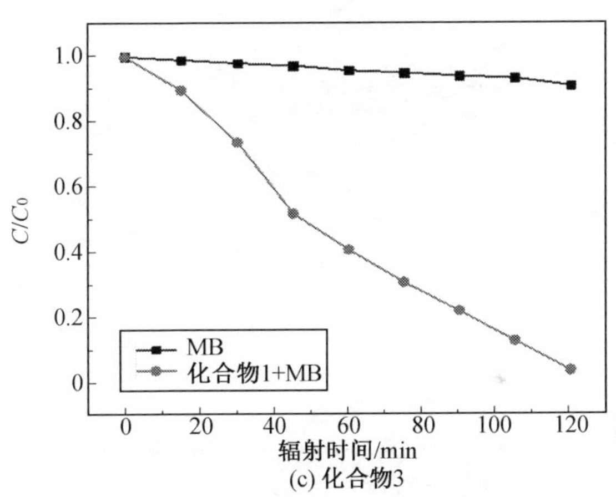

(c) 化合物3

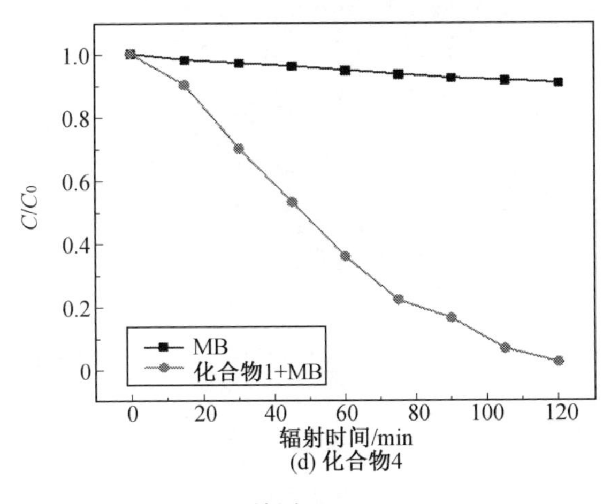

(d) 化合物4

续图 5-25

2. 化合物 1 ~ 4 的光催化稳定性

此外,为了验证催化剂的稳定性能,光催化试验结束后,对样品进行了回收,洗涤后过滤干燥,重新作为光催化剂使用,5 次循环后,化合物 1 ~ 4 对 MB 的降解率分别为 90.7%、93.5%、94.8% 和 95.6%,如图 5-26 所示。之后对 5 次循环利用的光催化剂进行了光电子能谱测试,如图 5-27 所示,化合物 1 ~ 4 在光催化降解试验后,其官能团结构并未发生改变。

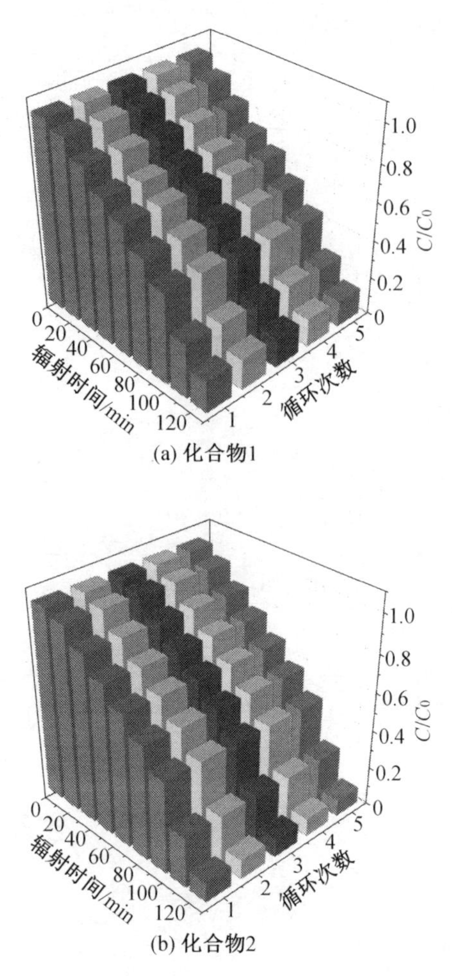

图 5-26 化合物 1 ~ 4 对 MB 溶液循环 5 次的降解率

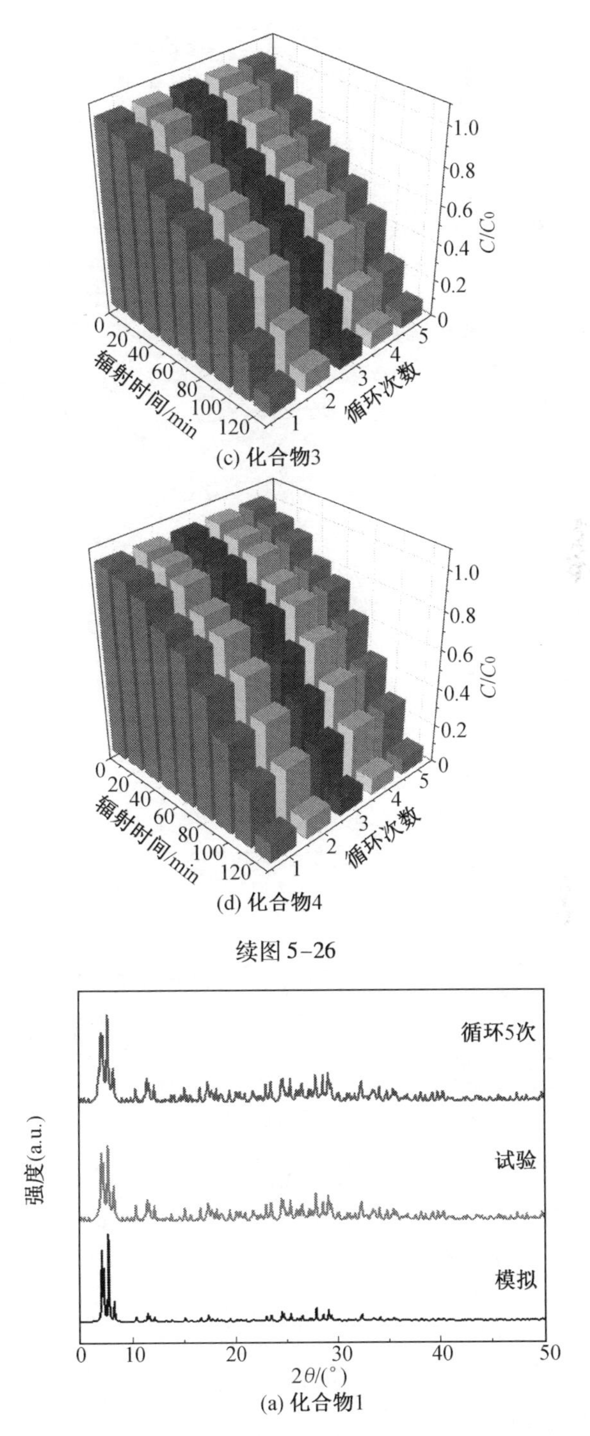

(c) 化合物3

(d) 化合物4

续图 5-26

(a) 化合物1

图 5-27　化合物 1 ~ 4 模拟、试验和对 MB 溶液循环 5 次之后的光电子能谱

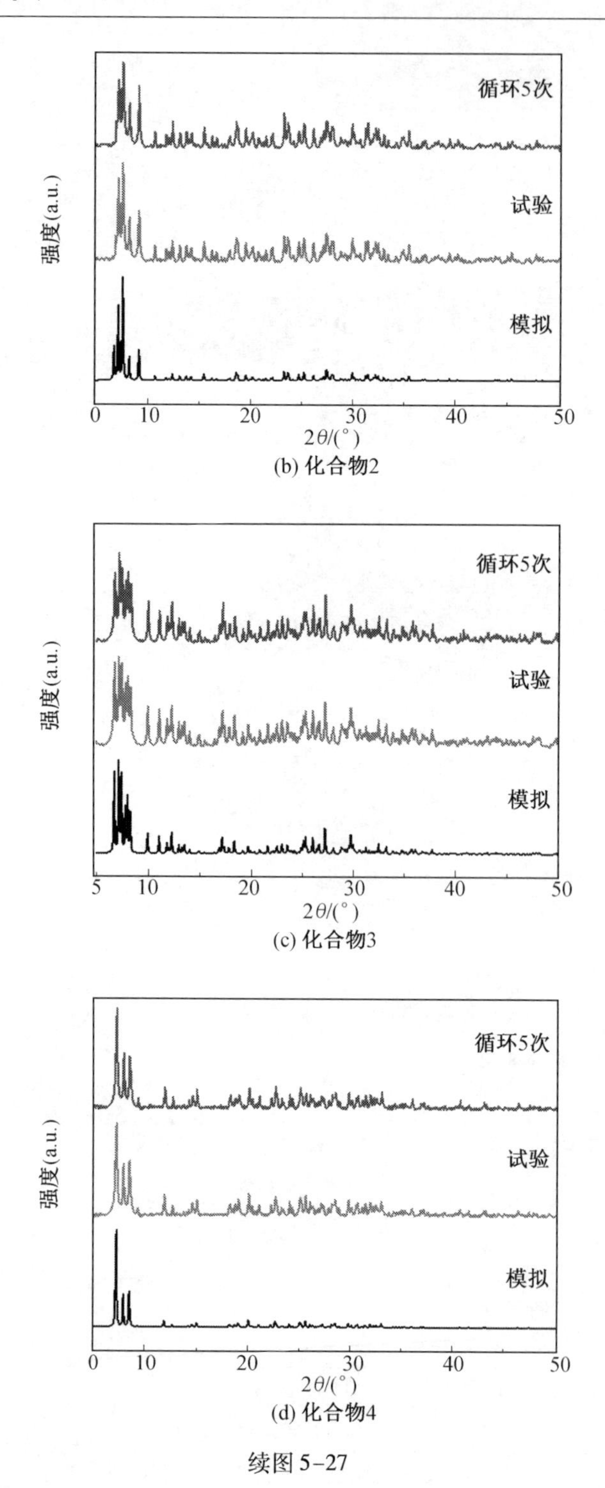

(b) 化合物2

(c) 化合物3

(d) 化合物4

续图 5-27

3. 化合物 1 ~ 4 的光催化机理

为了更好地理解化合物 1 ~ 4 作为光催化剂降解有机染料的反应动力学过程,假定反应动力学方程为一级反应,见式(5–1)。其中 C、C_0、k 和 t 分别为 MB 溶液的现有和初始浓度、动力学常数和反应时间。化合物 1 ~ 4 对 MB 降解的反应速率常数分别为 0.012 9 min^{-1}、0.057 min^{-1}、0.017 8 min^{-1} 和 0.020 5 min^{-1},化合物 1 ~ 4 拟合的反应动力学如图 5–28 所示。

$$\ln \frac{C}{C_0} = -kt \tag{5-1}$$

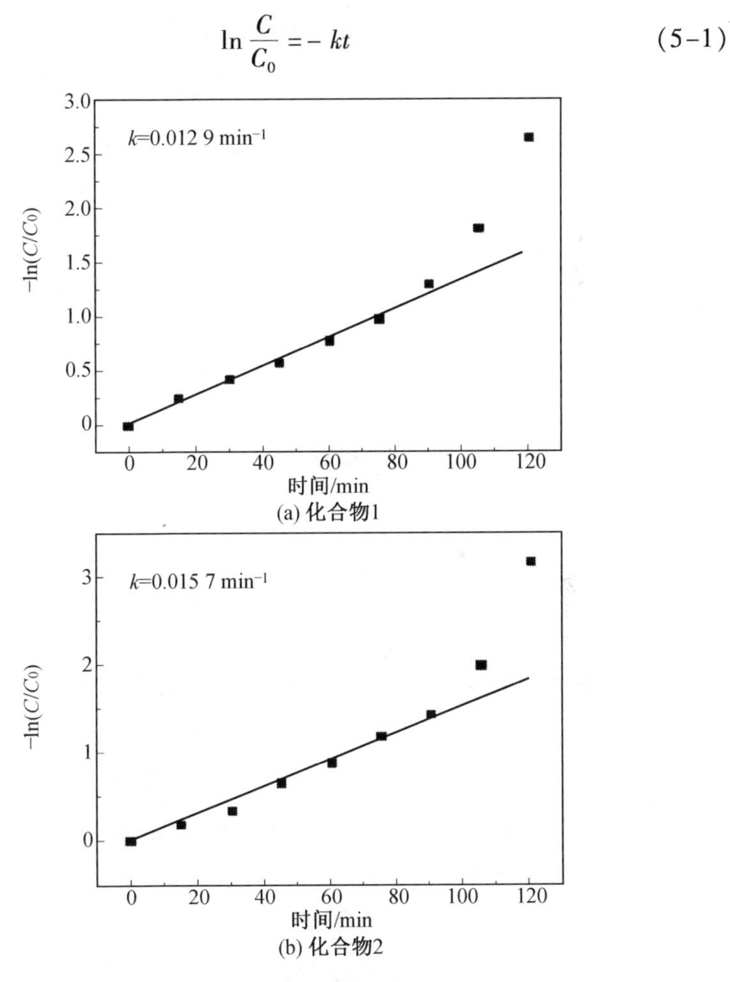

(a) 化合物1

(b) 化合物2

图 5–28　化合物 1 ~ 4 拟合的反应动力学

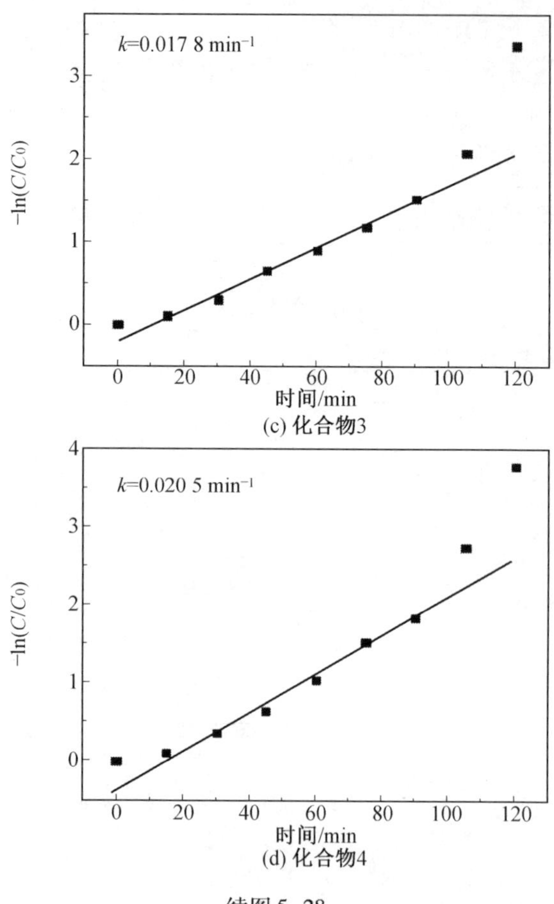

(c) 化合物3

(d) 化合物4

续图 5–28

在光催化反应阶段，催化剂在紫外光的照射下吸收光能形成激发态 $^*\{As_3Mo_8V_4\}$，见反应(1)。激发态的 $^*\{As_3Mo_8V_4\}$ 捕获来自水分子中的电子形成了反应(5–1)。被还原的 $\{As_3Mo_8V_4\}$ 很快被 O_2 氧化，同时伴随着 O_2^- 的产生，如反应(5–2)。在紫外灯照射下，这些反应循环产生。进而，有机染料在 UV 光照射下同样形成激发态 *Dye 反应(5–3)。经过数次循环，有机染料被羟基和超氧自由基降解，如反应(5–4)。

$$\{As_3Mo_8V_4\}+h\nu\rightarrow\{As_3Mo_8V_4\}*\leftrightarrow\{As_3Mo_8V_4\}(e^-+h^+) \tag{5-1}$$

$$O_2+e^-\rightarrow{}^{\bullet}O_2^- \tag{5-2}$$

$$h^++H_2O\rightarrow{}^{\bullet}OH+H^+ \tag{5-3}$$

$$MB+{}^{\bullet}OH+{}^{\bullet}O_2^-\rightarrow CO_2+H_2O+other \tag{5-4}$$

为了确定光催化降解过程中相关活性物质的作用，使用分子探针的方法确定在降解 MB 过程中各活性物质的影响。选择异丙醇(Iso-propyl Alcoho(IPA), 1 mmol/L)、草酸铵(Ammonium Oxalate(AO),1 mmol/L) 和苯醌(Benzo Quinone(BQ),1 mmol/L)分别作为$^{\bullet}OH$、h^+和 $^{\bullet}O_2^-$的捕获剂,如图5-29所示,当异丙醇(Iso-propyl Alcoho(IPA), 1 mmol/L)、草酸铵(Ammonium Oxalate(AO),1 mmol/L) 和苯醌(Benzo Quinone(BQ),1 mmol/L)分别被加入到光催化反应溶液中,MB 的光催化降解率分别为 91%、52% 和 45%,因此,在$\{As_3Mo_8V_4\}$型功能配合物作为光催化剂降解 MB 的过程中,活性物质的影响顺序依次为$^{\bullet}O_2^->$ h+ >$^{\bullet}OH$。

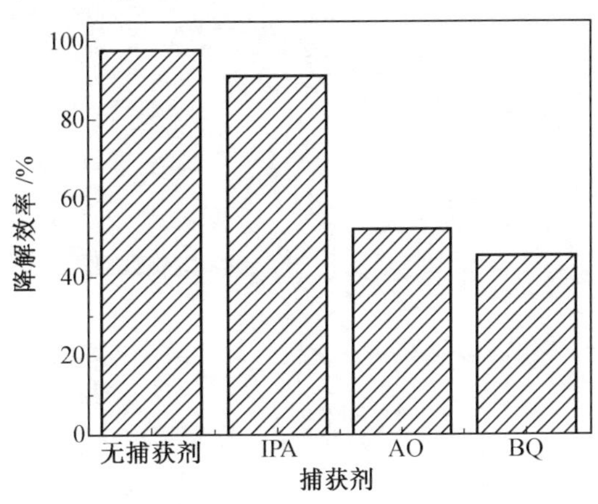

图 5-29　光催化降解 MB 过程中活性物质的捕获试验

4. 化合物 1 ~4 光催化降解 RhB 活性

对化合物 1 ~4 的光催化性质进行了研究,选用 RhB 作为目标染料进行光降解活性的研究。取出 50 mg 纯净单晶样品溶于 100 mL 的 RhB 溶液,其质量浓度 C_0= 10 mg/L,暗室中吸附 30 min 后,在 UV 光照射下充分搅拌。每隔 5 min 取出 4 mL 样品,数次离心后取上层清液用于紫外测试。与此同时,相同条件下对没有加入任何催化剂的 RhB 溶液进行紫外光下照射用作对照试验。如图 5-30 所示,随着时间的增加,RhB 溶液的紫外吸收峰逐渐减少,结果表明 RhB 有机染料在逐渐降解。经计算 RhB 的降解率($1-C/C_0$)得知,120 min 后,化合物 1 ~4 的降解率分别为 87. 9%、90. 5%、91. 0% 和 95. 1%,如图 5-31 所示。

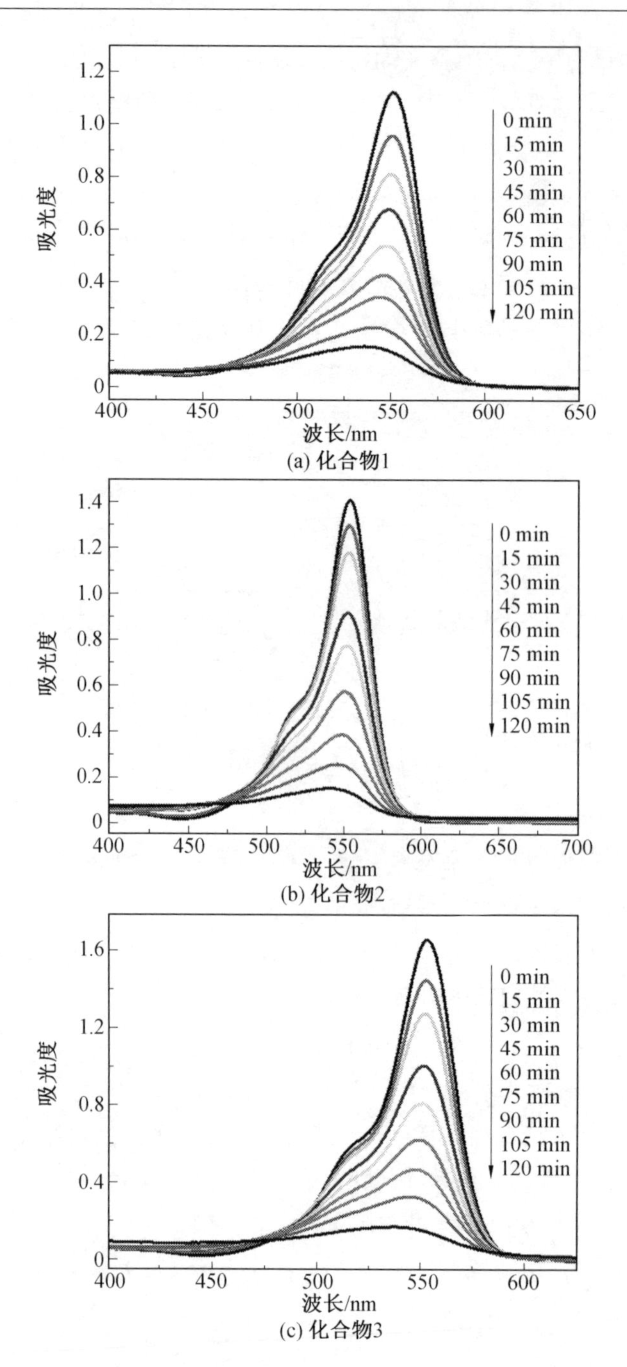

(a) 化合物1

(b) 化合物2

(c) 化合物3

图 5-30　化合物 1 ~ 4 的 RhB 溶液在降解过程中的吸收光谱

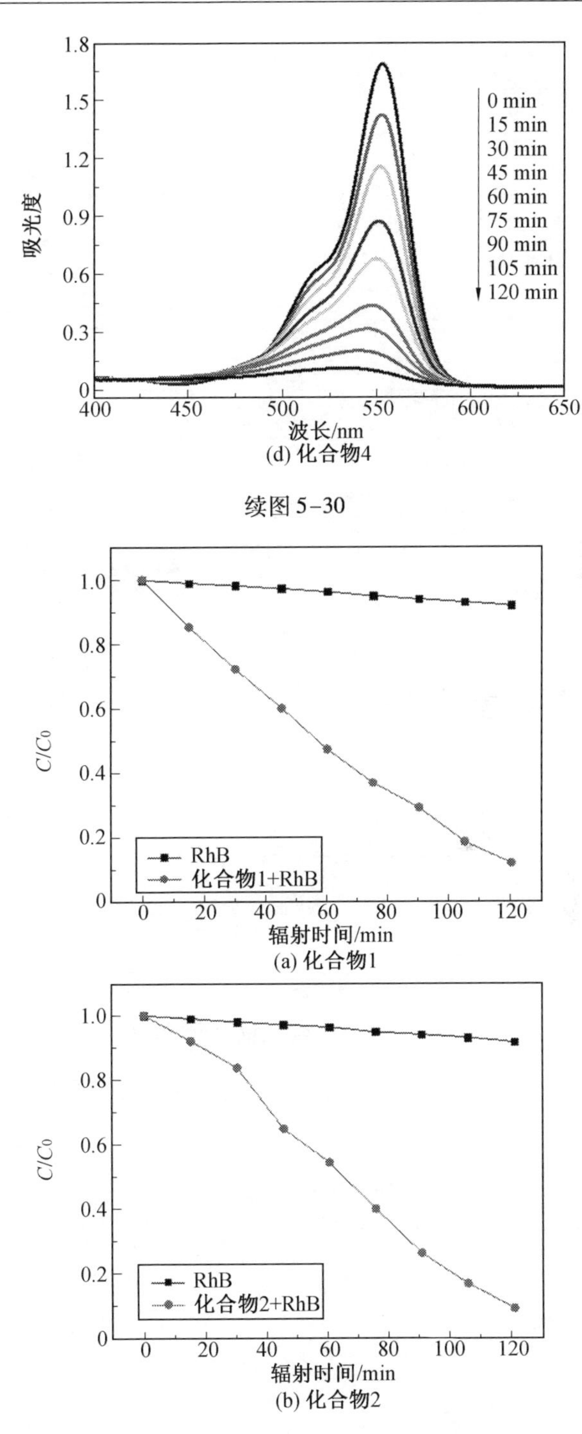

(d) 化合物4

续图 5-30

(a) 化合物1

(b) 化合物2

图 5-31　化合物 1 ~4 对 RhB 溶液的降解率

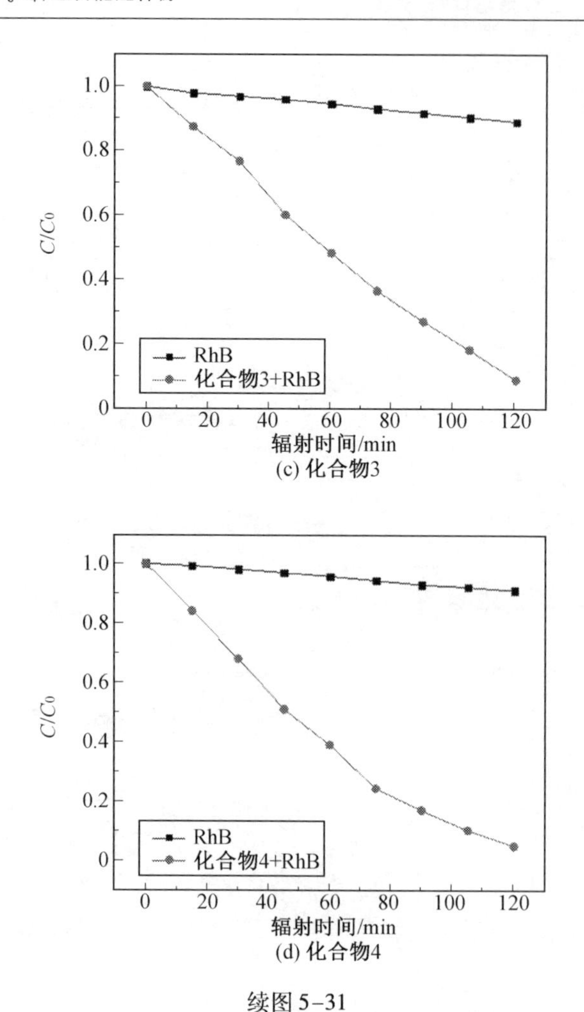

(c) 化合物3

(d) 化合物4

续图 5-31

为了更好地理解化合物 1 ~4 作为光催化剂降解 RhB 的反应动力学过程，假定反应动力学方程为一级反应，见式(5-1)。化合物 1 ~4 对 RhB 降解的反应速率常数分别为 0.013 8 min^{-1}、0.014 7 min^{-1}、0.015 8 min^{-1} 和 0.022 8 min^{-1}，化合物 1 ~4 拟合的反应动力学如图 5-32 所示。

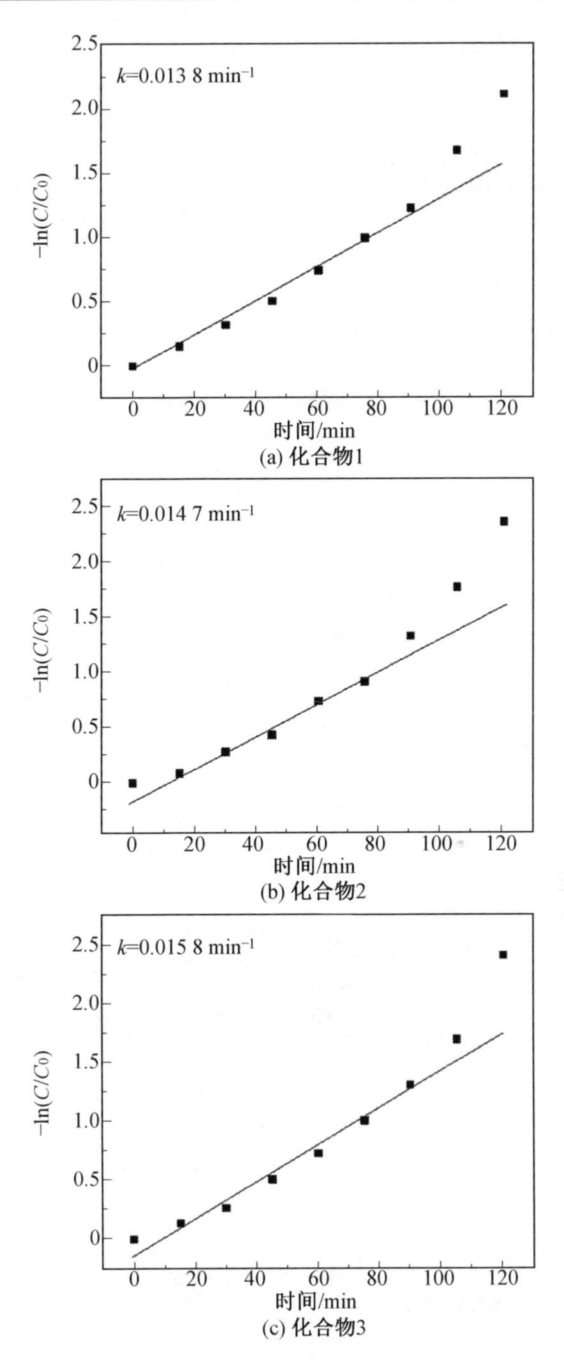

(a) 化合物1

(b) 化合物2

(c) 化合物3

图 5-32 化合物 1 ~4 拟合的反应动力学

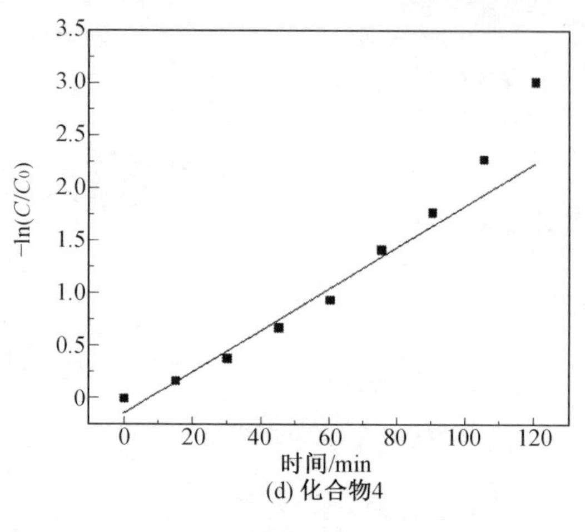

(d) 化合物4

续图 5-32

$\{As_3Mo_8V_4\}$型砷钼酸盐作为光催化剂降解有机染料的示意图如图 5-33 所示，催化剂在紫外光的照射下吸收光能形成激发态$^*\{As_3Mo_8V_4\}$。激发态的$^*\{As_3Mo_8V_4\}$形成光生电子对($\{As_3Mo_8V_4\}(e^-+h^+)$)，电子 e^-与 O_2 形成$^{\bullet}O_2^-$，空穴 h^+与 H_2O 形成$^{\bullet}OH$。有机染料在 UV 光照射下同样形成激发态*Dye，进而，激发态*Dye 与$^{\bullet}O_2^-$和$^{\bullet}OH$ 生成 CO_2、H_2O 和其他物质，有机染料被羟基和超氧自由基降解。

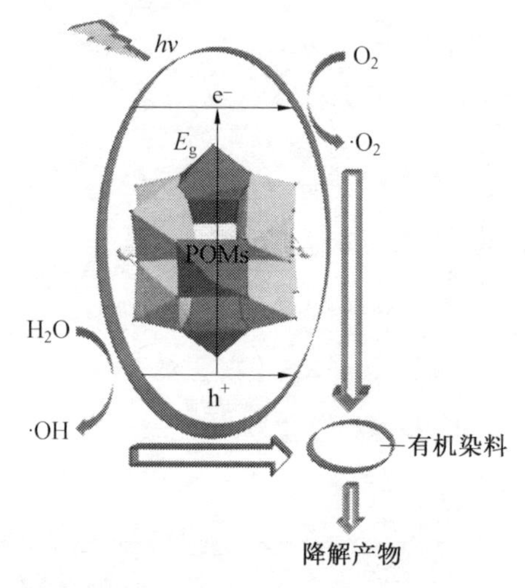

图 5-33　$\{As_3Mo_8V_4\}$型砷钼酸盐作为光催化剂降解有机染料的示意图

5.5.3 电化学性质

图5-34所示为化合物1在1 mol/L H_2SO_4溶液中,扫描速率20 mV/s的循环伏安图,化合物1出现三对可逆的氧化还原峰Ⅰ-Ⅰ′,Ⅱ-Ⅱ′,Ⅲ-Ⅲ′。根据公式$E_{1/2}=(E_{pa}+E_{pc})/2$计算出1-CPE的半波电位分别为-0.11 V(Ⅰ-Ⅰ′),0.27 V(Ⅱ-Ⅱ′),0.63V(Ⅲ-Ⅲ′),这三对氧化还原峰全部属于$\{As_3Mo_8V_4\}$型多阴离子上Mo原子(Ⅵ/Ⅴ)的氧化还原过程。

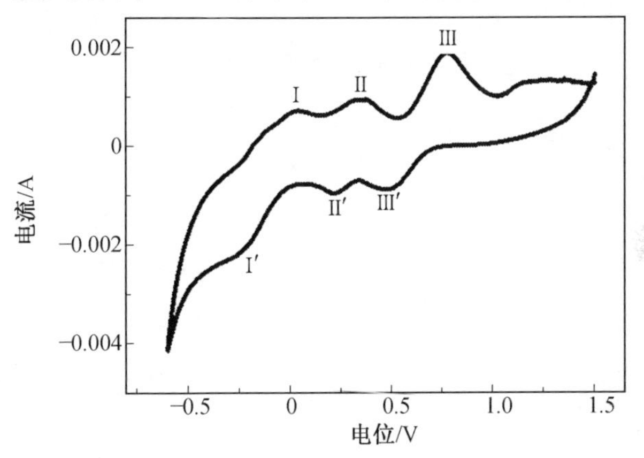

图5-34 1-CPE在1.0 mol/L H_2SO_4溶液中以20 mV/s扫描速率的循环伏安曲线

图5-35所示为化合物2在1 mol/L H_2SO_4溶液中,扫描速率20 mV/s的循环伏安图,化合物2出现三对可逆的氧化还原峰Ⅰ-Ⅰ′,Ⅱ-Ⅱ′,Ⅲ-Ⅲ′。根据公式$E_{1/2}=(E_{pa}+E_{pc})/2$计算出2-CPE的半波电位分别为0.27 V(Ⅰ-Ⅰ′),0.71 V(Ⅱ-Ⅱ′),1.04 V(Ⅲ-Ⅲ′),前两对氧化还原峰归属为$\{As_3Mo_8V_4\}$型多阴离子上Mo原子(Ⅵ/Ⅴ)的氧化还原过程,后一对氧化还原峰属于$\{As_3Mo_8V_4\}$型多阴离子上V原子的氧化还原过程。

图5-36所示为化合物3在1 mol/L H_2SO_4溶液中,扫描速率20 mV/s的循环伏安图,化合物3出现三对可逆的氧化还原峰Ⅰ-Ⅰ′,Ⅱ-Ⅱ′,Ⅲ-Ⅲ′。根据公式$E_{1/2}=(E_{pa}+E_{pc})/2$计算出3-CPE的半波电位分别为-0.12 V(Ⅰ-Ⅰ′),0.19 V(Ⅱ-Ⅱ′),0.60 V(Ⅲ-Ⅲ′),第一对和第三对氧化还原峰属于$\{As_3Mo_8V_4\}$型多阴离子上Mo原子(Ⅵ/Ⅴ)的氧化还原过程,第二对氧化还原峰归属为$\{As_3Mo_8V_4\}$型多阴离子上Cu原子的氧化还原过程。

图5-37所示为化合物4在1 mol/L H_2SO_4溶液中,扫描速率20 mV/s的循环伏安图,化合物4出现三对可逆的氧化还原峰Ⅰ-Ⅰ′,Ⅱ-Ⅱ′,Ⅲ-Ⅲ′。

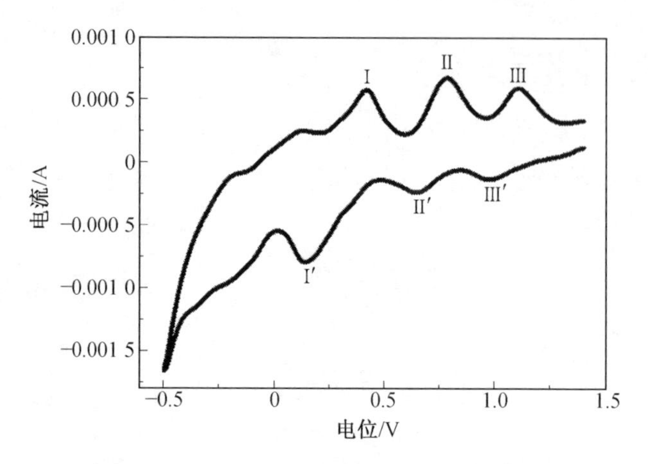

图 5-35　2-CPE 在 1.0 mol/L H_2SO_4溶液中以 20 mV/s 扫描速率的循环伏安曲线

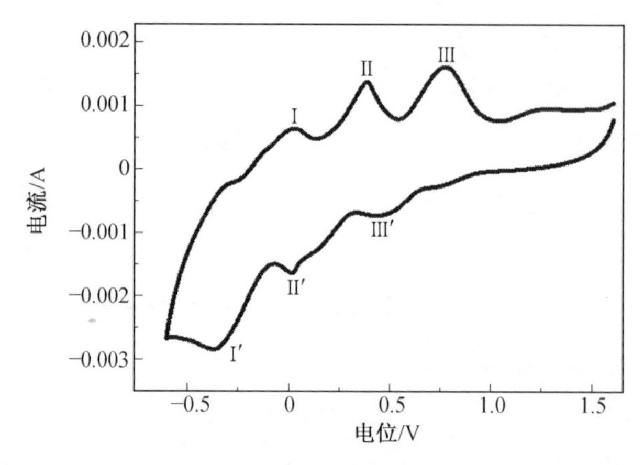

图 5-36　3-CPE 在 1.0 mol/L H_2SO_4溶液中以 20 mV/s 扫描速率的循环伏安曲线

根据公式 $E_{1/2}=(E_{pa}+E_{pc})/2$ 计算出 4-CPE 的半波电位分别为-0.08 V(Ⅰ-Ⅰ′),0.33 V(Ⅱ-Ⅱ′),0.72 V(Ⅲ-Ⅲ′),第一对和第三对氧化还原峰属于$\{As_3Mo_8V_4\}$型多阴离子上 Mo 原子(Ⅵ/Ⅴ)的氧化还原过程,第二对氧化还原峰属于$\{As_3Mo_8V_4\}$型多阴离子上 Cu 原子的氧化还原过程。

本章运用水热合成法,合成了 4 种结构新颖的$\{As_3Mo_8V_4\}$型砷钼酸盐,如图 5-38 所示。在多组平行试验中发现$\{As_3Mo_8V_4\}$型砷钼酸盐的制备过程中时间、温度和 pH 均有影响,但 pH 的影响最重要,制备$\{As_3Mo_8V_4\}$型砷钼酸盐的较佳 pH 是 4~5,如果超出这个 pH 范围,水热合成最终产物是未知粉末,而不是$\{As_3Mo_8V_4\}$型砷钼酸盐晶体。

化合物 1~4 的结构均为金属铜与不同的有机配体配位形成金属有机框

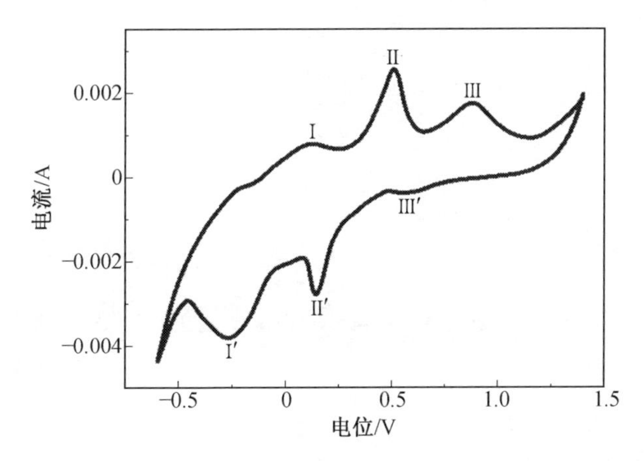

图 5-37　4-CPE 在 1.0 mol/L H_2SO_4溶液中以 20 mV/s 扫描速率的循环伏安曲线

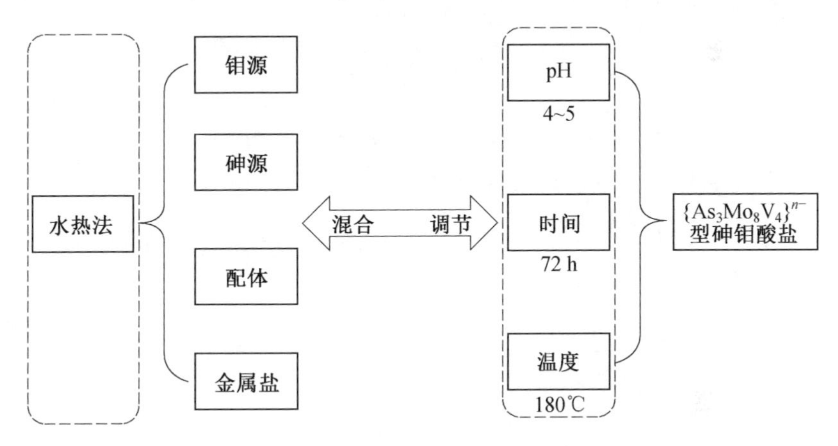

图 5-38　$\{As_3Mo_8V_4\}$型砷钼酸盐合成示意图

架,之后通过不同的键型与多阴离子结合,形成不同维数和结构的晶体,如图 5-39 所示。化合物 1 中金属铜与半刚性有机配体 bix 配位,通过弱的相互作用力与多阴离子形成一维链状结构。化合物 2 中金属铜与半刚性有机配体 bib 配位,与多阴离子形成两种一维链,两种一维链互穿形成三维结构。化合物 3 中金属铜与刚性有机配体 tib 配位,通过弱的相互作用力与多阴离子形成二维层状结构。化合物 4 中金属铜与柔性有机配体 bih 配位,与多阴离子形成三维多酸金属有机框架。因此,多金属氧酸盐的结构与有机配体有直接关系。

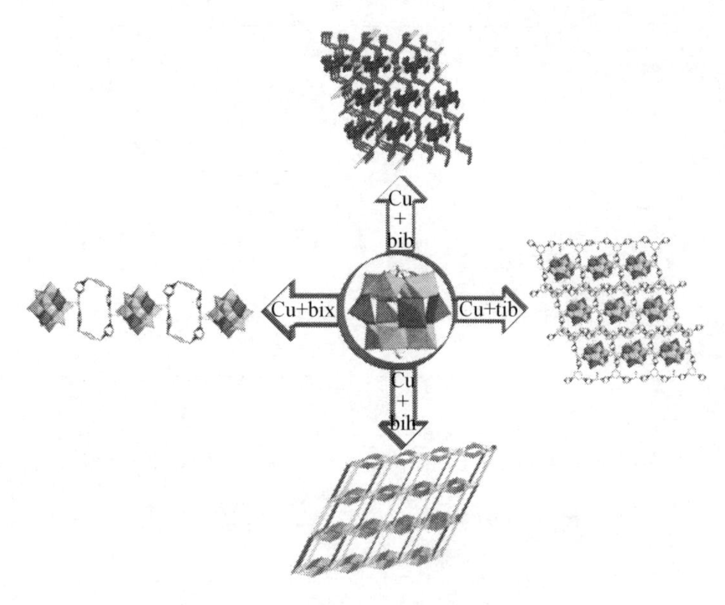

图 5-39　化合物 1～4 不同维数的结构

对 4 种结构新颖的$\{As_3Mo_8V_4\}$型砷钼酸盐的结构进行了表征，并研究了其荧光、光催化降解有机染料（MB 和 RhB）以及电化学性质。发现$\{As_3Mo_8V_4\}$型砷钼酸盐具有优良光催化性质，是很有潜力和应用前景的一类光催化剂。

参考文献

[1]杨国昱. 氧基簇合物化学[M]. 北京:科学出版社, 2012.

[2]王恩波,李阳光,鹿颖. 多酸化学概论[M]. 长春:东北师范大学出版社, 2009.

[3]王恩波,胡长文,许林. 多酸化学论[M]. 北京:化学工业出版社, 1998.

[4]POPE M T. 杂多和同多金属氧酸盐[M]. 王恩波,译. 长春:吉林大学出版社,1991.

[5]LIANG C, LU Y, FU H, et al. One polyoxometalate-based hybrid 3-D network: synthesis, structure, photo- and electro-catalytic properties[J]. Coord Chem, 2012, 65(18):3254-3263.

[6]HILL C L. Introduction: Polyoxometalates multicomponent molecular vehicles to probe fundamental issues and practical problems[J]. Chem Rev, 1998, 98 (1):1-2.

[7]GOUZERH P, PROUST A. Main-group element, organic, and organometallic derivatives of polyoxometalates[J]. Chem Rev, 1998, 98 (1):77-111.

[8]MICHAEL C, RANA Y H. Novel polyoxometalate-phosphazene aggregates and their use as catalysts for biphasic oxidations with hydrogen peroxide[J]. Chem Commun, 2013, 49(4):349-351.

[9]MARCI G, GARCIA-LOPEZ E I, PALMISANO L. Heteropolyacid-based materials as heterogeneous photocatalysts[J]. Eur J Inorg Chem, 2014, 1(1): 21-35.

[10]PAULING L. The molecular structure of the tungstosilicates and related compounds[J]. J Am Chem Soc, 1992, 51(10):2868-2880.

[11]BHOSALE S V, RASOOL M A, REINA J A. New liquid crystalline columnar poly(epichlorohydrin-Co-ethylene oxide) derivatives leading to biomimetic ion channels[J]. Polym Eng Sci, 2013, 53(1):125-133.

[12]LIU C Y, XU L Y, REN Z G, et al. Assembly of silver(I)/N, N-Bis(diphenylphosphanylmethyl)-3-aminopyridine/halide or pseudohalide comple-

xes for efficient photocatalytic degradation of organic dyes in water[J]. Cryst Growth Des,2017,17(9):4826-4834.

[13]LIU Y W,LUO F,LIU S M,et al. Aminated graphene oxide impregnated with photocatalytic polyoxometalate for efficient adsorption of dye pollutants and Its facile and complete photoregeneration[J]. Small,2017,13(14):1603174-1603181.

[14]AN H Y,WANG L,HU Y,et al. Spontaneous resolution of evans-showell-type polyoxometalatesin constructing chiral inorganic-organic hybrid architectures[J]. Inorg Chem, 2016,55(1):144-153.

[15]YU T T,MA H Y,ZHANG C J,et al. A 3d-4f heterometallic 3D POMOF based on lacunary Dawson polyoxometalates[J]. Dalton Trans,2013,E42(46):m16328-m16333.

[16]LI L,SUN J W,SHA J Q,et al. Construction of POMOFs with different degrees of interpenetration and the same topology[J]. CrystEng Comm,2015,17(3):633-641.

[17]QI X X,LV J H,YU K,et al. The first 3D host-guest structure based on a threefold interpenetrated Ag-pz coordination polymer network and Keggin-type aluminum tungstates with photo/electro-catalytic properties[J]. RSC Adv,2016,6(76):72544-72550.

[18]DONG B X,CHEN H B,WU Y C,et al. Construction of (3,6)-connected polyoxometalate based metal-organic frameworks (POMOFs) from triangular carboxylate and dimerized Zn_4-ε-Keggin[J]. Dalton Trans,2017,46(41):14286-14292.

[19]XUAN W J,BOTUHA C,HASENKNOPF B,et al. Chiral Dawson-type hybrid polyoxometalate catalyzes enantioselective diels-alder reactions[J]. Chem Eur,2015,21(46):16512-16516.

[20]TAYEBEE R,AMINI M M,POUYAMANESHA S,et al. A new inorganic-organic hybrid material Al-SBA-15-TPI/$H_6P_2W_{18}O_{62}$ catalyzed one-pot,three-component synthesis of 2H-indazolo[2,1-b]phthalazine-triones[J]. Dalton Trans,2015,44(12):5888-5897.

[21]WANG S,SU H C,YU L,et al. Fluorescence and energy transfer properties of heterometallic lanthanide-titanium oxo clusters coordinated with anthra-

cenecarboxylate ligands[J]. Dalton Trans,2015,44(4):1882-1888.

[22]SENCHYK G A, WYLIE E M, PRIZIO S, et al. Hybrid uranyl-vanadium nano-wheels[J]. Chem Commun,2015,51(50):10134-10137.

[23]ZOU T T,LU C T,LOK C N,et al. Chemical biology of anticancer gold(III) and gold(I) complexes[J]. Chem Soc Rev,2015,44(24):8786-8801.

[24]BERGAMO A,SAVA G. Linking the future of anticancer metal-complexes to the therapy of tumour metastases[J]. Chem Soc Rev,2015,44(24):8818-8835.

[25]DONG F,HEINBUCH S,XIE Y,et al. Experimental and theoretical study of the reactions between neutral vanadium oxide clusters and ethane,ethylene, and acetylene[J]. J Am Chem Soc,2008,130:1932-1943.

[26]WANG Y F,ZEIRI O,GITIS V. Reversible binding of an inorganic cluster-anion to the surface of a gold Nanoparticle[J]. Inorg Chim Acta,2010,363: 4416- 4420.

[27]SONG J,LUO Z,ZHU H M,et al. Synthesis,structure,and characterization of two polyoxometalate-photosensitizer hybrid materials[J]. Inorg Chem Acta,2010,363: 4381- 4386.

[28]MA F J,LIU S X,LIANG D D,et al. Adsorption of volatile organic compounds in porous metal-oxides frameworks functionalized by polyoxometalates[J]. J Solid State Chem,2011, 184:3034-3039.

[29]CHENG Z Y,REN B Y,HE S Y,et al. Mesomorphous structure change by tail chain number in ionic liquid crystalline complexes of linear polymer and amphiphiles[J]. Chinese Chem Lett,2011,22:1375-1378.

[30]MENG X,QING C,WANG X L,et al. Chiral salen-metal derivatives of polyoxometalates with asymmetric catalytic and photocatalytic activities[J]. Dalton Trans,2011,22:1375-1378.

[31]HU W Q,GUI Z K,JIN J,et al. Synthesis and characterization of rodlike liquid crystalline polyester/multi-walled carbon nanotubes and study of their thermal stability[J]. Appli Surf Sci,2011,258:507-512.

[32]CHEN X L,ZHOU Y,ROY VAL,et al. Evolutionary metal oxide clusters for novel applications: toward high-density data storage in nonvolatile memories [J]. Adv Mater,2018,30(3):1703950-1703959.

[33] WANG X L, LI N, TIAN A X, et al. Unprecedented application of flexible bis(Pyridyl-Tetrazole) ligands to construct helix/loop Subunits to modify polyoxometalate anions[J]. Inorg Chem, 2014, 53: 7118-7129.

[34] ZHAI Q G, WU X Y, CHEN S M, et al. Construction of Ag/1,2,4-triazole/polyoxometalates hybrid family varying from diverse supramolecular assemblies to 3-D rod-packing framework[J]. Inorg Chem, 2007, 46: 5046-5058.

[35] WANG E B, HU C W, XU L. Concise of polyoxometalate chemistry[M]. Beijing: Chemical Industrial Publishing Company, 1998.

[36] BERZELIUS J. The preparation of phosphomolybdate ion $[PMo_{12}O_{40}]^{3-}$[J]. Ann Phys Chem, 1826, 82(2): 369-374.

[37] BURKHOLDER E, WRIGHT S, GOLUB V, et al. Solid state coordination chemistry of oxomolybdenum organoarsonate materials[J]. Inorg Chem, 2003, 42: 7460-7471.

[38] SUN C Y, LI Y G, WANG E B, et al. A Series of new organic-inorganic molybdenum arsenate complexes based on $[(ZnO_6)(As_3O_3)_2Mo_6O_{18}]^{4-}$ and $[H_xAs_2Mo_6O_{26}]^{(6-x)-}$ clusters as SBUs[J]. Inorg Chem, 2007, 46: 1563-1574.

[39] NIU J Y, HUA J A, MA X, et al. Temperature-controlled assembly of a series of inorganic-organic hybrid arsenomolybdates[J]. CrystEngComm, 2012, 14: 4060-4067.

[40] LIU B, YANG J, YANG G C, et al. Four new three-dimensional polyoxometalate-based metal-organic frameworks constructed from $[Mo_6O_8(O_3AsPh)_2]^{4-}$ polyoxoanions and copper(Ⅰ)-organic fragments: syntheses, structures, electrochemistry, and photocatalysis Properties[J]. Inorg Chem, 2013, 52: 84-94.

[41] HE Q L, WANG E B. Hydrothermal synthesis and crystal structure of a new copper(Ⅱ) molybdenum(Ⅵ) arsenate(Ⅲ): $(C_5H_5NH)_2(H_3O)_2[(CuO_6)Mo_6O_{18}(As_3O_3)_2]$[J]. Inorg Chem Commun, 1999, 2(2): 399-402.

[42] LI L L, LIU B, XUE G L, et al. Three hybrid organic-inorganic assemblies based on different arsenatomolybdates and Cu^{II}-organic units[J]. Cryst Growth Des, 2009, 9(12): 5206-5212.

[43] WU Q, HAN Q X, CHEN L J, et al. Synthesis and structural characterization of a new two-dimensional organic-Inorganic hybrid molybdoarsenate: [Cu(en)$_2$]$_2$[(CuO$_6$)Mo$_6$O$_{18}$(As$_3$O$_3$)$_2$][J]. Z Naturforsch, 2010, 65(2): 163-167.

[44] NIU J Y, HUA J A, MA X, et al. Temperature-controlled assembly of a series of inorganic-organic hybrid arsenomolybdates[J]. CrystEngComm, 2012, 14(11): 4060-4067.

[45] ZHAO J W, ZHANG J L, LI Y Z, et al. Novel one-dimensional organic-inorganic polyoxometalate hybrids constructed from heteropolymolybdate units and copper-aminoacid complexes[J]. Cryst Growth Des, 2014, 14(3): 1467-1475.

[46] PAN G F, KONG L, YU H H, et al. Hydrothermal syntheses, structure characteristics and magnetic properties of a series of new molybdenum arsenates based on {(As$_3$O$_3$)$_2$(Mo$_6$O$_{18}$)(MO$_6$)} (M = Ni, (1); Co, (2); Zn, (3))[J]. Chinese Struct Chem, 2017, 36(7): 1108-1116.

[47] 王恩波, 胡长文, 周延修. Dawson结构砷杂多酸(盐)的合成与性质研究[J]. 化学学报, 1990, 48: 790-796.

[48] YANG Y Y, XU L, JIA L P, et al. Crystal structure and electrochemical properties of the supramolecular compound [Himi]$_6$[As$_2$Mo$_{18}$O$_{62}$]·11H$_2$O[J]. Cryst Res Technol, 2007, 42: 1036-1040.

[49] SOUMAHORO T, BURKHOLDER E, OUELLETTE W, et al. Organic-inorganic hybrid materials constructed from copper-organoimine subunits and molybdoarsonate clusters[J]. Inorg Chim Acta, 2005, 358(7): 606-616.

[50] YU H H, ZHANG X, KONG L, et al. A new hybrid Dawson-type molybdenum arsenate derivative (H$_2$bpy)$_3$[As$_2$Mo$_{18}$O$_{62}$] (bpy = 4,4′-bipyridine)[J]. Acta Cryst, 2009, E65: m1698-m1699.

[51] ZHANG X T, WEI P H, SHI C W, et al. Tris{aquabis[3-(2-pyridyl)-1H-pyrazole]-copper(Ⅱ)} di-μ_9-arsenato-hexatriaconta-μ_2-oxido-octadecaoxidooctadeca-molybdate(Ⅵ)[J]. Acta Cryst, 2010, 66(2): 174-175.

[52] ZHANG H, YU K, WANG C M, et al. pH and ligand dependent assembly of Well-Dawson arsenomolybdate capped architectures[J]. Inorg Chem, 2014, 53(23): 12337-12347.

[53] CAI H H, LV J H, YU K, et al. Organic-inorganic hybrid supramolecular assembly through the highest connectivity of a Wells-Dawson molybdoarsenate [J]. Inorg Chem Commun, 2015, 62(10): 24-28.

[54] LI F R, LV J H, YU K, et al. Two extended Wells-Dawson arsenomolybdate architectures directed by Na(Ⅰ) and/or Cu(Ⅰ) organic complex linkers [J]. Cryst Eng Comm, 2017, 19(17): 2320-2328.

[55] LV P J, CAO W W, YU K, et al. A novel 2, 6-connected inorganic-organic 3-D open framework based on {As_2Mo_{18}} with photocatalytic property and anticancer activity[J]. Inorg Chem Commun, 2017, 79(3): 95-98.

[56] LV P J, YUAN J, YU K, et al. An unusual bi-arsenic capped Well-Dawson arsenomolybdate hybrid supramolecular material with photocatalytic property and anticancer activity[J]. Inorg Organomet Polym, 2017, 76(3): 766-769.

[57] MULLER A, KRICKEMEYER E, DILLINGER S, et al. $[(AsOH)_3(MoO_3)_3(AsMo_9O_{33})]$ and $[(AsOH)_6(MoO_3)_2(O_2MoO-MoO_2)_2(AsMo_9O_{33})_2]^{10-}$ Coupling of Highly Negatively Charged Building Blocks[J]. Angew Chem Int Ed Engl, 1996, 35: 171-173.

[58] MAEDA K, HIMENO S, SAITO A, et al. Preparation and characterization of 11-molybdoarsenite(Ⅲ) complex[J]. Chem Soe Jap, 1993, 66: 1693-1698.

[59] HSU K F, WANG S L. $Cs_5Mo_8O_{24}(OH)_2AsO_4 \cdot 2H_2O$ and $Cs_7Mo_8O_{26}AsO_4$: Two Novel Molybdenum(Ⅵ) Arsenates Containing Heteropolyanions $[AsMo_8O_{30}H_2]^{5-}$ and $[AsMo_8O_{30}]^{7-}$[J]. Inorg Chem, 1997, 36(14): 3049-3054.

[60] HE Q L, WANG E B, HU C, et al. Hydrothermal synthesis and structural characterization of a mixed-valence molybdenum (Ⅳ, Ⅵ) arsenate (Ⅲ): $Ni(H_2NCH_2CH_2NH_2)_3[((Mo^{IV}O_6)(Mo_6{}^{VI}O_{18})(As_3{}^{III}O_3)_2]H_2O$[J]. Mol Struct, 1999, 484: 139-143.

[61] HE Q L, WANG E B. Hydrothermal synthesis and crystal structure of a new molybdenum(Ⅵ) arsenate(Ⅲ): $Co^{III}(en)_3H_3O[(Co^{II}O_6)(Mo_6{}^{VI}O_{18})(As_3{}^{III}O_3)_2] \cdot 2H_2O$[J]. Inorg Chimica Acta, 1999, 295: 244-247.

[62] HE Q L, WANG E B. Hydrothermal synthesis and crystal structure of a new copper(Ⅱ) molybdenum(Ⅵ) arsenate(Ⅲ): $(C_5H_5NH)_2(H_3O)_2[(CuO_6)Mo_6O_{18}(As_3O_3)_2]$[J]. Inorg Chem Commun, 1999, 2: 399-402.

[63]SUN C Y,LI Y G,WANG E B,et al. A series of new organic-inorganic molybdenum arsenate complexes based on $[(ZnO_6)(As_3O_3)_2Mo_6O_{18}]^{4-}$ and $[H_xAs_2Mo_6O_{26}]^{(6-x)-}$ clusters as SBUs[J]. Inorg Chem,2007,46:1563-1574.

[64]YANG Y Y,XU L,GAO G G,et al. Transition-Metal (Mn^{II} and Co^{II}) Complexes with the Heteropolymolybdate Fragment $[As^{V}Mo_9O_{33}]^{7-}$: Crystal Structures,Electrochemical and Magnetic Properties[J]. Eur Inorg Chem, 2007(17):2500-2505.

[65]LI L L,SHEN Q,XUE G L,et al. Two sandwich arsenomolybdates based on the new building block $As^{III}Mo_7O_{27}{}^{9-}$: $[Cr_2(AsMo_7O_{27})_2]^{12-}$ and $[Cu_2(AsMo_7O_{27})_2]^{14-}$[J]. Dalton Trans,2008,5698-5700.

[66]XU H S,LI L L,XUE G L,et al. $AsMo_7O_{27}{}^{-}$Bridged Dinuclear Sandwich-Type Heteropolymolybdates of Cr(Ⅲ) and Fe(Ⅲ): Magnetism of $[MM'(AsMo_7O_{27})_2]^{12-}$ with MM' = Fe Fe,Cr Fe,and Cr Cr[J]. Inorg Chem,2009,48:10275-10280.

[67] DONG X Q,LIU B,ZHANG Y P,et al. Double Sandwich Polyoxometalate and Its Fe(Ⅲ) Substituted Derivative, $[As_2Fe_5Mo_{21}O_{82}]^{17-}$ and $[As_2Fe_6Mo_{20}O_{80}(H_2O)_2]^{16-}$[J]. Inorg Chem,2012,51:2318-2324.

[68]SUN C Y,LIU S X,LIANG D D,et al. Highly Stable Crystalline Catalysts Based on a Microporous Metal-Organic Framework and Polyoxometalates [J]. J Am Chem Soc,2009, 131:1883-1888.

[69]ZHANG Y N,ZHOU B B,SU Z H,et al. A Novel Polyoxometalate Cluster Decorated with the Directly Coordinated Organonitrogen Ligands: $[As(phen)]_2[As_2Mo_2O_{14}]$[J]. Inorg Chem Commun,2009,12:65-68.

[70]CONG B W, SU Z H, ZHAO Z F, et al. Synthesis and photo-/electro-catalytic properties of a 3-D supramolecular framework based on $[H_xAs_2Mo_6O_{26}]^{(6-x)-}$ and {Cu-diz} complexes[J]. J Coord Chem, 2018,71: 411-420.

[71]CONG B W, SU Z H, ZHAO Z F, et al. A new rhombic 2D interpenetrated organic-inorganic hybrid material base on $[H_xAs_2Mo_6O_{26}]^{(6-x)-}$ polyoxoanion and Co-btb complexes[J]. Inorg Chem Commun,2017,83:11-15.

[72]ZHAO Z F,SU Z H, CONG B W,et al. Organic-inorganic hybrid supramo-

lecular assemblies based on isomers [$H_xAs_2Mo_6O_{26}$]$^{(6-x)-}$ clusterss[J]. Z Anorg Allg Chem,2017, 643, 980-984.

[73] CONG B W, SU Z H, ZHAO Z F, et al. Assembly of six [$H_xAs_2Mo_6O_{26}$]$^{(6-x)-}$ cluster-based hybrid materials from 1D chains to 3D framework with multiple Cu-N complexes[J]. Cryst Eng Comm, 2017,19(20):2739-2749.

[74] KWAK W, RAJKOVIC L M, STALICK J K, et al. Synthesis and Structure of Hexamolybdobis (organoarsonates) [J]. Inorg Chem, 1976, 15: 2778-2783.

[75] CONG B W, SU Z H, ZHAO Z F, et al. The pH-controlled assembly of a series of inorganic-organic hybrid arsenomolybdates based on [(MO_6) (As_3O_3)$_2Mo_6O_{18}$]$_4$ cluster[J]. Polyhedron,2017, 127:489-495.

[76] ZHAO W Q, SU Z H, ZHAO Z F, et al. Polynuclear loop-modified molybdenum arsenate: synthesis, structure and property[J]. J Inorg Organomet Polym ,2015,25:1373-1379.

[77] WU J J, CHANG C H, TSENG T W, et al. Synthesis of two-dimensional metal-organic networks from 1,10-phenanthroline-chelated cadmium complex and polycarboxylate[J]. J Mol Struct,2006,796(3):69-75.

[78] SONG P C, SONG W C, TAO Y, et al. Cadmium coordination polymers based on biimidazole and bibenzimidazole: Syntheses, crystal structures and fluorescent properties[J]. Solid State Sci,2010,12(8):1357-1363.

[79] SONG J L, ZHAO H H, MAO J G, et al. New types of layered and pillared layered metal carboxylate-phosphonates based on the 4,4′-bipyridine ligand [J]. Chem Mater,2004,16(10):1884-1889.

[80] ZHAO D C, HU Y Y, DING H, et al. Polyoxometalate-based organic-inorganic hybrid compounds containing transition metal mixed-organic-ligand complexes of N-containing and pyridinecarboxylate ligands [J]. Dalton Trans,2015,44(19):8971-8983.

[81] CONG B W, SU Z H, ZHAO Z F, et al, A novel 3D POMOF based on Wells-Dawson arsenomolybdates with excellent photocatalytic and lithium-ion battery performance[J]. Cryst Eng Comm, 2017, 19: 7154-7161.

[82] CONG B W, SU Z H, ZHAO Z F, et al. Two unusual 3D honeycomb net-

works based on Wells-Dawson arsenomolybdates with d^{10} transition-metal-pyrazole connectors[J]. Dalton Trans,2017,46(23):7577-7583.

[83] CONG B W, SU Z H, ZHAO Z F, et al. Two unusual 3D honeycomb networks based on Wells-Dawson arsenomolybdates with d^{10} transition-metal-pyrazole connectors[J]. Dalton Trans,2017,46(23):7577-7583.

[84] HAN Q X, MA P T, ZHAO J W, et al. Three novel inorganic-organic hybrid arsenomolybdate architectures constructed from monocapped trivacant $[As^{III}As^{V}Mo_9O_{34}]^{6-}$ fragments with $[Cu(L)_2]^{2+}$ linkers: from dimer to two-dimensional framework[J]. Inorg Chem,2011,11(2):436-444.

[85] CONG B W, SU Z H, ZHAO Z F, et al. Assembly of six $[H_xAs_2Mo_6O_{26}]^{(6-x)-}$ cluster-based hybrid materials from 1D chains to 3D framework with multiple Cu-N complexes[J]. CrystEngComm, 2017, 19(20): 2739-2749.

[86] HAMED A, SUSANNE K, ANDRES O, et al. Effective ligand passivation of Cu_2O nanoparticles through solid-state treatment with mercaptopropionic acid[J]. Am Chem Soc,2014,136(20):7233-7236.

[87] SHA J Q, PENG J, LIU H S, et al. Asymmetrical polar modification of a bivanadium-capped Keggin POM by multiple Cu-N coordination polymeric chains[J]. Inorg Chem,2007,46(26):11183-11189.

[88] DASGUPTA B, KATZ C, ISRAEL T, et al. Potentiometric and spectroscopic studies of copper(Ⅱ) complexes of bis(1,4,7-triazacyclononane) ligands containing polymethylene and xylyl linker groups[J]. Inorg Chim Acta, 1999,292(2):172-181.

[89] WESELY W M, HARRY W G H. Reflectance spectroscopy[M]. New York: wiley,1966.

[90] ERMECHE L, SALHI N, HOCINE S, et al. Effective Dawson type polyoxometallate catalysts for methanol oxidation[J]. Mol Catal A Chem,2012,356(24):29-35.

附录　部分彩图

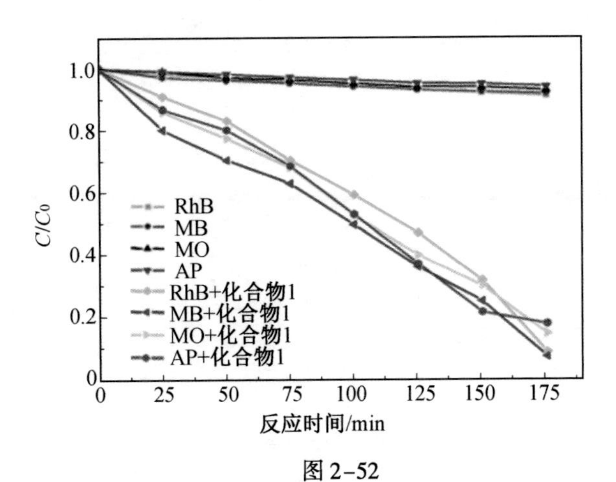

图 2-52

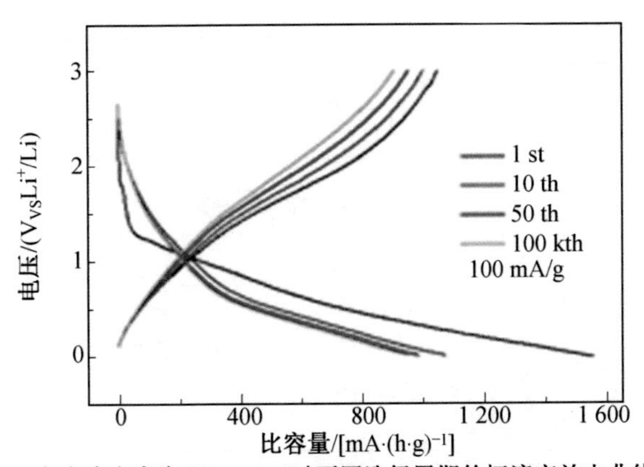

(a) 在电流密度为100 mA·g^{-1}时不同选择周期的恒流充放电曲线

图 4-36

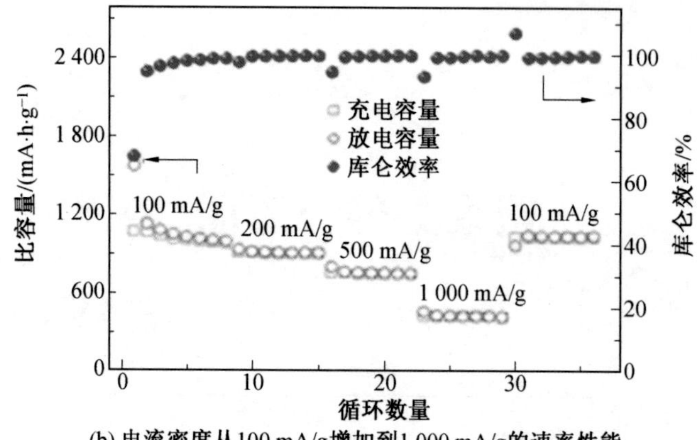

(b) 电流密度从100 mA/g增加到1 000 mA/g的速率性能

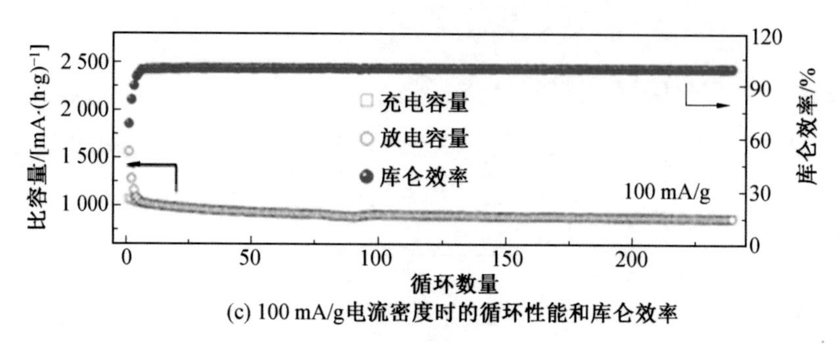

(c) 100 mA/g电流密度时的循环性能和库仑效率

续图 4-36

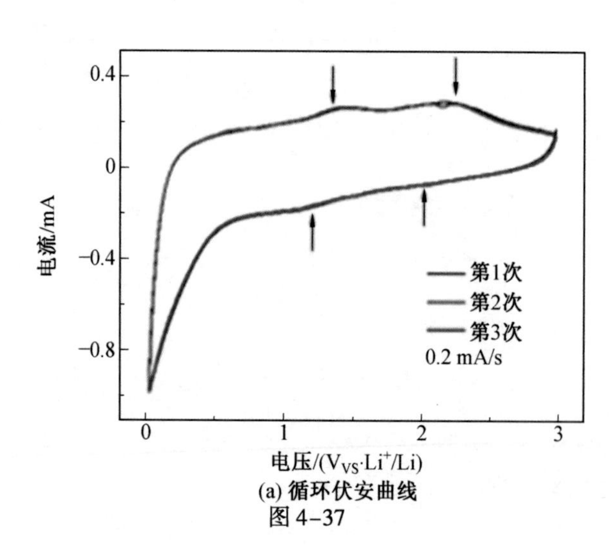

(a) 循环伏安曲线

图 4-37

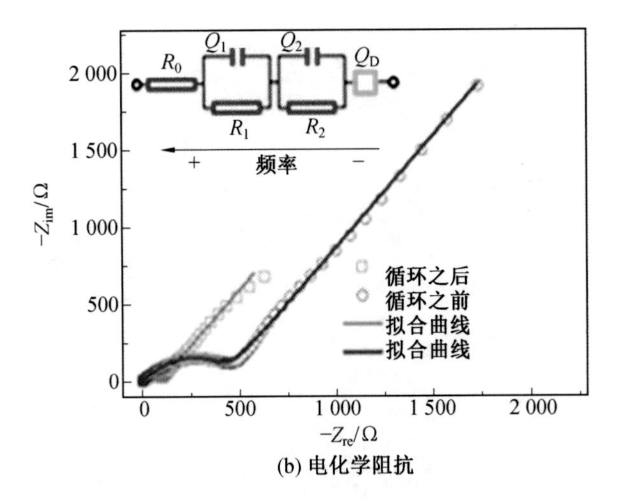

(b) 电化学阻抗

续图 4-37

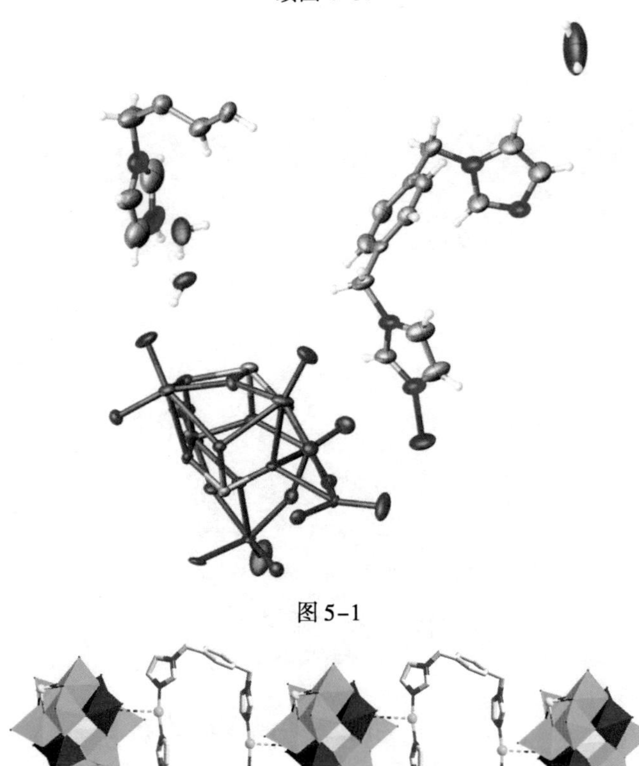

图 5-1

图 5-2

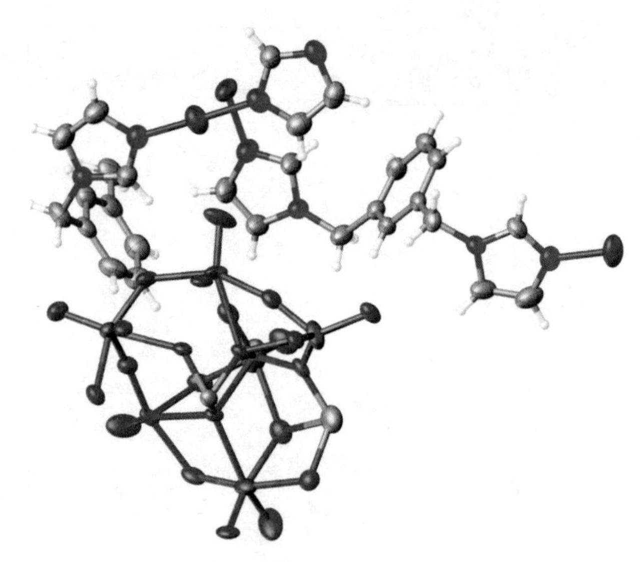

图 5-3

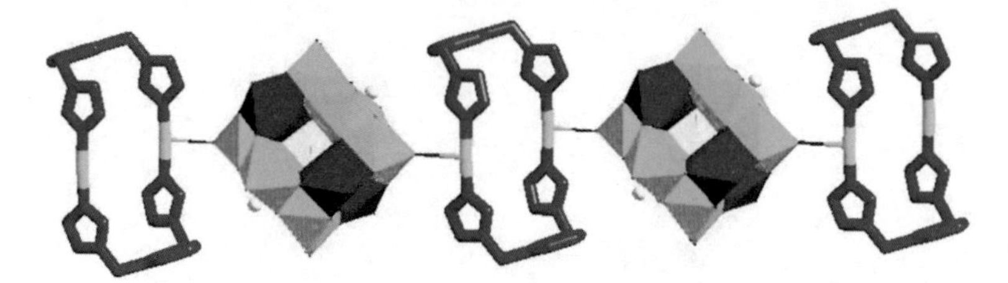

图 5-4

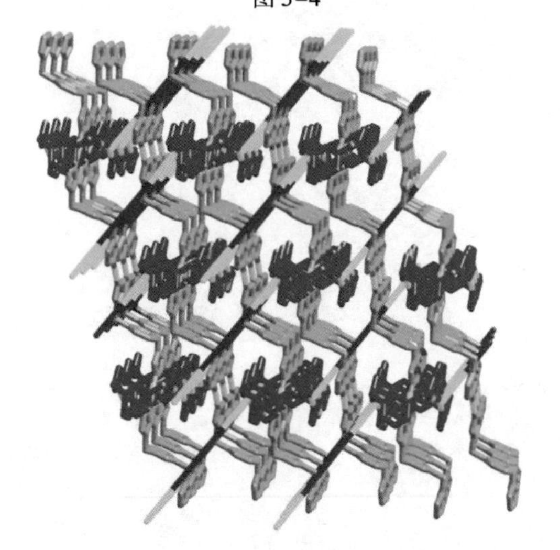

图 5-5